KB238827

여행작가의 파리기행 에세이
파리를 방문하는 여행자들의 세컨드 가이드북

PARIS IN

이현지 지음

솔로,

혹은

홀로

PARIS IN 솔로, 혹은 홀로

여행작가의 파리기행 에세이
파리를 방문하는 여행자들의 세컨드 가이드북

PARIS IN

이현지 지음

솔로,

혹은

홀로

이담 Books

파리는 모든 여자의 로망입니다. 그 이름만으로도 두근거리고 설레는 곳이 바로 파리입니다. 파리를 생각하면 먼저 그 눅눅하고 울퉁불퉁한 바닥과 멋스러운 보타이를 맨 할아버지가 일하는 오래된 레스토랑과 카페, 그리고 무심한 듯 자기만의 스타일로 멋을 낸 패셔너블한 여자들이 가장 먼저 떠오릅니다. 그리고 자유분방하게 거리를 누비는 사람들과 지은 지 몇백 년이 넘은 건물 속에 자리한 최신식 기계들. 과거와 현재가 그토록 조화롭게 공존하는 곳 역시 파리입니다. 금세 새로운 것들이 생겨나고 또 그 숫자만큼 사라지는 서울은 1년 아니, 반년도 같은 모습을 유지하는 것이 쉽지 않습니다. 그에 비해 파리는 대부분의 것들이 몇 년이 지나도 그 모습 그대로 그 지리에 머물러 있습니다. 그래서 언제 찾아도 마치 어제 왔다 간 것처럼 낯이 익고 익숙한 얼굴입니다. 그 사실이 얼마나 매력적인지, 어쩌면 그 이유 때문에 자꾸만 파리를 찾게 되는지도 모르겠습니다.

처음 파리를 만난 건 지금으로부터 정확히 10년 전, 가을이었습니다. 40여 일 남짓한 배낭여행의 마지막 종착지가 파리였죠. 허름한 트레이닝복 차림으로 파리에 도착한 저는 남들이 다 가는 루브르박물관이나 에펠탑 꼭대기는 얼씬도 하지 않았습니다. 대신 코코아 한 잔으로 쌀쌀한 바람을 견디며 온종일 샤요 궁에 앉아 시간에 따라 변하는 에펠탑의 모습을 지켜보고, 낡은 극장에서 상영하는 오래된 영화를 보았으며 베르사유 잔디에 누워 유유히 흘러가는 구름을 관찰했습니다. 태어나서 처음으로 재즈 바에서 모르는 남자와 춤을 춰보기노 했고, 그림에는 1%의 흥미도 없던 제가 모네의 그림 앞에서 온몸이 떨리는 경험을 하기도 했습니다. 그 모든 것이 파리 그 자체였고 제게는 잊을 수 없는 생생한 기억입니다. 그 후로 세계 여러 나라를 여행하기도 했지만, 기분이 울적할 때나 미래가 막막할 때마다 떠오른 곳은 다름 아닌 파리였습니다. 파리에만 가면 뭐든 답을 줄 것 같았죠. 말로만 다시 가고 싶다고 몇백 번이나 되뇌던 파리. 결국 첫 직장을 과감히 그만둔 후에야 다시 밟을 수 있었습니다.

　　파리는 신기하게도 많은 일들을 치유해주는 힘을 가지고 있습니다. 더불어 많은 우연을 만들어주고 많은 용기를 나눠주기도 합니다. 아마 다른 여행지도 다르지 않을 거라 생각되지만 그래도 사랑에 빠지는 데는 파리만 한 곳이 없죠. 그래서 파리를 낭만의 도시라고 부르나 봅니다. 머물면 머물수록 자꾸만 더 머물고 싶은 욕심이 드는 도시, 파리. 그래서 잊을 만하면 다시 파리를 찾고 싶고, 이제 한동안은 오고 싶지 않을 정도로 질렸다고 생각하며 돌아왔다가도 조금만 지나면 또다시 가고 싶어 안달이 나는 곳 또한 파리입니다. 한번 다녀온 사람이라면, 그 기억으로 다시 찾고 싶고 한 번도 가보지 못한 사람이라면 꼭 한 번은 가보고 싶어 하는 곳이기도 하죠. 이 정도면 파리는 완전히 다 알았다고 생각하며 골목을 도는 순간, 새로운 곳을 발견하고 그냥 지나치던 곳이 어느 순간 마치 처음 본 곳처럼 새롭게 보이는 재미가 있는 곳. 몇 번이나 다시 파리를 찾는 동안, 이제는 낯선 기분이나 설렘 대신 우리 동네처럼 익숙하고 편안한 분위기를 먼저 느끼게 되었지만 그래도 매번 갈 때마다 새로운 재미를 안겨주는 파리이기에 사랑하지 않을 수 없습니다.

세계 어느 도시보다 멋쟁이 할머니가 많은 파리, 저도 저렇게 곱게 늙을 때까지 두고두고 파리를 찾고 싶은 마음으로 이 책을 쓰게 되었습니다. 책에 나오는 스물아홉 살이나 마흔 살이 아니더라도 파리에 간다면, 누구나 새로운 삶을 시작할 용기를 얻을 수 있을 것입니다. 마지막으로 항상 꿈을 응원해주시는 엄마와 동생 그리고 남편과 딸에게 고마운 마음을 전합니다. 또한 이 책을 쓰는 데 많은 도움을 준 소희에게도.

2012년 3월

이현지

contents

TRES

여자, 스물아홉

Intro. 스물아홉, 문득

1) 에펠탑(La Tour Eiffel)
add Rue du Champ de Mars
tel 08-92-70-12-39
open 월~일 09:30~23:45
metro RER C Champ de Mars Tour Eiffel,
       M6 · 9 Trocadéro
url www.tour-eiffel.fr

스물아홉, 그녀의 인생이 이토록 구질구질해질 줄은 그 누구도 상상하지 못했다. 그녀에게는 패션 에디터라는 듣기에 그럴듯한 직업과 누가 봐도 평균을 넘어서는 애인이 몇 년 동안이나 굳건하게 그녀의 곁을 지키고 있었기 때문에 그녀는 그 누구보다도 고개를 당당히 들고 거리를 활보하며 누구를 만나도 자신감이 넘쳤다. 그런 그녀의 스물아홉 살이 고작 남자의 배신 정도로 망가질 것이라 그 누가 예상했겠는가? 결론부터 말하자면, 스물아홉의 1월 1일 그녀는 지금 파리 ‘1) 에펠탑(La Tour Eiffel)’ 앞에 멍하니 서 있다.

패션 에디터라는 직업상, 그녀는 파리에 수도 없이 들락거렸다. 하지만 이렇게 휑한 파리의 에펠탑은 단 한 번도 본 적이 없다. 그녀의 머릿속에 파리는 핫한 바에서 많은 사람들과 함께 와인을 마시고, 유명 디자이너가 호텔의 액자며 의자 하나까지 관여해서 완벽하게 세팅해놓은 부티크 호텔에서 촉감 좋은 잠옷을 걸치고 잠이 드는 화려한 도시이다. 지금껏 그녀가 경험한 파리가 그러했으므로, 아무도 그녀가 생각하고 있는 파리라는 도시의 이미지를 부정하지는 못할 것이다. 그런데 지금 그녀는 대강 걸쳐 입은 두꺼운 점퍼와 바람에 흩날려 마구 엉망이 된 머리카락으로 눈물을 훔치며 그저 에펠탑의 불이 꺼졌다 켜졌다가 하는 것을 멍하니 바라볼 뿐이다.

그녀에게는 최초의 좌절이며 최초의 배신이며 최초의 방황이다. 아무리 망가진다 해도 부족하지 않다. 대학을 졸업하고부터 지금까지 정해진 휴가기간이 아니면, 하루도 쉬지 않고 다니던 회사에서 잘리든 말든, 그런 것은 지금 그녀에게 어떤 문제도 되지 않는다. 새해의 파리에서는 그녀가 아는 그 누구도 만날 가능성이 희박하며 설사 지인을 만난다고 해도 지금 그녀의 행색으로 보아, 장담하건대 아무도 그녀를 알아보지 못할 것이다. 그녀에게는 정해진 미래가 있었다. 자신이 처음 인터뷰한 신진 디자이너였던 그는 어느새 승승장구하여 자신만의 브랜드를 내걸고 쇼룸을 열었으며 굵직한 회사에서 서로 그의 브랜드를 사겠다고 난리를 칠 정도로 성공했다. 돈과 명예가 둘 다 넉넉해진 그는 더 이상 예전처럼 그녀에게 전부를 바치진 않았지만 대신, 그녀에게 안락하고 평온한 미래를 보장했다. 이십대 후반으로 향하는 그녀의 나이에는 편평하고 잘 닦인 남자의

미래가 젊은 열정 못지않게 중요하다. 이건 그 누구도 부정하지 못
할 사실이다. 비록 그가 입 밖으로 소리를 내어 청혼을 하지는 않았
지만 항상 같이 사는 것에 대해 둘은 진지하게 대화했고, 함께 미래
를 논의했다. 그녀에게 그런 그와의 대화는 당연히 결혼을 암시하기
에 충분했고, 당장 결혼하자는 말을 듣지 않았다 해도 언젠가는 - 그
녀가 생각하기에는 아마 곧 - 주변 사람들조차도 깜짝 놀랄 청혼 이
벤트와 함께 화려한 결혼생활을 시작할 거라 믿어 의심치 않았다.

그랬기에 데이트 약속을 한 어느 날 밤, 그가 조용하고 아늑한
레스토랑을 예약한 걸 보고 그녀는 드디어 그날이 왔구나 하고 생각
했다. 그녀의 상상 속에 그는 눈부신 반지를 내밀며 청혼을 할 테고,
그럼 그녀는 못 이기는 척 "앞으로 나한테 더 잘해야 해."라는 말로
능청을 떨며 부끄러운 듯 반지를 받는 장면을 떠올렸다. 한껏 들뜬
그녀는 그날따라 옷장 앞에서 무슨 옷을 입을지 한참을 고민했다.
어깨가 드러나는 레드 컬러의 드레스는 너무 노골적이라 별로고, 단
정한 검정 원피스는 또 너무 단조롭다. 옷장의 옷은 다 꺼내서 고민
하다가 결국 상큼한 초록색의 가슴골이 살짝 보이는 원피스를 골라
입고, 목에는 작은 원 모양의 펜던트가 달린 목걸이를 걸쳤다. 너무
꾸민 것처럼 보이지도 않고, 그렇다고 너무 아무렇게나 입은 것 같
지도 않은 딱 적당한 차림이다.

약속된 레스토랑에서 그는 유난히 피곤한 얼굴이었다. 평소처
럼 반갑게 웃지도 않고, 일어나서 그녀의 의자를 빼주는 매너도 보
이지 않았다. 회사에 무슨 일이 생긴 건 아닌지, 그녀의 마음에는 걱
정이 앞섰다. 그는 알아서 음식을 주문하고 샴페인이 아닌 쓴맛이

나는 레드와인도 추가했다. 뭔가 좋지 않은 예감이 그녀에게 전해졌다. 그녀의 예상대로라면 오늘은 좋은 날이다. 기뻐하며 축배를 들어 마땅한 날인데, 왜 샴페인을 주문하지 않는 건지 아무래도 이상하다. 에디터라는 직업은 다른 능력도 많이 필요하지만 무엇보다 눈치가 빨라야 한다. 상대방이 원하는 것을 먼저 알아채서 그 부분을 파고들어야 원하는 내용을 얻을 수가 있다. 몇 년간 에디터로 살면서 그녀가 익힌 공기 중의 분위기를 떠나서라도, 여자라면 누구나 앞으로 뭔가 좋지 않은 일이 벌어질 거라는 사실을 알 수 있을 정도로 그와 그녀를 둘러싼 공기는 파르르 떨리고 있었다.

평소에 성격이 급한 그녀도 그날만은 먼저 입을 열 수가 없었다. 괜히 먼저 말을 꺼냈다가 좋지 않은 이야기를 들을 것 같아, 음식이 나오고 그가 쓴 레드와인을 두 잔쯤 들이킬 때까지 가만히 앉아 죄 없는 고기 조각만 갈기갈기 찢고 있었다. 이윽고, 그가 입을 열었다.

"우리 이쯤에서 그만하자."

텔레비전에 자주 등장하는 아주 일반적인 대사였다. 그녀에게는 말 그대로 드라마에 나오는 대사일 뿐, 전혀 자신의 일이라고 생각되지 않는 말이다. 눈치 빠른 그녀가 그런 말이 나올 때까지 몰랐을 리 없다. 바로 어제까지만 해도 그에게서는 아무런 낌새가 없었다. 평소 하던 대로 그와 유쾌하게 통화를 했고, 그가 그녀를 귀찮게 생각하는 어떠한 제스처도 없었다. 그녀의 입장에서는 농담으로밖에 들리지 않는 말을 그가 내뱉었으므로, 그녀는 웃을 수밖에 없었다. 일단 한차례 웃고 난 뒤, 그녀는 말했다.

"무슨 농담 같은 소리야? 진짜 이벤트에 앞선 깜짝 쇼야?"

그는 고개를 좌우로 천천히 흔들며 "농담이 아니고 진짜야."라고 한 번 더 강조했다.

이건 현실이다. 아무런 생각도 들지 않고, 어떻게 머리를 굴려야 할지 떠오르지도 않는다. 그녀가 할 수 있는 말이라고는 "왜?"라는 한 단어의 글자뿐이다. 그의 대답은 아주 간단했다.

"그냥."

이 세상에 이유가 없는 것만큼 답답한 일은 없다. 이유를 알면, 그 이유를 해결하면 된다. 그러면 자연스럽게 문제도 해결된다. 하지만 이유가 없으면 답도 없다. 단지 마음이 예전 같지 않을 뿐이라고 그는 말했다. 새로운 애인이 생긴 것도 아니고, 그냥 마음이 식었을 뿐이라는 그의 대답은 그녀를 더욱 화나게 했다. 차라리 새 애인이 생긴 거라면 이해할 수 있다. 그런데 단지 그는 이제 그녀를 사랑하지 않기 때문이라고 말하니, 이건 정말 답이 없는 문제다. 더 이상 뭐라고 할 말도 없어진 그녀는 일단 모든 정신을 그 자리에서 일어서는 일에 집중했다. 그녀가 할 수 있는 일이라고는 최대한 빨리 그곳에서 벗어나는 것밖에 없었다. 겨우 똑바로 레스토랑의 문을 열고 나와서 택시를 잡고 집으로 돌아와서는 아무 생각 없이 얼른 잠들기를 바랐다.

가끔 생각한다. 너무 피곤한데 일이 많아서 잠들지 못하는 것과 너무 자고 싶은데 잠이 오지 않는 것 중에 과연 어떤 게 더 괴로울지 말이다. 항상 마감에 쫓기며 잠이 부족했던 그녀인데도 오늘만은 아무리 잠들려고 해도 잠이 오지 않아 이런저런 상상에 빠진 사이에 아침이 되었다. 그에게서는 아무런 연락도 없다. 막상 먼저 전화를 해보려고 하다가도 괜히 레스토랑에서 한 이야기를 다시 한번 확인하는 것밖에 되지 않을까봐 차마 번호를 누르지 못했다. 과연 이유가 무엇인지 그녀는 아무리 생각해도 알 수가 없다.

'하루아침에 내가 싫어졌다는 말이 사실일까?'

'갑자기 그가 죽을병이라도 걸린 걸까?'

'내가 너무 비싼 척 굴어서 나에게 질린 걸까?'

온갖 생각들이 그녀의 머릿속을 지나갔다. 그 후로는, 정말 드라마에 나오는 상황 그 자체였다. 그녀를 만나려고도 하지 않는 그를 만나기 위해 그녀는 몇 시간이고 그의 집 앞에서 서성이고, 눈물로 불쌍한 척도 해보고, 떼도 쓰고, 죽어 버리겠다고 협박도 했다. 그 모든 행동들은 그녀의 인생에서는 전혀 상상할 수도 없던 일이었다. 언제나 도도하고 꼿꼿한 자세로 남자를 휘두르던 그녀였다. 때에 따라 적절히 애교도 부릴 줄 알고, 남자의 비위도 맞춰줄 수 있다고 자부하던 그녀였기에, 남자한테 실연의 상처를 입고 힘들어하는 친구들을 보면 이해는커녕, 속으로 얼마나 여자가 미련하게 굴었기에 저런 일을 당하는지 답답해했었다. 그런데 막상 그녀가 그런 입장에 처해지니, 이건 누구에게나 일어날 수 있는 아주 일반적인 일이었다. 일적으로도 서로 엮인 사람들이 많았던 그와 그녀였기에 남들 앞에서는 아무렇지 않은 듯 행동하다가도 둘만 있을 기회가 오면, 그녀는 그에게 할 수 있는 한 최대한 비굴하고 안 된 여자인 척 행동을 하며 그의 마음을 돌리려 애썼으나, 한번 떠난 그의 마음은 절대 되돌릴 수 없었다. 그녀가 그럴수록 그는 더욱 그녀에게 지쳤고 그나마 남아 있던 마음도 모조리 사라졌다.

그렇게 몇 달이 지났다. 열심히 해서 안 되는 일이라고는 하나도 없었던 그녀의 인생에서 최초로 아무리 해도 안 되는 일이 있다는 걸 깨닫게 된 몇 달이었다. 어쩌면 그녀는 그를 잃는 것보다 자신에게 일어난 최초의 실패를 더욱 인정할 수 없어서 그랬던 건지도 모르겠다. 이윽고 그녀는 두 손을 들고 자신에게도 이런 일이 일어날 수 있음과 세상에는 예상하지 못했어도 어느 날 갑자기 모든 것을 잃을 수도 있다는 사실을 인정했다. 그 사실들을 인정하고 나자, 그나마 그녀를 버티게 하던 마지막 힘마저도 사라지고 그녀는 더 이상 아무것도 할 수가 없었다. 한마디로 무기력 그 자체였다. 하고 싶은 일이 없는 것은 물론이고, 해야 할 일들조차도 도저히 할 수가 없었다. 단지 아무것도 하지 않고, 아무 생각도 하지 않았으면 좋겠다는 게 그녀의 유일한 소망이었다. 그냥 침대에 누워 하루가 가고 다음 날이 오기를 기다리고 싶었다. 그러는 동안 그녀에게 일어났던 상상하기도 싫은 일이 마치 꿈처럼 그냥 사라지기를 바랐다.

그녀는 우선 회사에 사직서를 제출했다. 대학교를 졸업하고 처음 몸담은 직장에서 그녀가 얼마나 열심히 일했는지는 누구나 잘 알고 있는 사실이었다. 그녀의 상사는 조금만 다시 생각해 보라고 말렸지만 그녀에게는 지금 그 무엇도 다 부담스러웠다. 그냥 자신이 있던 세계와 영원히 단절되고 새로운 세상으로 가고 싶었다. 지금까지 그녀와 관계된 생활에서 벗어나 아무도 그녀를 알지 못하는 곳으로 떠나고 싶었다. 그녀는 사직서가 어떻게 처리되었는지 그 결과가 나오기도 전에 무조건 짐을 꾸렸다. 목적지는 파리. 파리는 그와 함께 몇 번이고 갔던 곳이다. 그래서 처음에는 파리가 아닌 전혀 낯선 곳으로 갈까 생각하기도 했지만 이왕 새롭게 태어나기로 했으면, 몸으로 직접 부딪혀 보고 싶었다. 그녀가 제일 좋아하는 도시인 파리를, 그와의 추억 때문에 평생 못 갈 수는 없으니 차라리 새로운 기억으로 파리를 도배하고 싶었다. 그리고 그와 걸었던 모든 파리의 구석구석을 핑계 삼아 실컷 울고 싶기도 했다. 그녀의 이런 이야기를 들으면, 울면서 파리의 길을 걷는다 해도 그 누구도 그녀를 이상하게 생각하지 않을 것이다. 그녀에게는 아무리 펑펑 울어도 그 누구도 그녀를 비난하지 못할 만한 이유가 있지 않은가? 비록 너무나 많이 들어서, 또 누구에게나 한 번쯤은 일어났던 일이어서 신선하지는 않겠지만 말이다.

그래서 그녀는 지금 이곳에 있다. 바로 에펠탑 앞에 말이다. 그녀가 파리에 와서 제일 꼬박꼬박 하는 일은 밤마다 에펠탑을 보는 것. 물론 낮에 길을 걸으면서도 수시로 에펠탑을 보기는 하지만, 에펠탑은 이렇게 밤에 혼자 봐야 제맛이다. 사람이 아닌 고작 철제 구조물 따위가 사람에게 이토록 많은 위로를 해줄 줄이야 그녀는 미처 알지 못했다. 그녀는 지금 높이 300m의 에펠탑에게 세상 그 어떤 사람에게 받은 위로보다도 훨씬 큰 위로를 받고 있다. 단지 그냥 보고만 있어도 마음이 따뜻해진다. 지금까지는 몰랐다. 몰랐다기보다 위로를 받을 일이 없었을 뿐인지도 모르겠다. 지금껏 그녀는 파리에서 혼자만의 시간을 가진 적이 없었다. 항상 일 때문에 수없이 많은 사람들에게 둘러싸여 바쁘게 시계를 보며 여러 미팅과 인터뷰를 다니고, 일이 아니면 그와 함께 분위기 있는 곳에서 파리를 즐기기만

했으니, 외로운 파리라든가 쓸쓸한 파리 같은 건 그녀와는 무관한 일이었다.

이번에 파리에 오면서, 그녀는 지금까지와는 정반대로 파리를 느껴 보기로 결정했다. 여태껏 그녀가 알고 있던 파리와 전혀 다른 파리에서 새롭게 태어나고 싶었다. 그 첫 번째로 매번 호텔에서만 생활하던 예전과는 달리 이번에는 한국인이 직접 운영하는 민박을 이용하기로 했다. 파리를 자주 왔다고는 해도, 보통 며칠 일정으로 짧게 온 게 전부라 올 때마다 호텔에 묵고는 했었는데 이번에는 기간도 무제한인 데다가 회사에 사직서까지 내고 온 마당에 호화롭게 호텔에 돈을 투자할 수도 없는 상황. 다행히 겨울이고 비수기라 한국인 민박은 텅텅 비어 있었고, 어떤 날은 6인실을 혼자 쓸 때도 있었다.

사실 그녀는 대학교를 졸업하자마자 바로 일을 시작한 탓에 다른 도시는 별로 가본 적이 없다. 제대로 된 여행이라고는 대학교 3학년 여름방학 때 보름 남짓한 동안 유럽 10개국을 돌았던 배낭여행이 전부. 그것조차도 패키지여행이었던 터라, 이렇게 혼자 여행을 떠나온 것 자체가 그녀에게는 도전이다. 부잣집에서 남들보다 유별나게 부유하게 자란 건 아니지만 그래도 큰 어려움 없이 살았던 그녀이기에 민박집에서의 공동생활은 충분히 낯선 일이다. 가족이 아닌 누군가와 화장실을 함께 쓰고, 같은 방에서 잠을 잔다는 건 – 그것도 6명씩이나 – 아무리 생각해도 예전의 그녀라면 절대 상상도 할 수 없던 일이었다. 당연한 얘기지만, 만약 그녀에게 아무런 일도 발생하지 않고 그녀의 예상대로 그와 결혼했더라면 아마 그녀는 평생 이런 경험을 해보고 못했을 거라고 그녀는 스스로를 위로했다. 그와 헤어져서 좋은 점을 한 가지라도 더 만드는 것이 지금 그녀에게는 무엇보다 중요한 일이다. 비록 말도 안 되는 합리화일 뿐이라 해도 그것만이 그녀에게 의미가 있는 일이고, 파리에 온 중요한 이유이기도 했다.

그녀가 몸담았던 패션 에디터라는 직업은 보기에 참으로 그럴듯하고, 많은 여성이 부러워하는 직업이기도 했다. 때문에 그녀는 어디서든 자신만만했는데, 솔직히 말하자면 파리에 도착하자마자 그녀는 아무것도 모르는 바보가 된 기분이었다. 몇 번이나 와본 샤를드골 공항이라 아무 준비도 하지 않았는데 막상 내리니 마치 한 번도 온 적이 없는 것 같은, 전혀 새로운 터미널이었다.

'샤를드골 공항이 이렇게 작았었나?'

'그런데 여기서 민박집까지 대체 뭘 타고 어떻게 가야 하는 거지?'

갑자기 난생처음 배낭여행을 떠난 사람들이나 느끼는 불안함과 막막함이 그녀를 에워쌌다. 겨울에는 해도 일찍 지는데, 공항에 도착한 시간은 벌써 오후 5시. 해가 지기 전에 숙소까지 가려면 일단 어떻게든 시내로 들어가야 하고, 지하철을 타든 버스를 타든 결정을 해야 한다. 그런 고민을 하는 사이에 그녀는 몇 달 만에 처음으로 그에 관한 생각을 잠시 내려놓을 수 있었다. 지금 당장 해결해야만 하는 일이 눈앞에 닥치니 다른 고민은 없어진다. 이래서 사람들이 다들 연인과 헤어진 후에는 여행을 떠나는 것일까 하고 그녀는 진지하게 생각했다. 도무지 어떻게 가야 할지, 어디로 가야 할지 몰라 망설이는 그녀에게 누군가 갑자기 말을 걸어왔다.

"아직 공항 안에 계셨네요? 어디까지 가세요?"

이십대 중반으로 보이는 그는 파리로 오는 비행기에서 그녀 옆에 앉았던 남학생이었다. 멀미를 할 때를 대비해서 각각의 좌석 앞에 넣어둔 봉투의 쓰임새를 몰라 그녀에게 물어왔던 엉뚱한 학생이다. 속으로는 그것도 모르는 학생을 비웃으며 겉으로는 친절한 얼굴로 설명해줬는데, 이번에는 뭔가 상황이 반대가 되었다.

"제가 비행기 내부 시설에 대해서는 문외한이지만, 파리 지리에 관해서는 조금 알거든요."

그녀는 일단 숙소의 위치를 적어둔 다이어리를 가방에서 어기적거리며 꺼내 그에게 보여 주었다.

"여기는 지하철 14호선 종점이네요. 저도 이 방향이니까 우선 저랑 같이 가면 되겠네요."

그는 아무렇지도 않게 그녀에게 이렇게 말하고는 앞장서서 성큼성큼 걷기 시작했다. 낯선 사람에게 그렇게 호의적이지 못한 성격의 그녀이지만 지금 같은 상황에서는 앞뒤 가릴 처지가 아니다. 무조건 따라가고 봐야 한다. 그는 지하철 표를 파는 무인발매기 앞에서 자연스럽게 표를 두 장 끊어 그녀에게 내밀었다. 그녀는 돈을 지불하려고 지갑을 뒤졌지만 아무 생각 없이 큰 단위로만 환전을 해온 탓에 차비만큼의 적은 단위 돈은 없었다. 할 수 없이 티켓을 받아들고는 그의 뒤를 따라 지하철 타는 곳으로 향하면서 그녀는 사람일은 참 알 수 없다고 생각했다. 그녀가 한국에서부터 예약해놓은 민박집은 14호선의 가장 끝인 'Olympiades' 역 근처. 갑자기 떠나기도 했고, 혼자 여행이라고는 해본 적이 없는 그녀에게 민박집 예약은 예정에 없던 부분이었으나, 소위 여행 전문가인 지인이 숙소예약은 꼭 해야 한다기에 얼떨결에 잡은 숙소였다. 민박집의 홈페이지에 안내되어 있는 대로 찾아가니, 다행히 사진과 똑같은 집이 나왔다.

'Olympiades' 역은 두 얼굴을 가진 곳이다. 한쪽에서는 파리에서 가장 큰 차이나 마트가 있는 곳으로, 중국 사람들이 많이 모여 산다. 처음 지하철에서 내린 그녀는 눈을 찌푸릴 수밖에 없었다. 그녀가 알고 있던 파리의 모습이 전혀 아니었다. 그녀가 알고 있는, 또 기대하고 온 파리는 조용한 카페에 앉아 커피나 실컷 마시는 장면이었는데 막상 눈앞에 펼쳐진 파리는 지저분하고 동양 사람들로 넘쳐났다. 그런데 'Olympiades' 역이 신기한 건 다른 출구로 나가면 그녀가 원래 알고 있던 일상적인 파리의 모습이 그대로 펼쳐진다는 점이다. 조그마한 동네 카페들이 있고, 저 멀리 맥도날드도 보이고, 모든 것이 일상적이다. 겨우 가슴을 쓸어내린 그녀는 일단 짐부터 풀었다. 12월의 끝자락이라 민박집은 텅텅 비어 있었다. 2층 침대가 3개 놓인 6인실 방은 삭막한 느낌부터 안겨줬다. 비싸지 않은 침대, 저렴한 브랜드로 꾸며진 인테리어는 조악했고, 무엇 하나 마음에 드는 것이 없었지만 지금 그녀에게 그런 것 따위는 아무렇지도 않다.

결국 파리까지 왔다. 그리고 무사히 숙소까지도 왔다. 그러고 나니, 오늘 해야 할 일은 전부 다한 것 같은 느낌이 들어 더 이상 오늘은 아무것도 하고 싶지 않았다. 민박집의 거실로 나가 어슬렁거리자 민박집 사장님이 이내 신상조사에 들어간다. 낯선 사람과의 대화를 그렇게 즐기는 성격은 아니지만, 때로는 도리어 잘 모르는 사람이 편할 때도 있다는 사실을 그녀는 처음 깨달았다. 며칠 후면 스물아홉 살이 되고, 그냥 하던 일에 지쳐 잠시 쉴 겸 여행을 왔다고 자신에 대해 간략한 소개를 하자, 정말 자신은 아무것도 아니고 지금껏 자신이 쌓아놓은 인생도 아무것도 아니라는 생각이 들어 그녀는 점점 더 우울해졌다. 그녀의 이야기를 듣던 사장님은 속사정을 아는지 모르는지 그런 기분에는 칼 같은 바람을 맞으며 유람선을 타 보는 것도 나쁘지 않겠다는 말을 건넨다. 센 강의 유람선이라면 그녀도 타본 적이 있다.

2년 전, 이제는 더 이상 연인이 아닌 옛 애인과 함께 탔던 유람선은 천장이 투명한 색으로 되어 있어서 밤이든 낮이든 하늘이 훤히 보이는 구조였다. 배의 옆쪽은 다 뚫려서 시원한 강바람이 그대로 느껴지는 유람선에서 그녀는 초록색의 몸을 휘감는 원피스를 입고 있었다. 둘 다 적당하게 익은 생선요리를 앞에 두고, 샴페인을 마셨다. 여름의 파리는 아주 늦게까지 해가 떠 있다. 밤 9시 반이 넘어서야 어둑해지기 시작해 완전히 어두워지는 건 밤 10시는 넘어야 한다. 그래서 저녁 8시 반쯤부터 타는 유람선은 일몰과 함께 여유롭게 식사를 즐길 수 있다. 우아하게 배 위에서 식사를 즐기고 있노라면, 옆으로 사람들이 와글거리는 유람선이 지나가고는 했었는데, 그들을 보며 자신은 그들과는 다르게 살고 있다고 조금 우쭐했던 기억이 난다.

이름마저 낭만적인 바토 파리지엔은 에펠탑 바로 아래에 있는 다리에 선착장이 있다. 그와 함께 파리에 있을 때 우리는 메트로나 버스 따위는 타지 않았다. 오로지 택시를 타거나 아니면 걷는다. 파리는 생각보다 아주 작은 크기라서 때로는 걷는 것이 더 빠를 때도 있다. 유람선을 탔던 그날도 생 제르맹 데 프레(**Saint-Germain-des-Près**)의 골목 구석구석을 그와 누비다가 급하게 택시를 타고 선착장으로 갔었다. 생 제르맹 데 프레는 예술가들이 좋아하는 동네다. 그냥 보면 별것 없어 보이지만, 조금만 걷다 보면 온 동네가 화랑으로 가득하다는 사실을 알 수 있다. 꼭 가봐야 하는 곳이 있는 사람에게는 길 찾기가 영 쉽지 않은 동네일 수도 있다. 이 골목, 저 골목이 다 비슷비슷해서 처음 길 찾는 사람에게는 꽤 까다로운 동네이다. 그만큼 여행객이나 뜨내기손님한테는 그 영역을 함부로 내어주지 않는 보수적인 장소지만, 마음을 열고 다가가고자 하면 또 언제든 온몸으로 환영해주는 곳이기도 하다. 특별한 계획 없이 친구와 이야기하며 기웃거리다 보면 재치 있고 재미있는 의외의 것들을 잔뜩 만나기도 한다.

일을 하다가 만나는 대부분의 예술가들은 - 디자이너들도 마찬가지 - 툭하면 약속시간에 늦고 그러면서도 전혀 미안해하는 기색이 없었다. 하지만 유독 그만은 달랐다. 정확한 시간을 지키는 것은 물론이고, 혹여 조금이라도 늦을 때면 미리 연락해서 정중하게 사과를 했다. 어쩌면 그런 면이 그에 대한 그녀의 신뢰를 100% 완벽하게 했는지도 모르겠다. 그런 그였기에 어딘가를 갈 때 늦는 법이라고는 없는데, 그날 생 제르맹 데 프레 거리에서 발견한 깜찍한 전시는 그들이 8시 30분에 유람선을 타야 한다는 사실조차 잊어버리게 만들었다.

생 제르맹 데 프레 거리의 갤러리들은 대부분 아주 작고 아담하다. 때로는 작품 2~3개 정도가 그 갤러리에 전시된 작품의 전부일 정도로 좁은 공간도 있고, 크다고 해봤자 한눈에 모든 작품이 다 들어올 정도의 크기인데, 그날 발견한 새로운 갤러리는 그중에서도 꽤 큰 곳이었다. 우연히 걷다가 생각지 않은 곳에서 멋진 무언가를 발견한다는 것은 정말 생각만 해도 두근거리는 일. 그날 그들이

'2) 스파르트(SPARTS)' 갤러리를 발견하고 느낀 기분도 아마 그랬던 것 같다. 길가에 있는 것이 아니라, 길 안쪽으로-아마 무심코 지나쳤다면 그냥 모르고 지나쳤을 수도 있을 만한- 뭔가 심상치 않은 곳이 보여 들어갈까 말까 망설이다가 들어선 그곳은 밖과는 전혀 새로운 세상이었다.

전시라고 하면 대부분 그림을 떠올리기 쉽지만, 사실 전시에는 그림 말고도 여러 종류가 있다. 그녀는 특히 눈으로만 보는 그림이 아닌, 손으로 만질 수 있는 입체의 작품을 좋아하는데, 그 갤러리에는 흥미진진한 것들이 꿈틀거리고 있었다. 입구에서부터 독특한 조형물이 그녀의 호기심을 자극한다. 대나무 가지처럼 생긴 봉 두 개를 엇갈리게 세워두고 그 위의 불안전한 공간에 청동으로 만든 사람이 떡하니 앉아 있는 모습이었다. 분명 불안해 보이는데, 아는지 모르는지 청동으로 만든 사람은 아주 편안한 얼굴로 저 멀리 어딘가를 바라보고 있다. 그 조형물에 이끌려 안으로 들어가 봤더니 안에는 웃기게 생긴 애벌레들로 가득. 털 뭉치로 만든 몸통에 20개 정도의 다리가 징그럽게 붙은, 우리가 흔히 애벌레라고 부르는 작품부터 마치 요가 자세 중에 골반부터 다리까지는 모두 땅에 붙이고 상체만 들어올린

UP DOG 모양의 핑크색 애벌레, 노란색 몸통을 의자로 변신시켜 그 많은 다리로 의자를 지탱하고 있는 실용적인 애벌레까지 평소에 벌레를 싫어하는 사람이라도 좋아하지 않을 수 없는 다양하고 귀여운 애벌레들이 모두 모여 있었다. 결국 그날 유람선 출발시간에 아슬아슬하게 도착했던 건 순전히 그 색색의 벌레들 때문이었던 것.

혼자 옛날 생각에 빠져 있는 사이, 민박집 아저씨가 오늘 저녁은 집에서 먹을 거냐고 물어 그녀는 간신히 현재로 돌아왔다. 아저씨의 유람선 한마디에 그렇게 먼 곳까지 다녀오다니, 아직 그에게서 벗어나려면 한참 멀었다고 그녀는 마음속으로 생각했다. 이제 막 파리에 도착하기도 했고, 민박집을 찾느라 마음을 졸이기도 했으며, 딱히 뭘 하고 싶은 의욕도 생기지 않아 저녁밥은 민박집에서 내어주는 대로 간단하게 해결하기로 정하고 일단 방으로 가서 짐을 풀기 시작했다. 2층 침대가 3개 놓인 6인실 방에는 아직 그녀밖에 없다. 아무리 비성수기라고 해도 이래서는 먹고살 수나 있을까 싶을 정도로 사람이 없다. 주인아주머니 말로는 저녁 때 여자 한 명이 더 들어올 거라는데, 그래 봤자 손님이 적은 건 마찬가지.

어차피 호텔 방도 아니라, 가방 안의 모든 짐을 꺼내놓을 수도 없어서 그냥 가방을 펼쳐놓은 꼴이 되었다. 당장 필요한 세면도구와 파리 가이드북, 잠옷 정도만 가방에서 찾아 꺼내두고 평소에는 잘 들고 다니지 않던, 산 지 몇 년이나 된 구식 MP3플레이어를 꺼내 이어폰을 귀에 꽂고는 잠시 침대에 누워 눈을 감았다.

'이대로 잠이 들어도 괜찮겠지. 차라리 아무 생각 없이 잠들면 좋겠어.'

이런 생각에 머리를 비우고 이어폰에서 나오는 노래 가사에 온 정신을 집중했다.

저녁 먹으라는 소리에 잠에서 깨 보니 어느새 저녁. 노래를 채 한 곡도 다 듣기 전에 잠이 들었나 보다. 비행기에서 한 일이라고는 먹고 자는 것밖에 없었던 터라, 별로 배가 고프지는 않았지만 우선은 일어나 식탁에 앉았다. 그새 민박집 손님이 몇 돌아와 있었다. 그날 밤 민박집의 손님은 그녀까지 총 4명. 식탁은 소박하지도, 그렇다고 넘치지도 않을 정도의 적당한 음식들로 채워져 있었고, 그에 걸맞은 대화들이 오갔다. 딱히 남들과 말을 섞고 싶은 기분이 아니었던 그녀도 식사가 끝나고 주인아저씨가 내어준 저렴한 와인을 홀짝이다 보니 어느새 사람들의 대화에 동참하게 되었다.

겨울에 파리를 찾은 사람치고 일반적인 사람은 없는 듯하다. 30대 후반의 노처녀 티가 나는 한 여자는 논문을 위해 자료를 찾을 겸 며칠 동안 파리를 찾았다고 했다. 그날이 마지막 날이라며 겨울에 잘 구하기도 힘든 체리를 내놓았다. 그녀보다 한 살이 많은 한 남자는 이집트의 한 대학에서 2년 동안 봉사활동으로 한국어를 가르치고 한국으로 돌아가는 길에 여행 삼아 파리를 들렀고, 20대 중반에 들어선 어린 남학생은 호주에서 1년 동인 딸기를 띠고 어행을 왔다고 했다. 그냥 보면 다들 아주 ─ 라고 해도 좋을 정도로 ─ 일반적인데 애기를 듣다 보면 그 특색 있는 인생에 그녀 자신의 인생은 마냥 평범하게 느껴져서, 실연 따위는 아무것도 아니라는 생각이 들었다. 그날 밤, 오랜 비행의 피곤함과 알코올의 힘으로 그녀는 오랜만에 깊은 잠에 빠질 수 있었다.

01.
앙상한 마음을 위로하는
레드와인과 초콜릿케이크

눈을 뜨니 해가 밝아 있었다. 오늘 아침도 어제 저녁과 마찬가지로 식사를 하라는 소리에 잠이 깼다. 민박집의 좋지 않은 점이라면 아마 이것이 아닐까? 내가 원하는 때에 식사를 할 수 없다는 것. 정해진 시간에 밥을 먹지 않으면 아침을 먹을 수 없고, 나가서 대강 먹으면 된다고 해도 손님이 몇 명밖에 없는 지금의 민박집에서는 그녀를 가만두지 않는다. 일단 눈을 뜨고 식탁에 앉으니 거기에는 지금껏 그녀가 생각해오던 아침식사와는 거리가 먼, 아주 무겁고 보기만 해도 배가 부른 상이 차려져 있었다. 보자마자 입맛이 없어진다. 그녀에게는 토스트 한 장과 커피 한 잔이면 충분했다. 하지만 민박집에 온 이상 어쩔 수 없다고 생각한 그녀는 겨우 몇 순가락을 떴다. 한참이 지난 후에야 알게 된 사실이지만 민박집에 묵는 일반 손님들은 집에서 아침을 든든하게 먹고 나가는 사람이 많아서 민박집의 아침상은 유난히 진수성찬이라고 한다.

어제 멤버 중 한 명은 이미 떠났고 오늘 아침은 셋이다. 다들 아침인사로 오늘 어디를 갈 건지 묻는다. 그녀에게는 아무런 계획도 없다. 그냥 일단 집을 나서는 것 자체가 전부다. 아침을 대강 먹고 역시 대강 씻고 밖으로 나섰다. 겨울인데도 햇볕이 쨍하니 별로 춥진 않다. 파리에 올 때마다 가장 신나서 가는 곳이 있었다면, 바로 샹젤리제. 개선문에서 내려 샹젤리제 거리를 따라 쭉 걷다가 지하철 1호선과 9호선이 만나는 Franklin D. Roosevelt 역에 다다르면 거기서부터는 명품의 향연이다. 이름만 들어도 누구나 다 알 수 있는 명품매장들이 울창한 나무 아래 끝도 없이 늘어서 있고, 늘씬한 모델들은 백팩에 생수 한 병을 꽂고 모델 오디션을 받으러 다니는 진정한 명품거리이다. 샹젤리제 바로 근처에 있지만 관광객도 별로 없고 유난히 조용해서 굳이 뭔가를 사지 않더라도 매장마다 들어가서 구경하는 것만으로도 즐겁다. 그 기억만으로 그녀는 우선 샹젤리제로 향했다. 그런데 막상 내려 보니 겨울의 앙상한 가지만 즐비한 샹젤리제는 도리어 더 춥고 씨늘해 보였다. 그래도 일단은 명품들이 줄지어 자신을 뽐내고 있는 그 거리로 가보는 수밖에 없다. 가면 기분이 좋아질지도 모른다는 그녀의 생각은 한마디로 오산이었다. 푸른 숲 속의 숨겨진 비밀상자 같던 거리는 앙상하게 남은 나뭇가지들과 황량하게 넓은 길 때문에 그녀 마음을 더욱 기라앉게 만들었다.

그곳에서 마음의 안정을 찾지 못하자, 마음이 조급해진 그녀는 바로 백화점이 득실거리는 오페라로 걸음을 옮겼다. 사람들이 북적거리고 눈앞에 반짝이는 것들이 충만한 오페라. 역에 내려 오페라 가르니에가 정면으로 보이는 곳에 서서 크게 심호흡을 했다. 쌀쌀하고 매서운 바람이 그녀의 얼굴을 가로질렀다. 오페라 가르니에를 옆

으로 하고, 몇 개나 되는 건물들이 이어져서 길 전체가 백화점으로
뒤덮인 쇼핑가는 많은 관광객들로 겨울이나 여름이나 북적거린다.
온갖 SPA 브랜드까지 합세한 거리에는 뭔가 사지 않으면 안 될 것
같은 얼굴을 한 사람들이 열심히 돈을 쓰기 위해 바쁘게 움직이고
그 사이에서 그녀도 매장 하나하나에 들어가 물건을 살피며 시간을
보냈다.

시간은 참 이상해서 최대한 천천히 흘렀으면 싶을 때에는 쏜살
같이 지나가 버리고 어서 지나갔으면 하고 바랄 때는 정말이지 미치
도록 천천히 흐른다. 도장이라도 찍듯 눈에 보이는 매장은 모조리
다 들어갔다 나와도 아직 대낮. 해가 빨리 지는 겨울이라 정말 다행
이라고 생각하며 이제야 아침식사 이후로 아무것도 먹지 않았다는
사실이 떠올랐다. 혼자서 푸짐하게 먹고 싶은 생각은 없지만 그렇다
고 초라하게 먹고 싶지도 않다. 그럴 때는 쁘렝땅 백화점에 있는 브
라스리 쁘렝땅이 최선.

쁘렝땅 백화점의 모드관 6층에 있는 '3) 브라스리 쁘렝땅(brasserie
Printemps)'은 옛날 건물에서 느끼지는 웅장함과 클래식한 분위기, 거
기에 유명 디자이너인 디디에 고메스가 리뉴얼해 모던함까지 갖춘 곳이

3) 브라스리 쁘렝땅(brasserie Printemps)
add 60 Boulevard Haussmann
tel 01-42-82-58-84
open 09:35~20:00(목 22:00), 일요일 휴무
metro M3·9 Havre Caumartin, M7, M9
　　　Chausée d'Antin La Fayette

다. 쁘렝땅 백화점은 건물 몇 개가 나란히 붙어 있어 모드관부터 확실히 찾아야 하는데 몇 년 전에 가본 기억만 가지고 책도 없이 가려니, 은근 헷갈린다. 안내원에게 물어도 제대로 답을 주지 않아 한참 헤맨 끝에 겨우 발견. 슬슬 짜증도 밀려오고 지치기도 했지만 입구에 들어서자마자 눈에 들어오는 휘황찬란한 천장 덕분에 나쁜 기분은 금세 회복되었다. 햇볕이 그대로 투영되는 아르데코 스타일의 유리와 유리창 하나하나에 수놓아진 금색과 파란색의 무늬. 오래된 교회에서나 볼 수 있는 장식 덕분에 마치 과거로 돌아간 듯한 기분으로 자리에 앉자 모던한 의자와 테이블이 다시 지금이 21세기라는 사실을 일깨워준다. 과거와 현재의 조화로운 공존.

여행객들이 넘치는 관광지의 중심에 있지만 의외로 파리지앵들이 더 많이 보이고, 느긋하게 티타임을 즐기러 온 할머니, 할아버지들도 심심찮게 눈에 띈다. 분위기만 보면 커피 한 잔에 엄청나게 비쌀 것 같아 쉽게 발을 들이지 못하는 사람이 있을 수도 있는데, 막상 들어가 보면 에스프레소 한 잔에 2.8유로 정도로 저렴한 편이다. 보통 둘이서 오면 메뉴판을 보지도 않고 으레 음료 한 잔과 마카롱이나 케이크 중에 마음에 드는 걸로 4개를 골라 담아 10유로밖에 하시 않는 세트 메뉴를 시키는 걸 당연히게 여겼었다. 하지만 오늘은 혼자니까 지금까지 먹었던 것과는 다른 걸로 주문하고 싶다. 기분이 우울할 때는 맛도 중요하지만, 보기에 예쁜 것들을 먹어야 한다. 그리고 커피보다 살짝 알싸한 와인 한 잔이 도움이 되기도 한다. 매번 브라스리 쁘렝땅에서 커피를 마셨던 그녀는 '오늘은 와인이다.'라는 생각으로 와인 리스트를 받아들었다. 복잡한 말로 가득 찬 메뉴에서 그나마 익숙한 보르도 와인을 골랐다.

'와인 리스트는 짧을수록 좋은데.'

'그래도 비싼 게 맛있겠지.'

혼자 멍하니 이런저런 생각을 한다. 그리고 와인과 별로 어울리지는 않지만 초콜릿케이크도 하나 주문했다.

'와인은 치즈와, 케이크는 커피와!' 같은 조합을 누가 만들었는지는 모르겠지만 지금 그녀에게는 별로 상관하고 싶지 않은 문구일 뿐이다. 파리에 오면서 그녀가 생각하고 결심한 거라면, 바로 '남의 눈치 보지 않고 마음대로, 하고 싶은 대로 살아볼 것.'

아무 생각 없이 앉아 와인과 케이크를 먹다 보니, 기분도 조금 나아졌다. 이만하면 오늘 할 일은 다 끝낸 것 같다. 특별하게 뭔가 한 일은 없지만 그렇다고 아무것도 하지 않은 건 아니다. 열심히 걷고 부지런히 구경했다. 매번 일에 쫓겨 정신없이 파리에 머물 때는 단 하루라도 이런 시간이 있었으면 했는데 막상 아무것도 하지 않고 하루를 보내 보니, 일주일은 흐른 것처럼 조금 지겨워진다. 시간이 많을수록 머리는 복잡하다. 무엇보다 머리를 텅 비우고 싶은데, 아무리 노력해도 자꾸만 옛 추억에 사로잡혀 벗어날 수가 없다.

'오늘은 그만 집에 가서 따뜻한 침대 안으로 파고들어야지.'

자리에서 일어난 그녀는 브라스리를 나와 메트로 표시를 향해 걸었다.

02.
비오는 날, 루브르 산책

민박집에 단 이틀 머물렀을 뿐인데, 2층 침대와 공동으로 사용하는 화장실, 그리고 비몽사몽으로 먹는 아침 식사까지 이미 모든 것에 익숙해졌다.

눈을 뜨면 곧바로 식당으로 직행한다. 그리고 식탁에 차려진 화려한 음식 중에 멀건 국부터 입에 넣는다. 뜨거운 국물이 입 안으로, 목으로 타고 흐르면 그제야 조금 정신이 깨어나고 오늘은 어디를 가야 할지 생각한다. 민박집의 가장 일반적인 아침인사는 "오늘 어디 가세요?"이다.

오늘도 어김없이 서로 그런 인사를 나누고, 항상 아무 계획도 없는 그녀는 일단 창밖을 보고 날씨를 확인한다.

'기분도 별로 좋지 않은데, 어쩜 오늘은 비까지 내리네.'

비가 내리면 일단 걸어 다니기가 불편하고 평소 짐을 들고 다니기를 좋아하지 않는데 우산까지 챙겨 다녀야 하니 온통 귀찮은 일뿐이다.

'대체 이런 날은 어디를 가야 한단 말인가?'

아무도 답해 줄 수 없게 혼자 속으로 질문하며 앉아 있는 그녀에게 한 살 많은 한 남자가 딱히 갈 곳이 없다면 같이 루브르나 가자고 제안했다. 아무 생각 없이 앉아 있던 그녀는 의외의 단호한 말투로 "루브르는 절대 안 가요."라고 잘라 말했다. 지금껏 파리를 몇 번이나 다녀가면서도 루브르는 한 번도 가지 않았던 그녀. 특별한 이유가 있는 건 아니다. 단지 그 이름만 들어도, 책에 적힌 설명만 봐도 루브르는 충분히 지겨운 장소였으므로 굳이 돈을 내고 입장을 해서 그 사실을 확인할 필요는 없다고 생각했을 뿐이다. 같이 가자고 제안했던 그는 괜히 머쓱해져서 입을 다물었다. 그때 민박집 주인아저씨가 한 수 거들며 루브르박물관에 대해 설명을 시작했다. 얼마나 구경할 것들이 많으며 그것들을 보지 않는 건 인류의 역사에 배신하는 행위라며 끝도 없는 설명이 이어지고 그 설명에 지친 그녀는 결국 두 손 들고 루브르 관람에 동참하기로 했다.

오늘은 카메라도 필요 없다. 겉옷 주머니에 간단한 동전지갑 하나만 넣고 우산을 챙겨 밖으로 나왔다. 오늘 아침, 함께 루브르를 가자고 했던 그― 앞으로 편의상, A라고 부르기로 한다―와 오늘 하루 동행이다. 마음 한편으로는 혼자가 편하다는 생각을 하다가도 누군가와 함께하는 것도 나쁘지 않겠다는 생각이 들었다.

난생처음 가본 ⁴⁾ 루브르(Mussée de Louvre)'는 역시 관광객들로 득실거렸다. 매표소가 어딘지 찾는 데도 한참. 겨우 티켓을 사고, 지도 한 장을 들고 들어가자 셀 수도 없을 만큼 많은 그림들이 펼쳐졌다. 대체 어디서부터 봐야 할지 난감했지만 어디서부터 봐도 어차피 다 못 볼 거라는 생각을 하니 그냥 발 닿는 순서대로 보면

되겠다 싶었다. 그래도 여기까지 왔으니 모나리자는 봐야 하겠고, 거기에 밀로의 비너스 상, 그리고 사모트라케 섬 신전에서 머리와 팔이 없는 모습으로 발견된 승리의 여신 니케 상 정도만 보면 더 이상 욕심은 없다. 다른 사람은 어떤지 모르겠지만 내 눈에는 모든 조각상이 비슷해 보이고, 모나리자가 왜 그토록 유명한지도 사실 잘 모르겠다. 작품에 대한 지식이 많을수록 그것을 보고 이해하는 정도의 차이는 물론 있겠지만 아무리 책을 읽어봐도 가슴으로 느껴지지 않으니 단순하게 눈으로 보는 수밖에.

내 짧은 인내심은 루브르를 한 시간여 동안 걷자 한계에 다다랐다. 슬슬 지겨워지기 시작했고 급기야 내가 여기 왜 왔는지 후회스러운 생각까지 들어 마음속에서 은근한 짜증이 치밀어 올랐다. 그렇다고 그런 솔직한 기분을 겉으로 드러낼 정도로 오늘의 농행은 친하지 않다. 이럴 때야말로 은유법이 필요한 때가 아닐까? 그녀는 최대한 부드러운 말투로 말했다.

"오늘 하루를 온통 쏟아 부어도 루브르의 절반도 못 보겠어요. 이럴 바엔 안 오는 게 차라리 나을 뻔했어요."

그러자 A는 여유롭게 웃으며 대답했다.

"절반이라니요, 사분의 일도 못 볼걸요. 대신 어차피 밖에도 비가 와서 다니기도 힘드니까 실내에서 산책한다는 기분으로 그냥 걷는 건 어떨까요?"

그림을 봐야 한다는 의무감이 아니라 그냥 산책하는 기분이라니, 그런 생각은 차마 하지도 못했었다. 그의 말 한마디에 그녀의 기분은 순식간에 누그러졌다. 비 오는 날, 무거운 우산을 들고 신발까지 젖으며 걸어 다니는 건 그녀도 딱 질색이니까, 그의 말이 맞다. 이런 날씨에는 루브르도 나쁘지 않지. 그런 마음이 들자 그림보다 A와의 대화가 더 흥미로웠다. 세상에는 참 여러 종류의 사람이 있다는 생각이 들게 하는 그는 실로 일반적이지 않은 삶을 살아왔다. 일반적인 삶의 기준이 애매하긴 하지만 어쨌거나 그녀가 아는 대부분의 사람들과는 다르게 살고 있다. 번듯한 학교를 졸업하고도 봉사 단체에 들어가서 돈에 대한 별다른 욕망도 없이 살고 있는 A가 그녀의 눈에는 신기하기만 하다. 여행에서 만난 사람과의 대화에는 한계가 없다. 어떤 이야기든 어떤 소재이든 마음껏 얘기할 수 있다. 때로는 없는 일을 만들어도, 또 작은 일을 좀 크게 부풀려도 상관없다. 그렇다고 거짓말을 하는 게 좋다는 건 아니지만 평소의 자신과는 다른, 자신이 꿈꾸는 이상향에 가까운 사람이 될 수 있는 절호의 찬스가 아니겠는가? 게다가 점점 나이가 들면서 친구들과는 잘 하지 않게 되는 대화의 주제들 — 예를 들어 꿈에 관한 얘기나 미래에 대한 계획 — 도 여행에서 만난 사람과는 스스럼없이 할 수 있다. 그렇게 별별 이야기를 다 꺼내는 동안 몇 시간이 훌쩍 지나 있었다.

이제 슬슬 배가 고플 때도 되었다. 루브르는 실컷 보았고 이제

배를 채울 차례. 날씨 탓에 날은 어둡지만 아직 낮이다. 이런 시간에는 런치를 충분히 활용해야 하는 법. 소르본 대학 학생들과 관광객들이 넘치는 생 미셸 거리에는 저렴하고 맛있는 가게들이 많다. 특히 지금 같은 점심시간이면 10유로만 있어도 애피타이저와 메인, 디저트까지 풀세트를 즐길 수 있다. 고민이라면 그 많은 가게 중에 어디를 들어가야 할지 정도.

그들은 골목을 몇 바퀴나 돈 끝에 '5) 라탱(LE LATIN)'이라는 레스토랑으로 결정했다. 가장 큰 골목에서 한 블록 더 들어간 곳에 있는 그곳은 소박해서 마음에 들었다. 또 골목을 지나가는 사람들을 구경하기에도 금상첨화. 오늘은 둘이지만 언젠가 혼자 온다고 해도 지겹지 않고 즐겁게 식사를 할 수 있을 만한 곳이다. 조금 춥긴 해도 완전히 안쪽 자리에 앉기는 싫어서 안과 밖의 경계가 되는 곳에 자리를 잡았다. 들어가자마자 살아 있을 때는 꽤 무시무시했겠지만 이제는 박제에 불과한 곰이 멍한 눈으로 그들을 바라본다. 어두운 실내는 동굴을 연상시키고, 벽에 걸린 양철로 된 냄비와 금빛 술잔들은 중세시대의 부엌을 재현한다. 덕분에 몇 세기 전의 레스토랑에 앉아 있는 기분이 들었다.

"뭐 먹을까요? 배가 고파서 뭘 먹어도 맛있을 것 같기는 한데."

중저음의 낮은 목소리로 A가 말했다.

"전 파리에만 오면 꼭 먹는 게 있어요."

"그래요? 요즘은 우리나라에서도 워낙 맛있는 프랑스 레스토랑이 많아서 굳이 파리에서 꼭 먹어야 할 만한 것들이 아직 남아 있을 것 같진 않은데?"

"그렇긴 하지만 이상하게 어니언 수프는 아직 우리나라에서 자주 먹을 수 없더라고요. 파는 곳이 있어도 여기만큼 맛있지는 않고요."

"어니언 수프라, 저도 그럼 오늘 한번 도전해보죠!"

둘은 애피타이저로 똑같이 어니언 수프를 고르고, 각각 크림 파스타와 바삭하게 튀겨 나오는 치킨을 주문했다. 그리고 디저트로는 크렘브륄레(crème brûlée)와 쇼콜라무스.

비는 그쳤지만 아직 비에서 풍겨 나오는 쌀쌀한 기운은 남아 있어 어니언 수프의 뜨거운 국물이 목을 타고 들어가자 몸이 따뜻하게 데워진다. 한 조각을 수프에 살짝 담가 입에 넣으면 부드럽게 입 안에서 분해되는 바게트. 파리의 모든 레스토랑에는 기본적으로 바게트가 제일 먼저 나온다. 유럽 대부분의 레스토랑이 그런 식인데, 때에 따라서는 바게트의 가격이 따로 계산되기도 한다. 식전에 나온 바게트 몇 조각을 더 넣어 바닥이 보이도록 깨끗하게 수프를 비웠다. 이제 애피타이저만 먹었을 뿐인데 벌써 배가 든든하다. 파리에서는 동네 빵집이든, 레스토랑이든 어디를 가도 바게트가 맛있다. 겉은 바삭거리고 속은 부드럽고 알맞게 간이 되어 있어서 배가 불러도 자꾸만 손이 가는 중독성 강한 맛.

그러는 사이, 베이컨과 치즈를 듬뿍 올린 카르보나라가 등장했다. 우리나라 칼국수 면발처럼 생긴 링귀니에 굵은 베이컨이 수북하게 쌓여 있고 그 위로 파르메산치즈가루도 빼곡하게 뿌려져 있다. 포크로 돌돌 말아 한입에 넣자 역시, 스르르 녹는다. 그들은 때로 대화를 이어가며, 또 때로는 골목을 지나가는 사람들을 구경하며 묵묵히 식사를 했다. 편안한 사람이란 모든 말을 다할 수 있는 사람인 동시에 아무 말을 하지 않아도 어색하지 않은 사람을 뜻하기도 한다. 만난 지 며칠 되지 않은 A가 그녀에게는 그런 사람이었다. 옆 테이블에는 똑 닮은 아빠와 아들 그리고 엄마가 앉아 있었다. 아이는 한 손에는 피노키오 인형을, 다른 한 손에는 칼 한 자루를 들고 세상을 다 가진 듯 즐거워 보였다.

"아이들은 손에 뭐든 하나만 쥐어 주면 지루해하지도 않고 잘도 노나 봐요."

흘리듯 얘기하는 그녀의 말에,

"당신도 나도 분명 저런 때가 있었겠지요."

하고 A는 아무렇지 않은 듯 무심코 답한다.

그녀는 점점 배가 불러와 꽉 잠그고 있던 재킷의 지퍼를 열었다. 아무래노 바세트를 너무 많이 먹었나 보다. 고급 레스토랑은 아니지만 이곳에도 손님을 배려하는 규칙이 있다. 바로 한 코스를 다 먹어야 다음 코스를 내오는 것. 손님이 메인 요리를 다 먹기도 전에 디저트를 내오는 무례함은 범하지 않는다. 그녀가 깨작거리며 파스타의 면발을 하나씩 해치우는 동안, 더 먹으면 건강이 염려될 정도로 거구인 여자와 남편으로 보이는 삐쩍 마른 남자가 들어와 엄청나게 빠른 속도로 주문을 하고 식사를 끝냈다. 당연하게 그녀보다 디저트도 먼저 주문했는데 그들이 먹는 쇼콜라무스가 맛있어 보여, 그녀도 크렘브륄레를 취소하고 A와 같은 쇼콜라무스로 디저트 메뉴를 바꿨다. 메인 코스가 끝나고 디저트를 내오기 때문에 마음이 변하면 언제든 메뉴를 바꿀 수 있다.

아무리 배가 불러도 신기하게 디저트를 위한 배는 따로 준비되어 있기 마련. 파스타는 반밖에 먹지 못한 그녀지만 디저트는 완벽하게 마무리했다. 이보다 더 달 수 없을 정도로 달짝지근한 쇼콜라무스를 먹으니 하늘을 나는 기분이 들어 둘은 마주 보고 씩 웃었다. 무스의 매끄러운 표면을 스푼으로 무자비하게 푹 찌를 때의 쾌감이란, 마치 세상을 정복하고 난 후의 그것과 비슷할 것 같다. 한 시간 반에 다다르는 식사시간이 끝났다. 해는 중천에서 약간 비켜 있었고 비도 그쳤으니 생 미셸 거리를 걸어보기에 더할 나위 없이 좋다. 레스토랑에 들어오기 전에도 몇 바퀴를 돌았지만 그때는 온통 레스토랑 생각뿐이라 제대로 돌아보지 못했고 이제야 천천히 돌아볼 수 있겠다며 그녀와 A는 골목 구석구석을 걷기 시작했다. 몇 군데 관광객을 위한 가게들이 보이고 대부분의 사람들도 관광객이다. 때로는 서울에서도 관광객의 기분으로 식사를 하고 차를 마시는 것도 나쁘지 않겠다는 생각이 든다. 간혹 바가지를 쓰는 일이 있더라도 말이다. 그러면서 걷고 있는데 A가 신이 난 듯이 어디론가 들어간다. 따라 들어가 보니 서점. 문득 간판이 익숙해 보여 다시 나와서 간판을 확인하자, 바로 영화 <비포 선셋>에서 에단 호크와 여주인공이 재회하는 그곳, '6) 셰익스피어 앤 컴퍼니(Shakespear and company)'이다.

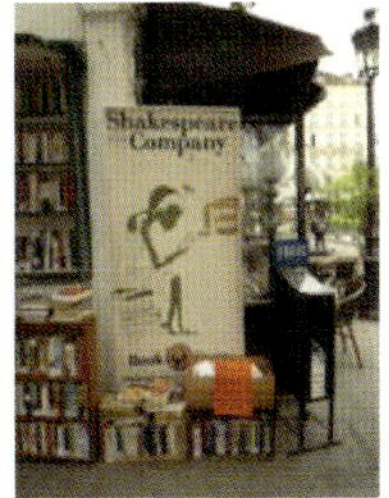

6) 셰익스피어 앤 컴퍼니(Shakespear and company)

add 37, rue de la Bucherie
tel 01-43-25-40-93
open 화~금 10:00~23:00, 토일 11:00, 월요일 휴무
metro M4 cité, RER B·C Saint Michel Notre Dame
url www.shakespearandcompany.com

파리에서는 오래된 영미서적들을 팔기로 유명한데 예전에 헤밍웨이와 헨리 밀러가 드나들면서 유명해졌다고 한다. 빼곡하게 쌓인 책은 그대로 2층까지 계속되고 책이 너무 많아 무슨 책부터 봐야 할지 난감할 지경. 고서적도 많지만 최신 베스트셀러까지 다양하다. 특히 영어로 된 책들이 많아서 여행 중에 책을 사러 들리는 사람도 많다. A는 예상외로 문학에 능통한 사람이었다. 영어권뿐만 아니라 스페인권 문학까지 줄줄이 꿰고 있었다. 그녀는 똑똑한 사람을 좋아한다. 똑똑함이라고 해서 고학벌이거나 좋은 직업을 가지고 있을 필요는 없다. 그녀가 생각하는 똑똑함은 다른 종류의 것이었다. 세상에서 그녀를 만족시킬 만한 똑똑함을 가진 사람은 헤어진 그 남자밖에 없을 줄 알았다. 그런데 세상에 나와 보니 그건 완전히 잘못된 생각이었다. A는 한참 동안이나 이런저런 작가들을 나열하며 그녀에게 자신의 똑똑함을 내비쳤다. 물론 A의 태도에는 일말의 자만심

도 없었다. 깔끔하고 부드러운 똑똑함이었다. 그녀는 서점에서의 시간이 무척 만족스러웠다. 남자니 여자니 그런 것들을 떠나 이렇게 대화가 통하는 사람을 만나기는 쉽지 않다. 사람과 사람이 만나는 데 있어서 대화가 통하는 것만큼 중요한 것이 없다는 사실을 그녀는 충분히 잘 알고 있다. 대화에 재미를 느낀 그녀와 A는 서점을 나와 근처 카페로 자리를 옮기기로 했다.

생 미셸 거리에는 수많은 카페들이 있지만 그녀가 아까부터 가 보고 싶어 점 찍어둔 곳이 있었다. 겨울인데도 하늘색의 외관이 추워 보이기보다 따뜻하게 느껴지는 '7) 블랑제리 드 파파(Boulangerie de Papa)'. 2005년에 처음 문을 연 베이커리로, 프랑스 최고 제빵 장인으로 뽑힌 크리스천 바브레가 시골에서나 먹을 법한 투박한 스타일의 유기농 빵을 구워 팔고 있다. 특히 화덕에서 구운 빵은 쫄깃함이 더해서 관광객뿐만 아니라 파리지앵들도 애용하는 곳이라는데 그 말을 증명하듯 추운 날씨에도 가게 밖에서 즉석으로 만들어 파는 크레페를 기다리는 줄이 길다. 안으로 들어가자 반갑게도 따뜻한 난로가 눈에 들어와 그들은 그 옆에 자리를 잡고 앉아 촉촉한 빵과 유기농 꿀 하나, 그리고 따뜻한 카페 알롱제 두 잔을 주문했다. 오랜만에 느끼는 안정되고 유쾌한 밤이다. 누군가와─ 그게 꼭 애인이 아니

라 할지라도 - 함께 있다는 사실이 이토록 안도가 되기도 오랜만이
라고 그녀는 솔직하게 A에게 말했다. 대화는 끝이 없었다. 세상에는
연애에 대한 이야기가 아니라도 나눌 수 있는 이야기가 이렇게 많은
지 미처 몰랐다. 어릴 때 기억부터 최근의 일들까지 시시콜콜한 이
야기를 나누다 보니 어느새 깊은 밤.

"이러다가 메트로가 끊기겠어요!"

막차시간이 걱정된 그녀가 말했다.

"나이트 버스도 있잖아요, 걱정할 거 없어요."

"그래도 나이트 버스보다는 메트로가 안전할 것 같은데."

그녀의 대답에 A는 두말없이 일어나 계산서를 집어 들었다.

'이렇게 친하지 않은 사이에서는 정말 싸울 일이라고는 없군.'

그녀는 지금 막 알게 된 새로운 사실에 감탄한다.

그녀의 그런 깨달음을 아는지 모르는지 A는 카페의 문을 열어
주고 앞장서서 메트로를 타러 간다. 밤 12시가 다 되어가는 시간,
둘은 민박집 주인아저씨가 문을 열어줄 때까지 별것 아닌 일에도 숨
넘어가듯 웃었다.

03.
마레에서 보물찾기

8) 드 누빌(de Neuville chocolat francais)
add 36, rue Vieille du Temple 75004 PARIS
tel 01-42-71-50-06
open 11:00~19:30
metro M1 saint-Paul
url www.chocolat-deneuville.com

그녀가 파리에서 가장 좋아하는 곳이라면 단연코 마레(Marais). 딱히 갈 곳이 생각나지 않는 날에도 마레만 한 곳이 없다. 오늘은 어제와 다르게 날씨도 화창하다. 1호선 St. Paul 역에 내려 우선 기지개를 한 번 켜고 아무 생각 없이 걷다가 초콜릿 가게를 발견했다. 마레에 올 때면 지인들 선물도 살 겸 자주 들르는 가게인데, 체인점이라 다른 곳에서도 간혹 볼 수 있지만 유독 마레에서만 사게 되는 '8) 드 누빌(de Neuville chocolat francais)'. 전통적인 분위기보다는 현대적인 감각으로 무장한 이 가게의 쇼윈도만 봐도 작고 앙증맞은 초콜릿이 혀를 날름거리며 유혹하는 탓에 그냥 지나칠 수 없다. 연두색과 빨간색 스트라이프 모양의 잠옷을 입은 달팽이나 브라운 컬러의 토끼, 하얀색 오리까지 모두 초콜릿으로 만들어진 동물들. 하지만 오늘은 굳이 그렇게 모양을 낸 초콜릿을 살 필요는 없고 단지 그녀 자신의 입만 만족시킬 녀석으로 고르면 된다. 자신을 위한 초콜릿은 가장 순수하고 초콜릿다우면 합격. 모양보다는 맛이 중요하다는 뜻이다. 아무것도 들어 있지 않은 초콜릿 본연의 맛부터 너트가 들어가 있거나 말린 과일, 커피 등이 들어간 것까지 하나를 선택하기가 여간 어렵지 않다. 조그만 가게 안에서 몇 분을 어슬렁거리며 고민하다가 결국 가장 무난하고 일반적인 걸로 골라 계산을 끝내자마자 입 안으로 밀어넣었다. 첫 번째는 한 번에 깨물어 먹고 두 번째는 혀로 굴려가며 부드럽게 녹여 먹는다. 칼로리 따위 생각하지 않고 먹는 초콜릿은 정말 달콤하다. 이렇게 날씨도 추우니 에너지 보충을 위해서라도 초콜릿을 먹을 이유는 충분하다.

마레는 그냥 걷기에 좋은 동네다. 이왕이면 선선한 바람이 부는 봄이나 가을이면 더욱 좋겠지만 지금 같은 겨울에도 나쁘지 않다. 이미 여행 책에도 많이 실려서 관광객들도 넘치지만 이곳에서는 책을 보지 않는 것이 미덕이다. 발길 닿는 대로 걷다 보면 책에서 체크해 두었던 유명한 곳들은 다 발견할 수 있기 때문. 물론 때로는 같은 곳만 맴맴 돌기도 하지만 그게 여행의 묘미 아니겠는가? 그녀도 처음 마레에 왔을 때는 아무리 걸어도 같은 길만 나와서 그게 마레의 전부인지 알았다가 몇 번이고 다시 오는 동안, 새로운 길도 발견하고 미처 몰랐던 가게들도 알게 되었다. 마레의 신기한 점은 아무리 자주

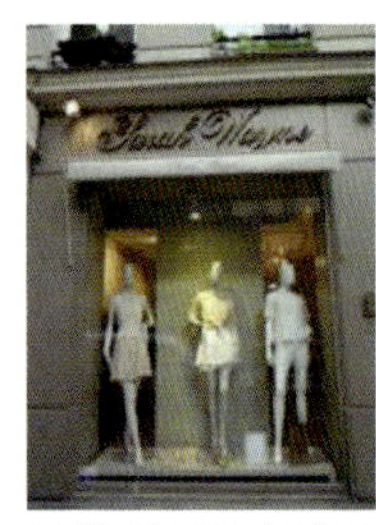

이 동네에 온다고 해도 올 때마다 새로운 가게를 하나씩 발견하게 된다는 점인데, 마치 보물찾기라도 하는 기분이다. 보물찾기는 힘들게 찾아도 게임에 걸린 상품이라고 해봐야 뻔해서 별로 기대도 하지 않는데, 그래도 이상하게 열심히 찾게 된다. 그리고 찾았을 때의 기쁨은 생각보다 꽤 크다. 마레도 마찬가지. 별것 아닌 가게라도 새로운 곳을 발견하게 되면 혼자 알고 있기 아쉬울 정도로 기쁘다. 그럴 때 '아, 혼자보다 이 이야기를 해줄 동행이 있으면 좋겠다'는 생각이 든다.

오늘 마레에서 그녀가 새롭게 발견한 보물은 '9) 사라 웨인(Sarah Wayne)'이라는 옷가게다. 그녀가 즐겨 입는 아이보리색 니트 베스트와 똑같이 생긴 제품이 쇼윈도에 걸려 있었다. 깜짝 놀라 가게로 들어가 보니 우리나라 사람들이 좋아할 만한 디자인의 옷들이 많다. 그중에서도 특히 도트 무늬에 상의와 하의가 붙은 점프슈트가 맘에 들어 만지작거리다가 100유로가 넘는 가격이 아무래도 부담스러워 아쉽긴 해도 그냥 두고 나왔다. 그래도 프랑스에 하나밖에 없는 디자이너 숍이라, 흔하지 않은 디자인을 원하는 사람이라면 가격은 제쳐두고라도 재미난 것을 발견할 수 있다.

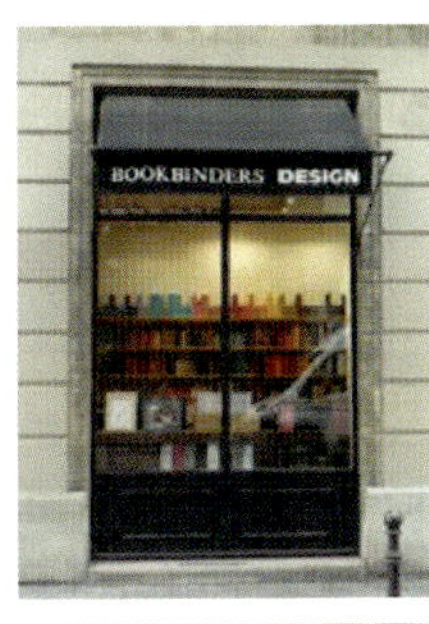

10) 북바인더스 디자인(BOOKBINDERS DESIGN)
add 53, rue Vieille du Temple 75004 paris
tel 01-48-87-86-32
open 월 14:00~19:00, 화~토 11:00~19:30,
      일 11:00~19:00
metro M1 Saint Paul
url www.bookbindersdesign.com

그 가게를 발견하기 전에 두 곳을 먼저 들렀다. 첫 번째는 우리나라에도 들어온 '10) 북바인더스 디자인(BOOKBINDERS DESIGN)'. 때로는 아는 브랜드를 발견하면 마음이 안심된다. 지금까지는 혼자 여행할 일도, 이렇게 여유롭게 여행할 일도 드물어서 뭔가를 끄적거릴 노트가 필요한지 미처 몰랐는데 막상 혼자 걸으며 다니니 생각할 시간도 많고 생각난 것을 적을 노트도 필요했다. 여행을 하면서 적은 글들을 돌아가서 몇 번이나 읽어 볼지는 모르겠지만 그래도 적는 순간만은 마음이 편안해지니 그것만으로 좋다. '북바인더스 디자인'은 깔끔한 디자인과 컬러풀한 커버 때문에 원래 애용했던 브랜드. 문을 열고 들어가 주저 없이 빨간색 포켓사이즈의 노트를 구입했다.

11) 레페토(Repetto)
add 51, rue des Francs Bourgeois
      75004 paris
tel 01-70-79-89-39
open 월~토 10:30~19:30,
      일 13:00~19:30
metro M1 Saint Paul
url www.repetto.com

그리고 두 번째 들어간 가게는 바로 옆에 있는 '11) 레페토(Repetto)'.
우리나라에서는 '레페토'라도 읽지만 파리에서는 '헤페토'라고 읽히
는 이곳은 플랫슈즈로 유명한 숍이다.

　여자라면 누구나 하나쯤은 가지고 있는 플랫슈즈의 시초로 알
려진 발레슈즈와 우산이 뒤집어진 듯한 모양의 클래식 튀튀 - 옆으
로 쭉 퍼진 이 스커트만 보면 '백조의 호수'가 떠오른다 - 가 도도한
모습으로 쇼윈도에서 유혹한다. 매장에 들어서면 레페토의 대표적
인 플랫슈즈들이 바닥에 큰 원을 그리며 놓여 있는데 컬러가 조금씩
미묘하게 다르다. 40만 원 가까이 하는 비싼 가격 탓에 직접 사본
적은 없지만, 예전에 한 번 선물로 받은 적이 있다. 신으면 부드러운
가죽이 발을 감싸주어 새 신발을 신을 때면 어김없이 겪는 뒤꿈치가
벗겨지는 일이 없어서 비싼 게 좋기는 좋다는 생각을 언뜻 했던 것
같다. 그래도 파리에서는 그나마 조금 현실적인 가격인데 가장 기본
적인 플랫은 145유로, 그리고 최근 한창 인기를 얻고 있는 옥스퍼드
화는 220유로. 그러니 이왕 살 거라면 파리에서 사는 게 현명한 선택.

　몇 군데의 쇼핑 끝에 비록 손에 쥔 건 다이어리 하나뿐이지만
그래도 쇼핑은 기분 전환에 큰 도움이 된다. 새로운 가게도 발견했
고 항상 들리는 'Repetto'에서 몇 개나 되는 신발도 신어 봤다. 의자
에 앉아 다리를 내밀면 남이 신발을 신겨 주는 일련의 행동들이 그
녀를 소중하게 생각해준다는 기분이 들게 했고, 중세시대의 귀족이
라도 된 듯한 착각에 빠지게 만들었다. 왕자가 신발을 신겨주는 신
데렐라가 된 기분이랄까? 그래서 우울할 때면 신발가게로 달려가
예쁘게 생긴 걸로만 골라 몇 켤레 신어 보면 금세 기분이 좋아진다.

그녀 나름의 우울증 극복방법.

여행은 단순하다. 구경하고 먹다 보면 하루가 다 지나간다. 물론 그것이 삶을 차지하는 가장 큰 부분이기도 하지만 말이다. 아침부터 나와 이리저리 다녔더니 배가 고프다. 그렇다고 혼자 떡하니 레스토랑에 들어가 애피타이저부터 디저트까지 먹고 싶지는 않다.

'날씨도 별로 춥지 않고, 이런 날은 야외에서 먹는 것도 나쁘지 않지.'

그녀는 매장의 크기는 아담하지만 그 안에 각종 빵과 케이크 그리고 초콜릿까지 다양한 것을 파는 '12) 휴레(Hure)'에서 빵 몇 가지와 오렌지주스를 샀다. 처음 들어갔을 땐, 작은 공간에 너무 많은 종류를 팔고 있어서 맛을 기대하진 않았는데, 투명한 유리창 너머로 팔에 근육이 불끈 솟아 있는 아저씨가 열심히 반죽하는 모습을 보니 그런 생각은 싹 사라졌다. 오렌지주스도 주문하면 그 자리에서 바로 갈아주기 때문에 신선함만은 확실하다. 따뜻한 커피를 살 생각이었는데 그녀는 자기도 모르게 시원하게 갈리는 주스에 반해 커피 대신 주스를 주문해 버렸다. 한가득 샀는데도 10유로도 채 되지 않는 가격 또한 매력적.

마레에는 걷다가 힘들면 잠시 쉬어갈 수 있도록 중간에 벤치들이 있는데 그래도 혼자 앉아 뭔가를 먹으려면 자고로 구경할 거리가 있어야 한다. 배가 고파 당장에 먹고 싶었지만 좋은 자리를 찾을 때까지는 참아야 한다는 생각에 그녀는 몇 바퀴를 걷다가 겨우 작은 놀이터를 발견했다. 마레의 구석에 있는 놀이터에는 학교 수업을 마친 아이들을 데리고 나온 사람들로 가득했다. 관광객들이라고는 하나도 없고 온통 동네주민들. 겨울인데도 아이들은 놀이터에서 신나게 논다.

'어릴 때는 저렇게 모래 하나만 있으면 세상을 다 가진 듯 행복했는데 어른이 될수록 왜 행복해지기 위한 조건이 많아지는 걸까?'

돈만 많다고 행복한 것도 아니고, 공부만 잘한다고 행복한 것도 아니고 모든 것을 골고루 다 가져야 행복하다고 느끼고, 그중에 하나라도 모자라면 세상에서 제일 불행한 사람이라도 된 것처럼 우울해진다. 벤치에 앉아 어린아이들을 무심코 보고 있자니 자신이 잃은 사랑 하나쯤이야 별것 아닌 것 같다는 생각이 드는 그녀. 물론 이러다가 순식간에 세상을 다 잃은 것처럼 바닥으로 내팽개쳐지기도 하지만 이러면서 조금씩 나아가고 있는 게 아닐까? 한 번에 아무 일도 아닌 듯 깨끗하게 잊을 수는 없어도 헤어짐을 인정한 채 새로운 사랑을 시작할 수 있는 날이 언젠가는 오리라는 희망이 아주 조금 엿보였다.

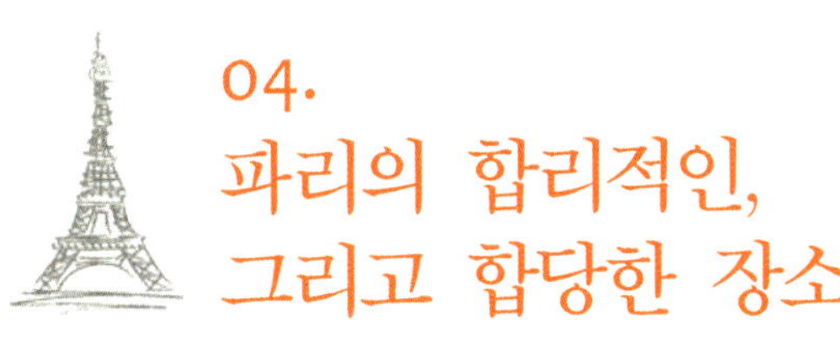

04.
파리의 합리적인,
그리고 합당한 장소

며칠 전, 루브르를 재발견하게 해준 - 루브르에 걸린 그림들은 여전히 별로지만 - A에게 감사의 표시로, 오늘은 그녀만이 아는 파리의 비밀스러운 장소로 그를 안내하기로 했다. 그 첫 번째는 바로 샹젤리제. 쇼핑을 별로 좋아하지 않는 A는 과연 샹젤리제에 뭐가 있기는 하냐며 의심 섞인 눈초리로 따라나섰다가 그녀가 점점 루이비통 매장 쪽으로 걸어가자 의심은 확신으로 변했다.

"어디 가나 뭘 보나 다 상관없는데, 쇼핑만은 제발 피해줘요!"

그는 단호한 목소리로 미리 선포한다.

"일단 따라와 보세요. 나도 누군가와 함께 쇼핑하는 건 별로니까요."

샹젤리제 거리의 루이비통 매장은 워낙 유명해서 물건을 사든 안 사든 언제나 사람들로 북적거린다. 밖의 쇼윈도에는 관람차 모양의 거대한 원에 관람차 대신 한 시대를 대표했던 가방들이 대롱대롱 매달려 돌아가고 있었다. 이 매장이야 샹젤리제에 와 본 사람이라면 못 보고 지나치지 않은 사람이 없을 정도로 유명한 곳이지만 그녀가

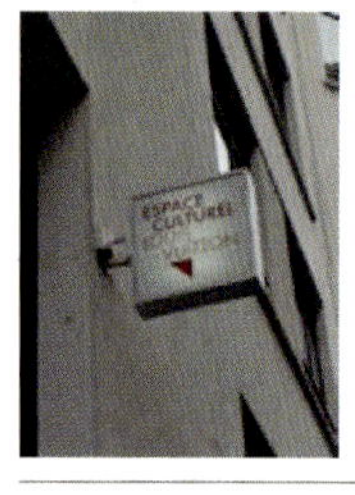

13) 에스파스 루이비통(ESPACE CULTUREL LOUIS VUITTON)
add 60, rue de Bassano 75008 paris
tel 01-53-57-52-03
open 월~토 12:00~19:00, 일 11:00~19:00
metro M1 George V
url www.louisvuitton.com

오늘 안내할 곳은 매장 바로 옆에 있는 루이비통 갤러리다. '13) 에스파스 루이비통(ESPACE CULTUREL LOUIS VUITTON)'라는 이름의 이 갤러리는 루이비통에서 운영하는 문화공간으로 누구나 무료로 관람할 수 있다.

루이비통 매장 바로 옆 입구로 들어서니 세 개의 엘리베이터가 나란히 서 있다.

"어디로 가실 건가요?"

멀끔하게 차려 입은 직원이 묻는다. 갤러리에 가겠다는 답에 직원은 그들을 가운데 엘리베이터로 안내했다. 엘리베이터 문이 열리고 안으로 미끄러지듯 들어서자 문이 닫힌다. 그런데 문이 닫히자마자 둘은 어둠에 갇혀 버렸다. 빛이라고는 하나도 없는 새까만 장소.

"이거 대체 왜 이래요? 엘리베이터 고장 난 거 아니에요?"

이곳에 처음 온 A는 깜짝 놀라 두리번거리며 말했다.

"저도 처음에는 깜짝 놀랐는데 이거 일부러 이러는 거예요. 엘리베이터에서 내렸을 때 새로운 세상에 온 기분을 느끼게 하려고 이렇게 불을 끄는 거죠."

엘리베이터 안에 타는 순간부터 갤러리가 시작되는 것이다. 갤러리는 아담했고 손님도 별로 없었다. 전시제목은 'SOMEWHERE

ELSE'로, 여러 다른 장소에서 찍은 영상과 매거진 그리고 조형물이 각자 다양하게 뒤섞여 있었다. 작은 규모라 금세 한 바퀴 휙 둘러본 후 다시 하나씩 되짚어 가며 차근차근 관찰했다. 입구에서부터 차례로 전시를 보면 자연스럽게 나가는 곳으로 이어져 있어서 사람이 많으면 거꾸로 돌아가는 게 번거로울 수 있지만 사람이 별로 없는 탓에 아무 방해도 받지 않고 자유롭게 돌아다녔다. 전시가 특별하게 감동적이거나 기억에 남을 정도의 수준은 아니지만 그래도 이런 게 바로 브랜드의 사회적 환원 아닌가.

"아침부터 별로 한 것도 없는데 벌써 배가 고프네요. 근처에 뭐 간단히 먹을 만한 곳 없어요?"

"아침도 잔뜩 먹는 것 같더니, 벌써 또 배가 고픈 거예요?"

서로의 말을 받아칠 정도로 어느새 둘은 막역한 사이가 되었다. 여행에서의 시간은 일상보다 훨씬 농도가 진해서 친해지기에 몇 시간이면 충분하다. 샹젤리제는 파리의 대표적인 관광지이니만큼 저렴한 가게는 없다. 대부분 멋스럽고 고급스러운 분위기로 애인과 함께라면 음식보다 분위기를 산다는 기분으로 들어갈 만하지만 지금 그들에게는 전혀 무의미한 곳이다. 배낭여행이나 다름없는 행색으로 들어가기에 샹젤리제의 레스토랑은 너무 부담스럽다. 그때 그녀의 머릿속에 오늘, 지금 상황에 딱 맞는 가게가 떠올랐다. 아주 저렴한 가격으로 맛깔스러운 파스타를 먹을 수 있는 곳. 둘은 버스를 타고 오페라로 향했다. 오페라에는 일본 음식점들이 많기로 유명한데 꽤 유명한 곳에 가도 우리나라에서 먹는 일본 음식보다도 맛이 없다. 프랑스 사람들 입맛에는 잘 맞는지 저녁때에는 줄을 서서 먹어

야 할 정도로 인기가 높은 곳들도 많지만 한국인 여행자들에게 추천할 정도는 아니다. 대신 오늘은 오랜만에 포크로 돌돌 말아먹을 수 있는 파스타를 배가 가득 부를 정도로 먹어야지.

오페라에 내려 천장의 샹들리에가 유명한 스타벅스를 지나 영화관 옆 골목으로 들어가서 또 한 번 좌회전을 하면 노란색으로 칠해진 소박한 가게가 나온다. '14) 파스타 드 칼리(Pasta de Carli)', 우리말로 **Carli**의 파스타쯤으로 해석하면 될 이 가게는 점심시간과 저녁시간에만 문을 연다. 어중간한 시간에 맞춰 가면 문 앞에서 주린 배를 움켜지고 돌아서야 하므로 시간을 잘 맞춰야 하는 게 관건. 다행히 오늘은 세이프, 점심시간이 막 끝나기 전에 도착했다. 기본 파스타는 5유로 정도고, 전채와 메인 파스타, 디저트와 음료까지 모두 포함된 세트 가격은 10.3유로 정도로 파리의 물가를 생각하면 정말 저렴하다. 10유로 한 장이면 부자가 된 듯 코스요리를 즐길 수 있지만 오늘은 그만큼 다 먹을 자신이 없어서 A와 함께 세트 하나와 단품 요리 하나를 시켰다.

얼마 전부터 채식을 시작한 A는 토마토와 버섯이 들어간 파스타를, 그녀는 더 이상 느끼해서 먹지 못하겠다고 할 정도로 느끼한 파스타를 상상하며 치즈가 들어간 크림 파스타를 주문했다. 여행자들에게는 전혀 알려지지 않아 손님은 모두 파리지앵들뿐. 그래서 그런지 더욱 외딴 곳에 온 느낌이 들었다. 어떤 말을 해도 다른 사람들은 알아듣지 못한다. 한국에서는 때로 테이블 사이의 간격이 너무 좁아 원치 않아도 옆 테이블의 이야기를 들어야 할 때가 있는데, 마찬가지로 우리 테이블의 이야기가 혹여나 옆 테이블에 들릴까 조심해야 할 때도 있다. 남의 눈을 의식하며 살지 않아도 내 이야기가 남에게 새어 나가는 건 역시 별로다. 그런데 이런 곳에서는 그런 걱정은 전혀 없다. 물론 한국인이 득실거리는 관광지에서는 마치 한국인 양 남의 이목을 신경 써야 한다. 한국인 눈에는 한국인이 딱 보이니까, 눈에 보이는 건 외국풍경이라도 옆의 사람들은 모두 한국인이라 여기가 진짜 파리인지 아닌지 의심스럽다. 그래서 언젠가부터 그녀는 이렇게 여행객이 없는 곳이 좋아졌다. 많이 유명하지 않은 곳이라도 내가 정말 낯선 곳에 있다는 느낌이 드는 곳에 와야 비로소 마음이 편해진다.

평일의 점심시간답게 혼자 식사를 해결하러 온 사람들도 있어서 큰 목소리로 얘기하는 건 실례라는 생각에 둘은 작은 목소리로 소곤거리며 식사를 했다. 처음에는 천천히 먹다가 주위 사람들이 하나둘씩 일어나는 것을 보고는 점심시간이 끝나가는 걸 깨닫고 디저트는 후다닥 먹어 치웠다. 그녀 자신도 불과 얼마 전까지 점심시간에 시계를 보며 식사를 해야 했던 직장인이었으면서 이제는 그랬던 기억이 가물가물하다. 얇은 막을 살짝 터뜨리면 아래에는 뜨겁고 다디단 초콜릿 웅덩이가 샘솟는 퐁당쇼콜라. 파스타의 느끼함이 채 가

시지도 않은 자리에 이번에는 진하게 달달한 초콜릿이 채워진다.

　다들 나가고 제일 마지막으로 가게에서 나왔다. 다시 '15) 오페라 가르니에(Opéra Garnier)' 앞으로 돌아와 처음으로 극장 안으로 들어가 보았다.

　"항상 겉에서만 보고 지나쳤는데 사실 이 건물이 뭐가 그렇게 대단한지 모르겠어요." 그녀 특유의 싸늘하고 건조한 목소리로 말하자, A는 그런 그녀의 말은 아랑곳하지 않고 이왕 온 거 한번 들어가 보자고 또 권유를 시작한다. 자기가 싫으면 남이 아무리 하자고 해도 절대 넘어가지 않는 그녀지만 A의 말은 묘하게 설득력을 있어 어느새 둘은 안으로 걸음을 옮기고 있었다. "오페라의 유령"의 무대로 잘 알려졌으니 당연히 오페라를 공연하겠지 싶었는데 바스티유 오페라가 생기고부터는 발레 전용관으로 사용되고 있다고 A가 설명했다. '한 번도 와본 적이 없다는 사람이 어쩜 이렇게 잘 알지?' 하고 그녀는 내심 감탄했다. 허름한 겉모습과는 달리 A는 발레를 좋아한단다. 때로 운이 좋으면 좋은 자리는 아니라도 아주 저렴한 가격으로 티켓을 살 수 있다는 정보까지 알고 있는 A를 따라 혹시 오늘도 티켓이 있는지 물어 보니, 앞으로 한 달 동안 모든 표가 매진이라는 답이 돌아왔다.

15) 오페라 가르니에(Opéra Garnier)
add 9 rue Scribe
tel 01-71-25-24-23
open 10:00~17:00
metro M3 · 7 · 8 Opera, RER A Auber
url www.operadeparis.fr

"세상에는 발레를 좋아하는 사람이 이렇게나 많았군요!"

아무 생각 없이 한 얘기인데 은근 비꼬는 말투가 되어 버렸다. 표가 없어서 다행이라고 생각한 건 그녀 혼자만의 감상일 뿐, A의 얼굴에는 실망이 가득했다. 벌써 날은 어둑해지고 있었고 괜히 무안해진 그녀는 커피나 마시러 가자고 A의 팔을 이끌었다. 오늘 하루는 제대로 책임지겠다고 큰소리친 그녀가 자신 있게 오늘의 마지막 코스로 선택한 곳은 시청 근처. '저렴하면서도 나쁘지 않고 여행자들이 잘 모르는 곳'을 오늘의 콘셉트로 정한 만큼 마지막 장소도 여행 책에는 한 번도 실리지 않은 비밀스러운 곳.

우리나라에도 한때 북카페가 유행했던 적이 있다. 지금도 몇 개 남아 있지만 사실 우리나라에서는 북카페에 가서도 수다를 떠느라 책은 한 글자도 읽지 않고 돌아올 때가 많았다. 불어를 잘 모르는 파리에서는 북카페가 더욱 무의미할지 모르지만 모든 벽면이 책으로 장식된 카페의 조용하고 고요한 분위기는 마음을 편안하게 해준다. 그리고 그림으로 된 책 정도는 충분히 소화 가능하기도 하니까. 게다가 커피 값도 마음에 쏙 든다.

Chatelet 역과 Hotel de Ville 역 사이에 있는 '16) 카페 리브르(Cafe Livre)'는 파리에서 몇 안 되는 북카페다. 북카페답게 내부는

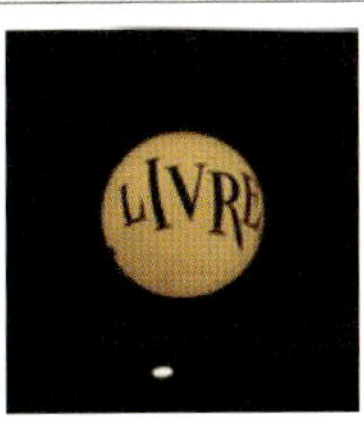

16) 카페 리브르(Cafe Livre)
add 10, rue saint martin 75004 paris
tel 01-42-72-18-13
metro M1 · 4 · 7 · 14 Châtelet

마음이 차분해지는 피스타치오 색으로 칠해져 있고 벽에는 온통 책. 대신 컵은 알록달록 컬러풀하다. 따뜻한 커피 한 잔이면 충분할 거라 생각했는데 추운 날에는 배도 금세 고파진다. 점심때는 식사도 가능하지만 오후 4시부터는 간단한 스낵만 주문이 가능해서 가벼운 군것질거리도 함께 주문했다. 토스트에 햄, 말린 생선 따위가 얹어져 있는 스낵은 커피와 함께하기보다 와인안주로 적합해 보였으나 이미 나온 음식에 대고 뭐라고 할 수는 없다. 메뉴만 보고 주문했다가 상상과는 전혀 다른 형태가 떡하니 나오는 것, 그게 바로 여행의 묘미니까.

그녀는 등 뒤에 꽂힌 책들을 몇 권 꺼내 들었다. 물론 읽을 수 있는 책이라고는 하나도 없었지만 유추는 가능하다. 제목이 영어로 된 책이나 그림책들을 꺼내 둘은 서로 다른 상상을 토대로 스토리를 만든다. 한국에서라면 절대 하지 않을, 상상도 해보지 못한 이런 유치하기 짝이 없는 놀이를 하며 즐거워하다니, 새로운 발견이다.

05.
오로지 Monet, Monet, Monet

 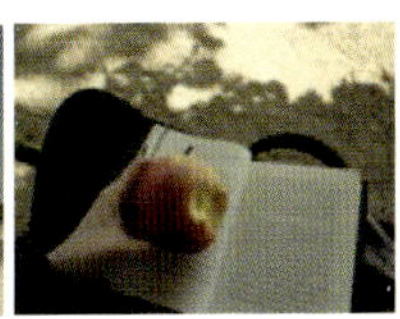

17) 튈르리 정원(Jardin des Tuileries)
add Place de la Concorde, Rue de Rivoli
metro M1 Tuileries

날이 좀 풀려 그녀는 오늘 '17) 튈르리 정원(Jardin des Tuileries)'에 가기로 마음먹었다. 서안 해양성 기후인 이곳은 아무리 추워도 우리나라만큼 매서운 추위는 아니다. 고등학교 때 세계지리 과목을 유난히 어려워했던 그녀도 시험기간에 매번 외우던 '서안 해양성 기후'라는 단어는 유독 머리에 남아 있는데 이렇게 와 보니 이제야 실감이 난다. 뭐든 실제로 경험해 보면 굳이 외우지 않아도 알게 된다. 고흐와 고갱의 차이에 대해 백번 외우는 것보다 직접 그림을 보면 바로 알게 되는 것처럼 말이다.

혼자 어딘가를 갈 때, 가방 속에 읽을 수 있는 책 – 굳이 책이 아니라도 활자로 된 것이면 어떤 것이나 상관없다 – 을 한 권이라도 챙기는 건 그녀의 오래된 습관이다. 꼭 읽지 않아도 가방 한편에 책을 넣어두면 마음이 든든해진다. 어디서 혼자가 되더라도 외롭지 않을 것 같다. 민박집 한쪽 면에는 여행자들이 두고 간 책들이 즐비하게 꽂혀 있어서 오늘 아침에 그중 하나를 골라 들고 나왔다. 평소 여행을 할 때면 어김없이 책을 챙기곤 했는데 이번에는 그럴 여유가 없었다. 민박집답게 책 대부분이 가이드북. 그중에 그나마 읽고 싶었던 책이 눈에 띄었다. 알랭드보통의 "여행의 기술".

겨울의 튈르리 공원은 황량하다. 앙상한 가지만 남은 나무들과 일 년 내내 변함없는 연둣빛의 의자들. 그래도 오늘은 날이 좋아 산책을 나온 사람들이 간혹 보인다. 나뭇잎이 없으니 그늘도 없다. 햇볕이 강한 여름 같으면 나무 그늘 아래로 숨어들어 갔겠지만 겨울에는 따뜻한 햇볕이 고맙기만 하다. 어디에 앉아도 좋겠다 싶어서 나란히 붙어 있는 의자 중 하나를 발 앞으로 옮겨 다리를 올리고 앉아 책의 첫 장을 펼치고 마음씨 좋은 민박집 주인아주머니가 아침에 슬쩍 챙겨준 연두색 사과도 가방에서 꺼내 들었다. 몇 장이나 읽었을까, 아무리 따뜻해도 아직 겨울은 겨울이다. 사과만 겨우 급하게 먹고 나서 엉덩이를 툭툭 털고 일어나 ‘18) 오랑주리 미술관(Mussée de l’Orangerie)’으로 자리를 옮겼다.

자고로 모네의 그림은 혼자 봐야 제맛이라고 속으로 그녀는 감탄했다. 스물두 살이었나, 처음 모네의 <수련>을 봤을 때 느꼈던 짜릿한 감정은 아직도 여전해서 <수련> 앞에만 서면 온몸에 전율이 흐른다. 그때 그 기분을 경험하지 못했다면 어떤 그림을 좋아한다는 말 같은 건 평생 믿지 않았을 거다. 그림에 대해 아는 체하는 것도 아니고 큰

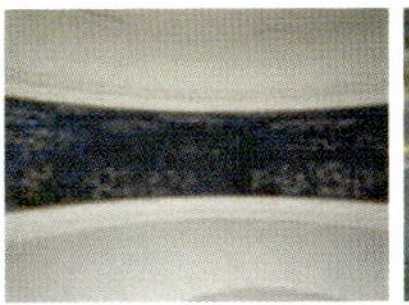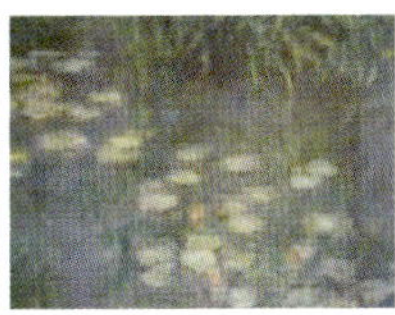

18) 오랑주리 미술관(Mussée de l' Orangerie)

add Jardin des Tuileries, Place de la Concorde,
    Rue de Rivoli
tel 01-44-77-80-07
open 09:00~18:00, 화요일 휴무
metro M1·8·12 Concorde
url www.musee-orangerie.fr

관심도 없지만 모네의 <수련>만은 언제 어디서 봐도 좋다. 오랑주리는 그야말로 모네를 위한 곳으로, 방의 세 면이 모두 모네의 <수련>으로 채워져 있어서 어느 쪽으로 고개를 돌려도 오직 <수련>밖에 없다. 한눈에 다 들어오지도 않는 커다란 그림을 제대로 보려면 왼쪽에서 오른쪽으로 천천히 고개를 돌려야 하는데, 스스로가 파노라마 필름이 되어야 한다. 한 번에 휙 보고 말기에는 너무 아까워서 그녀는 아주 조금씩, 야금야금 찬찬히 시간을 들여 보고 또 본다. 서서 보는 것만으로 모자라면 자리에 앉아 다른 생각도 조금씩 하다가 갑자기 모네 그림이 생각난 듯 고개를 들어 그림을 본다. 아래층에도 여러 작가들의 그림이 전시되어 있지만 그녀는 모네만이 오랑주리의 목적인 양 나머지는 대충대충이다. 한참을 봤더니 마음이 꽉 찼다. 슬픔이나 외로움 따위의 기분은 싹 달아난 것 같아, 새롭게 태어난 기분이다. 10유로도 안되는 입장료만 내면 이토록 상쾌한 기분을 살 수 있다.

'이렇게 좋은 기분이 달아나기 전에 모네만큼이나 기분이 좋아지는 핫초콜릿을 몸 안에 공급해줘야 해!'

마음이 급해진 그녀의 머릿속에 몽블랑과 핫초콜릿이 유명한 '19) 앙젤리나(Angelina)'가 떠올랐다. 때마침 바로 근처라 망설일 필요도 없다. 너무 달아서 싫다는 사람도 있지만 그녀는 때때로 앙젤리나의 핫초콜릿이 그리웠었다. 가령 점심을 먹고 나서 찌뿌듯한 오후의 사무실에서나 실컷 약속을 잡아놓은 인터뷰이가 바람을 맞혀 펑크가 날 때는 어김없이 파리의 그 뜨거운 핫초콜릿 한 잔이면 이 찝찝한 기분도 싹 달아날 텐데 하는 생각을 했었다.

우리나라에 파는 핫초콜릿은 가루를 뜨거운 물에 녹인 인스턴트가 대부분이라 먹고 나서도 입이 영 찝찝한데, 한 번이라도 제대로 된 쇼콜라쇼(chocolat chaud)를 맛본 사람이라면 영 마음이 들지 않을 맛이다. 벌써 문을 연 지 100년이 넘은 앙젤리나는 언제나 사람들로 북적이고 케이크가 진열된 유리 앞에는 언제나 줄을 서서 차례를 기다리는 사람들로 만원이다. 오늘도 예외는 아니라 빈 테이블을 찾기가 힘들 정도. 그녀는 4명이 앉을 수 있는 자리에 혼자 덩그러니 앉아 있는 게 못내 미안하다.

'누군가 또 혼자 온 사람이 있으면 기꺼이 합석해줄 텐데.'

속으로 그녀는 생각했지만 기품 있는 이곳에서 모르는 사람들을 서로 합석시키는 일을 절대 없다. 여기에 올 때면 항상 세트처럼 주문하는 핫초콜릿과 몽블랑을 고르고, 괜히 욕심을 부려 오렌지 맛이 나는 상큼한 케이크도 함께 주문했다. 혼자지만 지금 마음 같아서는 깨끗하게 싹 다 먹을 수 있을 것 같다. 기다리는 사람이 많아서인지 주문한 음식이 나오는 데는 시간이 좀 걸렸다. 어차피 급한 일도 없으니, 음식이 좀 늦게 나온다 해도 호탕한 마음으로 이해해줄 수 있다. 똑 부러지는 그녀의 성격상, 아마 우리나라에서라면 절대 용납하지 않았을 텐데 오늘 그녀는 기분이 무척이나 좋기 때문에 이런 기분을 망칠 일은 최대한 피하고 싶은 게 그녀의 속마음.

옆 테이블에 앉은 사람들도 구경하고, 그들이 나누는 대화도 상상하며 시간을 들여 한 스푼씩 천천히 음식을 즐겼다. 한국 사람처럼 보이는 여행객들도 많아서 드문드문 들려오는 말소리에 자동으로 귀를 기울이게 된다. 매일매일 새로운 것을 보고 맛난 음식을 먹으며 근사한 파리생활을 하는 것 같지만 사실 모든 것들은 그녀의 기분에 따라 좋고 나쁨이 결정된다. 기분이 좋은 날은 뭘 해도 좋다. 반대로 조금이라도 우울한 기분이 그녀의 마음을 덮친 날에는 뭘 해도 별로 좋지 않았다.

"말이 좋아 여행이지, 이건 '내면의 기분 맞춰주기'에 지나지 않잖아."

그녀는 스스로를 비웃으며 냉소적인 표정을 짓는다. 헤어진 애인과 파리의 여기저기를 쏘다닐 때는 막상 돌아가면 어디를 갔었는지, 뭘 봤었는지 하나도 기억이 나지 않았다. 대신 같이 맛있는 걸 먹었을 때 그의 표정이라든가, 걸으면서 함께 나누었던 대화 같은 것들만 현실성을 띤 채 종종 기억이 났었다. 생각이 여기까지 미치자, 겨우 좋아진 마음의 상태가 다시 나빠질까 걱정이 된 그녀는 자리에서 벌떡 일어났다. 이런 좋은 기분을 망칠 수야 없지. 이럴 땐 무작정 쇼핑이다.

앙젤리나의 바로 뒷골목에는 쇼핑할 곳이 흘러넘치는 생 토로네 거리. 각종 유명 브랜드는 물론, 디자이너 숍들도 즐비해서 마음에 드는 곳만 들어가 보기에도 벅차다. 그중에서도 그녀가 파리에 올 때면 아무리 바빠도 빼먹지 않고 들르던 곳이 바로 '20) 콜레트(Colette)'. 지금에야 우리나라에도 편집매장을 흔히 볼 수 있지만 콜레트가 문을 연 1997년만 하더라도 하나의 가게에는 하나의 브랜드만 팔아야 된다는 생각이 주를 이루던 때였다. 지하 1층에는 세계 여러 나라들의 물을 모아놓은 워터 바가, 1층에는 다양한 소품들과 신발, 전자제품 등이 진열되어 있고 2층에는 유명 디자이너들의 의류를 판매한다. 저렴한 것부터 너무 비싸서 만져 보기 무서운 것까지 아주 골고루. 그래서 젊은 사람들도, 늙은 사람들도 모두 좋아하는 곳이랄까? 특별히 살 게 없어도 구경하는 재미는 충분하다.

이것저것 하나씩 다 건드려 보고, 살 것도 아니면서 가격도 꼼꼼히 확인한다. 실컷이라고 해도 좋을 정도로 지겹게 놀고 나와 명품 브랜드인 '21) 고야드(Goyard)'의 본점으로 향한다. 간판에서부터 오래된 역사가 고스란히 느껴지는 본점은 옛날 그대로의 모습을 간직하고 있어서 문을 열고 들어가면 드레스를 입고 가게를 드나들던

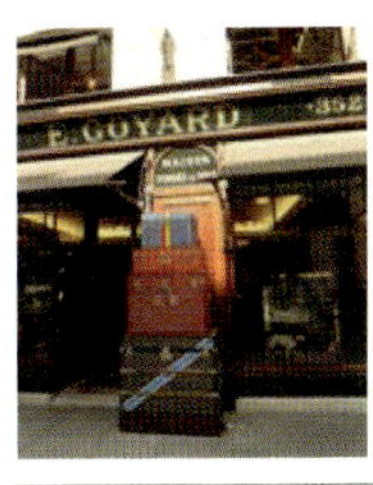

21) 고야드(Goyard)

add 233 rue Saint Honoré
tel 01-42-60-57-04
open 10:00~19:00, 일요일 휴무
metro M1 Tuileries
url www.goyard.com

사람들이 툭 튀어나올 것만 같다. 짙은 갈색 나무로 된 내부의 인테리어도 훌륭하고 쇼윈도를 장식한 오래된 물건들도 멋졌지만 무엇보다 훌륭한 건 바로 가격이다. 물론 명품 브랜드이니만큼 '아, 예쁘다'라는 생각으로 덥석 살 수 있는 가격은 절대 아니지만 우리나라에 비추어 보면 충분히 경제적인 게 사실이다.

'만약에 이 브랜드에 열광하는 사람이 있다면 꾹 참고 버티다가 프랑스에 가서 구입하길!'

그녀는 들어줄 사람도 없는 충고와 추천을 남발하며 쇼핑에 열중했다.

프랑스 브랜드라면 당연히 프랑스에서 사는 것이 나은데, 브랜드 말고도 프랑스 – 특히 파리, 그중에서도 생 토로네 거리 – 에는 재미난 디자이너 작품들도 많다. 그중 패션 에디터로 오래 일하면서 나름 괜찮은 안목을 가졌다고 자부하는 그녀가 추천하는 곳이 있다

22) 자크 르 코르(JACQUES LE CORRE)

add 191, rue saint Honoré 75001 PARIS
tel 01-42-60-39-27
metro M1 Tuileries
url www.jacqueslecorre.com

23) 마크 바이 마크 제이콥스(MARC BY MARC JACOBS)
add 19 place du Marche saint-honoré 75001 PARIS
tel 01-40-20-11-30
open 월~토 11:00~19:00, 일요일 휴무
metro M1 Tuileries, M7 · 14 Pyramides
url www.marcjacobs.com

면 '22) 자크 르 코르(JACQUES LE CORRE)'. 디자이너의 이름을 내건 가게이니만큼 물건은 독특하고 눈이 간다. 주로 파는 제품은 모자와 가죽가방으로, 결코 저렴하지는 않지만 그래도 디자이너 제품인 걸 감안하면 못 살 정도는 아니다. 물론 정말 마음에 드는 게 있을 때에만 가능한 일이지만.

생 토로네 거리는 끝없는 가게들로 연결되어 있다. 끝날 듯 끝나지 않는 게 특징. 마르세 거리는 그 길을 따라 쭉 내려가다가 좀 지겹다 싶을 때쯤, 불쑥 나타나는 오른쪽 골목 안쪽에 있는데, 통유리로 된 현대적인 건물을 중심으로 빙 둘러가며 가게들이 자리 잡고 있다. 젊은 사람들이 좋아하는 브랜드들이 밀집해 있어 파리에 사는 젊은 아가씨들이 자주 만나는 장소. 그중에서도 그녀가 꽤 좋아하는 '23) 마크 바이 마크 제이콥스(MARC BY MARC JACOBS)' 매장이 가장 눈에 띈다. 그 옆으로 '24) 아메리칸 어패럴(American Apparel)' 도 있지만 무엇보다 마크 제이콥스가 보물 상자이다.

우리나라에서는 작은 것 하나도 쉽게 살 수 없는 브랜드라서 선뜻 매장에 들어가기가 꺼려지지만 파리에서는 그럴 필요가 없다. 그녀는 자신 있게 문을 열고 들어갔다. 몇 십 퍼센트나 세일하는 드레스들을 뒤적이다 보면 예상치 못한 보물을 만날 가능성이 아주 높

24) 아메리칸 어패럴(American Apparel)

add 31 place du Marche saint-honoré 75001 PARIS
tel 01-42-60-03-72
open 월~토 10:00~20:00, 일 12:00~19:00
metro M1 Tuileries, M7 · 14 Pyramides
url www.americanapparel.co.kr

다. 아무리 할인을 해도 옷을 사는 건 역시 부담스러운 사람들도 10 유로 미만의 액세서리들을 보면 빈손으로 나오기는 어려울 것이다. 그녀도 파리에 올 때면 회사동료들 선물은 거의 여기에서 해결했었다. 뭔가를 선물하긴 해야겠고 그렇다고 값비싼 걸 살 수는 없고, 또 면세점에 파는 초콜릿으로 대강 얼버무리기엔 뭔가 찝찝하다면 이 매장이 답. 떠나오기 직전, 몇 년을 다닌 회사도 그만뒀고 딱히 챙길 친구도 떠오르지 않는 이번 여행에서는 남을 위해 뭔가를 살 필요가 없다. 그것이 그녀에게는 묘한 해방감을 선사했다.

06.
팔레드 도쿄에서
전시회 대신 스티커 사진

　매일 아침마다 식탁에 앉아 멍하니 오늘은 어디를 가야 할지 고민하는 그녀가 있다. 며칠 되지 않는 짧은 일정 때문에 최단거리를 운운하며 최대한 많은 것들을 보려고 안달인 다른 사람들 눈에는 그녀가 영 이상하게 보인다. 방학 끝을 이용해 유럽여행에 나선 어린 학생들은 특히 더 그랬다. 민박집에는 손님이 많을 때도 있고 한꺼번에 손님이 다 빠져나가 썰렁할 때도 있었다. 사람이 많든 적든 그녀에게는 별 의미도 없었지만 때로는 같은 방을 쓰는 사람들에게 친절하게 가이드처럼 여행 루트를 짜준다던가 정말 기분이 좋은 날에는 안내까지 기꺼이 도맡았다. 어차피 그녀에게는 오늘 하루 뭘 보느냐보다 오늘 하루를 또 어떻게 견디느냐가 최대 관건이었으므로 하루쯤 가이드로 나선다 해도 문제 될 건 없다.

　며칠을 남의 여행에 안내원 노릇을 하던 그녀가 오늘은 자신만을 위한 목적지가 생겼다. 매번 '한번 가봐야지.' 하고서는 미처 닿지 못한 그곳. 바로 '25) 팔레드 도쿄(Palais de Tokyo)'이다.

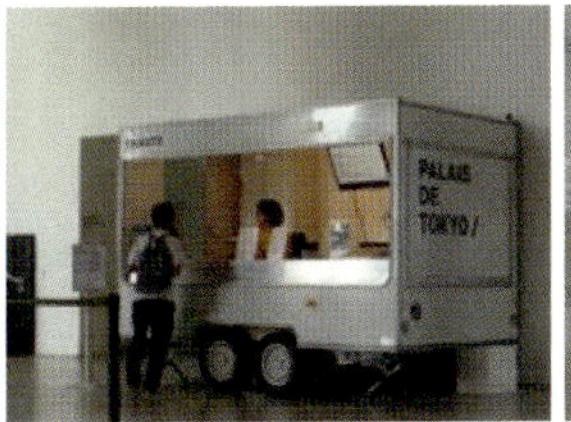

25) 팔레드 도쿄(Palais de Tokyo)
add 13 Avenue du Président Wilson
tel 01-47-23-54-01
open 화~일 12:00~24:00 월요일 휴무
metro M9 Iéna
url www.palaisdetokyo.com

메트로 9호선 Alma Marceau 역과 Iena 역의 중간쯤에 있어서 둘 중 아무 곳에나 내려서 걸어가면 되는데 그녀는 Alma Marceau 역을 선택했다. 역에 내려 걷다 보면 왼쪽 편으로 센 강이 유유히 펼쳐져 있고 그 너머로 에펠탑이 보인다. 항상 가까이서만 보던 에펠을 이렇게 조금 멀리 떨어져서 보니 이건 또 이 나름대로 운치가 있다. 내내 에펠만 보면서 걷다가 자칫하면 팔레드 도쿄를 지나칠 수도 있으므로 에펠에 너무 집중하지는 말 것.

역에서 나와 주변을 둘러보던 그녀는 불타는 모양의 금색으로 된 소형물을 발견했다. 그 잎에는 꽃이 몇 다발인가 놓여 있고 조형물을 둘러싼 사람들의 표정도 밝지 않았다. 호기심이 발동해 다가가 보니, 그곳이 바로 다이애나 비가 사고로 목숨을 잃은 곳이란다. 사랑에 살고 사랑에 죽었던 다이애나 비를 추모하기 위해 세워놓은 금색 불. 세상에는 이렇게 사랑에 목숨을 거는 사람이 많다. 연애 하나 실패했다고 도망치듯 파리로 떠나온 자신의 모습이 때로는 바보스럽고 답답하게 여겨지기도 했지만 때로는 그런 모습이 그나마 인간적인 게 아닐까 싶기도 한다. 소위 쿨하다고 말하는, 어떤 일에도 크게 괘념치 않는 모습은 어쩌면 너무 비인간적인 게 아닐까? 슬프면 슬프다고, 힘들면 힘들다고 말하는 게 언제부터 바보스러운 일이 되었는지 모르겠다. 그 조형물 때문인지 팔레드 도쿄에 도착했을 때 그녀는 이미 온몸의 기운이 쭉 빠져 있었다.

'이런 기분에는 예술 작품 같은 걸 아무리 봐도 아무 느낌도 받을 수 없을 거야.'

혼자 하는 여행이니, 남의 의견을 물을 필요가 없다는 사실이 다행스럽다. 평소 혼자 술을 마시는 일은 극히 드물지만 오늘은 아무래도 한잔하는 게 좋겠다 싶어 눈앞에 보이는 멋스러운 레스토랑으로 일단 들어갔다. 테이블에 앉자 커다란 눈동자 하나가 그녀를 매섭게 쏘아본다. 테이블 위에 그려진 커다란 눈 하나. 타카시 무라카미가 디자인한 유명한 눈동자들이 테이블 위에 프린팅되어 있고, 천장에는 레트로한 분위기의 스피커들이 둥둥 매달려 있어 웬만큼 술을 마셔도 절대 취하는 일을 없을 것 같다. 일 년 내내 쉬는 날이 없고 밤늦게까지 문을 열어서 멋을 아는 사람들이 많이 찾는다는 '26) 도쿄 잇(Tokyo Eat)'. 그런 분위기에서 칵테일 한 잔을 주문했다. 그리고 가벼운 안주거리도.

천천히 한 잔을 비웠다. 주변에는 식사를 하러 나온 사람들로 테이블이 채워졌고 그녀는 혼자라도 괜찮다는 생각이 들었다. 여유로운 마음이었다. 점점 혼자라는 사실을 인정하게 되는 걸까? 내친김에 레스토랑 앞에 있는 스티커 사진 기계에 들어가 혼자 사진도

찍었다. 고등학교 때는 이 기계 앞을 그냥 지나치지 못할 정도로 빠져 있었다. 친구들과 어울려 기계가 정한 셔터 횟수가 항상 모자랄 정도로 여러 표정을 지었었다. 그런데 언제부터인지 같은 표정밖에 없다. 한 장소에서 두 번 사진을 찍을 필요가 없다. 언제나 같은 표정이니까. 예쁘게 보이는 표정 말고는 모두 잊어버렸다. 어떤 사진을 봐도 표정은 한 가지. 기계 안에서 플래시가 4번이나 팡팡 터지는 동안 웃고 있는 줄만 알았는데 사진을 보니 영 뚱한 표정이다. 남들에게 항상 웃는 표정으로 대한다고 생각했었는데 사실은 이런 표정을 짓고 있었나 싶어서 그녀는 혼자 깜짝 놀랐다. 다시 의기소침하고 우울한 그녀로 돌아왔다. 전시 같은 건 보고 싶지도 않았지만 여기까지 온 게 아까워 현대미술 작품 몇 개를 보고 나왔다. 팔레드 도쿄는 이름과는 다르게 도쿄와는 아무 상관도 없고 단순히 1937년, 파리에서 개최된 국세박람회 때 일본관으로 지이져서 붙어진 이름일 뿐이다. 그 후에 국립사진센터나 영화학교 등으로 이용되다가 2001년에 현대미술 전시관으로 새롭게 오픈했다. 이미 유명한 사람들의 전시보다는 재능이 뛰어난 신인작가들의 전시가 많아서 톡톡 튀는 아이디어와 자유로움이 묻어난다. 바로 옆에는 '파리 시립 근대미술관'이 위치하고 있는데, 앙리 마티스나 피카소, 라울 뒤

피 같은 야수파와 입체파 화가들의 작품이 전시되어 있다. 이런 사전정보를 가지고 팔레드 도쿄와 더불어 시립미술관까지 쭉 돌아보는 것이 그녀의 원래 계획이었지만, 팔레드 도쿄만으로 그녀는 오늘 일정을 마무리했다. 별로 즐겁지 않은 기분에서 굳이 많은 것을 볼 필요는 없다. 어차피 숙제를 하듯 책에 나온 곳을 견학하려고 파리에 온 건 아니니까 말이다.

07.
일요일엔 몽마르트

파리에서는 한 가지 법칙이 있다. 바로 일요일엔 몽마르트에 가는 것. 일요일의 파리는 아주 고요하다. 온갖 쇼핑센터는 모두 문이 닫고 카페와 레스토랑도 거의 휴업. 파리에 사는 사람이라면 가족과 함께 집에서 보내면 아무 문제도 없겠지만 여행객은 일요일에 도무지 할 일이 없다. 그나마 봄이나 여름, 가을이라면 센 강 옆에 앉아 아이스크림이라도 먹으며 적당히 하루를 보내겠건만 겨울에는 정말이지 난감하다. 그럴 때 이 법칙이 아주 유용하게 적용된다. 파리의 모든 관광지가 일요일에 문을 닫아도 몽마르트만은 굳건히 모든 상점이 문을 열고 손님을 맞이한다.

2호선 Anvers 역에 내려 똑바로 난 길을 따라 올라가면 저 멀리 '몽마르트'의 상징인 [27) 사크레괴르(Basilique de Sacré Coeur) 대성당' 이 보인다. 성당까지 올라가는 방법은 두 가지인데, 하나는 튼튼한 두 다리로 걸어가는 것이고 나머지 하나는 케이블카를 타는 것. 파리 시내 일주일 패스가 있으면 케이블카를 무료로 탈 수 있으므로 패스

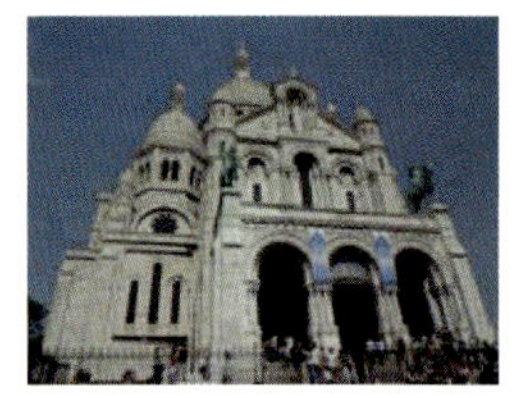

가 있는 사람은 다리 아프게 걸어 올라가는 수고를 덜 수 있다.

그녀는 오늘 운동 삼아 천천히 계단을 밟고 올라가기로 마음먹었다. 계단에는 1년 365일 같은 자리에서 노래하는 사람이 있다. 언제 와도 그 자리에서 노래를 하고 있다. 겨울이라도 크게 춥지는 않아 계단에는 옹기종기 사람들이 모여 앉아 노래를 듣고 있었다. 딱히 바쁠 일이 없는 그녀도 그 한편에 엉덩이를 붙였다. 온갖 나라에서 온 관광객들이 모두 알 만한 레퍼토리로 노래는 계속되고 곳곳에서 따라 부르는 사람들의 목소리가 들린다. 이렇게 앉아 있으니 실연이니 사랑이니 했던 일들이 모두 옛날일인 것 같고 남의 일인 것 같다. 평소에는 그냥 흘려듣던 노래도 어떤 장소, 어떤 때에는 커다란 위안이 되기도 하는데 그게 바로 노래의 힘이 아닐까 한다.

털모자에 목도리까지 칭칭 감았는데도 역시 겨울은 겨울이다. 노래 몇 곡에 힘을 얻어 자리에서 일어났다. 역에 내려 올려다본 사크레쾨르 대성당은 그 자체로도 웅장하지만 직접 들어가 보면 단순한 아름다움을 넘어서서 엄숙함마저 감돈다. 시간을 잘 맞춘 덕분에 성당 안에서는 성가대의 노래가 한창이었다. 성당을 다니지 않아도 성가대의 목소리는 충분히 마음을 움직인다.

28) 테르트르 광장(Place du Tertre)
add place du Tertre
metro M2 Anvers, M12 Abbesses

이왕 성당이 있는 꼭대기까지 올라왔으면 '28) 테르트르 광장(Place du Tertre)'도 봐야 한다. 처음 그녀가 몽마르트에 왔을 때는 그것도 모르고 성당까지만 왔다가 다시 내려가는 실수를 범했다. 광장에는 관광객을 끌기 위한 화가들과 카페들이 자리를 차지하고 앉아 손님을 기다린다. 관광지라 그런지 커피 한 잔도 결코 만만하지 않은 가격. 옛날에는 모든 것이 신기해서 한참을 두리번거리며 구경했었는데 이제는 그런 것들이 영 흥미롭지가 않다. 그래서 언젠가부터 몽마르트에 오면 다른 구경거리는 그냥 지나치는 대신 '29) 갤러리 몽마르트(gallery montmartre)'만은 꼭 들려서 새로운 전시를 구경하곤 했었다.

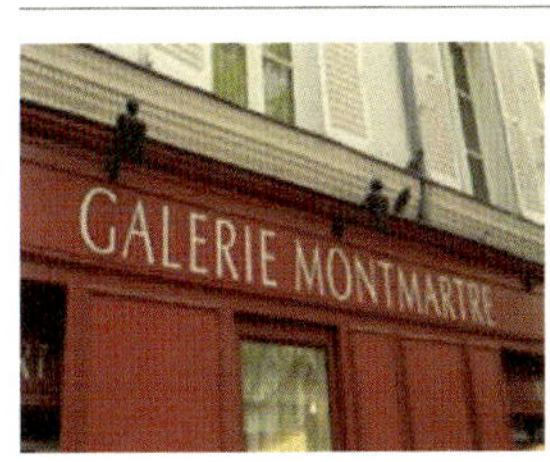

29) 갤러리 몽마르트(gallery montmartre)
add 11, place du Tertre 75018 paris
tel 01-55-79-94-02
open 월~일 10~18: 30
metro M2 Anvers, M12 Abbesses

오늘 갤러리 몽마르트에서는 여러 동물을 다른 부분을 조금씩 섞어 새로운 동물을 그린 전시가 한창 진행 중이었다. 독수리 몸통에 고양이 얼굴을 합해놓은 그림이라든지 오리 몸에 호랑이 얼굴을 붙여놓은 그림은 어떻게 보면 징그럽다고 생각될 수도 있지만 그녀의 눈에는 독특하면서도 아름다운 작품이었다. 아마 헤어진 옛 애인이 봤으면 말도 되지 않는 이런 그림은 예술작품도 아니라고 우겼을지도 모르겠다. 틀에서 벗어나는 것들에 대해 그리 호락호락한 스타일이 아니었다. 그래서 그렇게 아니라고 생각되는 순간 아무 망설임 없이 그녀를 내친 걸까? 멍하니 그런 생각을 하며 올라온 길과는 다른 길로 언덕을 내려왔다.

2호선 Anvers 역과 12호선 Abbesses 역 사이에는 잡다한 상점들이 줄을 지어 큰 상권을 이루고 있다. 그중 재미난 가게들도 많아서 그녀는 이 동네에 오면 성당보다 이곳에서 하는 구경을 더 좋아한다.

알록달록한 공들로 유리창을 장식해놓은 '30) 라 카사 드 퀴진 폴(la casa de cousin paul)'에는 안에 작은 전등이 숨겨져 있어 조명의 효과를 내는 둥근 공들을 팔고 있었다. 예전에 태국여행을 갔을 때 치앙마이의 큰 장터에서 흥정에 흥정을 통해 한가득 사온 적이 있는 물건이다. 사온 후에 막상 설치하려고 보니까 전구가 몇 개나 깨

30) 라 카사 드 퀴진 폴(la casa de cousin paul)
add 4 et 6 rue Tardieu 75018 paris
tel 01-55-79-19-41
open 월~금 10:30~19:30, 토 10:00~20:00,
      일 11:00~19:00
metro M2 Anvers

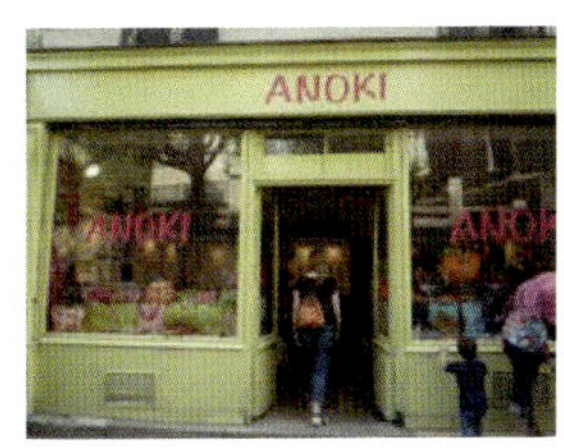

31) 아노키(ANOKI)
add 3 rue Tardieu 75018 paris
tel 01-42-23-49-16
metro M2 Anvers

져 있어서 결국 포기하고 말았었는데 다시 보니 또 사고 싶은 욕구가 스멀스멀 일어난다. 사서 가기에는 부피도 크고 별로 쓸 일도 없겠다 싶어 겨우 마음을 진정시키고 그녀는 다른 상점들로 걸음을 옮겼다.

상큼한 레몬 컬러의 외관이 눈에 확 들어오는 '31) 아노키(ANOKI)'에는 손쉽게 살 수 있는 것들이 많다. 손뜨개로 정성껏 만든 헤어밴드가 6유로, 작은 가죽가방이 15유로, 그리고 독특한 귀걸이와 반지들이 5유로 안팎의 가격으로 판매되고 있었다. 이런 가게에 들어오면 뭐든 하나는 사고 싶어진다. 그녀도 보라색 깃털에, 윗부분에는 앙증맞은 리본이 달려 있는 귀걸이와 그 옆에 걸려 있는 마트료시카 인형 모양의 귀걸이 두 개를 들고 한참 고민하다가 결국 첫 번째 것으로 결정, 기어코 지갑을 열고야 말았다.

때로는 크고 값비싼 쇼핑보다 아주 작고 저렴한 쇼핑이 더 큰 기쁨을 줄 때가 있다. 특히 여행지에서는 더더욱 그렇다. 그래서 그녀는 여행을 떠날 때 일부러 손발에 그 어떤 장신구도 하지 않는다. 그리고 여행지에서 현지 느낌이 물씬 풍기는 작은 액세서리들을 사서 바로 몸에 걸치는 게 여행의 재미라고 생각한다.

몽마르트 언덕 아래 골목에는 다양한 브랜드들이 줄지어 서 있었다. 관광객들도 많지만 현지인들도 주말이면 쇼핑하러 나오는 곳 중의 하나. 아직 우리나라에는 알려지지 않은 브랜드들이 많아서 그녀는 이쪽으로 올 때면 꼭 한 번씩 들러 보고는 했는데 특히 그중에서도 빼먹지 않고 들리는 곳이 있다. '32) 에 부(et vous)'는 한 브랜드만 고집하기보다 각 브랜드의 대표주자들만 모아놓은 컬렉션 숍. 그래서 보는 재미도 두 배, 지갑에서 나가는 돈도 두 배다. 남성복과 여성복 모두 모아놓아 커플들끼리 함께 쇼핑하기에도 좋다.

그녀에게 '몽마르트' 하면 가장 먼저 떠오르는 것은 다름 아닌 영화 <아멜리에>이다. 처음 영화를 보고는 여자 주인공인 오드리 토투에게 반해서 몇 번이나 다시 봤는지 모른다. 그 엉뚱함과 발랄함은 어떤 사람이 보아도 매력적일 것이 분명하다. 처음에는 그냥 보다가 영화의 배경이 된 동네가 몽마르트인 것을 알게 된 이후에 그녀에게 몽마르트는 더 특별한 장소가 되었다. 언덕 입구에 있는 회전목마부터 시작해 언덕 전체를 누비는 아멜리에와 니노. 아마 영화를 본 사람이라면 누구나 몽마르트가 보다 더 특별하게 다가올 것이다.

영화에서 몽마르트 못지않게 자주 등장하는 장소가 있다면 아멜리에가 일하는 카페인데 몽마르트 근처에 있어서 그녀는 올 때마다 지도를 들고 샅샅이 찾아봤지만 결국 아직도 찾을 수가 없었다. 지도 보는 거 하나는 자신 있는 그녀인데도 이렇게 찾기가 어렵다니. 매번 시간에 쫓겨 – 여기에만 오면 구경할 게 너무 많아서 항상 시간이 촉박하다 – 몇 번 찾아보고 안 되면 포기했었는데 오늘은 시간도 많겠다, 꼭 찾고야 말겠다고 그녀는 마음속으로 주먹을 불끈 쥐었다. 어차피 동네 몇 바퀴는 돌 각오로 걷다 보니 예상치 못한, 뜻밖의 선물을 발견했다.

300여 개의 언어로 1,000번에 걸쳐 사랑한다는 표현을 담아놓은 '33) 사랑의 벽(Le Mur Des Je t'aime)'. 처음에는 뭔지 몰라 멍하니 보다가 점점 다가가 보니 사랑한다는 말이 흘러넘치도록 많다. 그녀는 그 벽 앞에 바싹 다가가는 것이 무서워 한참을 조금 떨어진 곳에 서서 가만히 지켜봤다. 12호선 **Abbesses** 역에서 나와 뒤로 돌면 바로 보이는 작은 공원에 있는 이 벽에 많은 연인들이 찾아왔다. 다들 자신의 언어로 된 사랑의 글귀 앞에서 기념사진을 찍고 가벼운 키스를 하기도 했다. 저토록 많은 단어로 적혀 있어도 저 큰 벽의 의미는 단 하나, 사랑한다는 것. 지금 벽 앞에서 키스를 나누는 연인

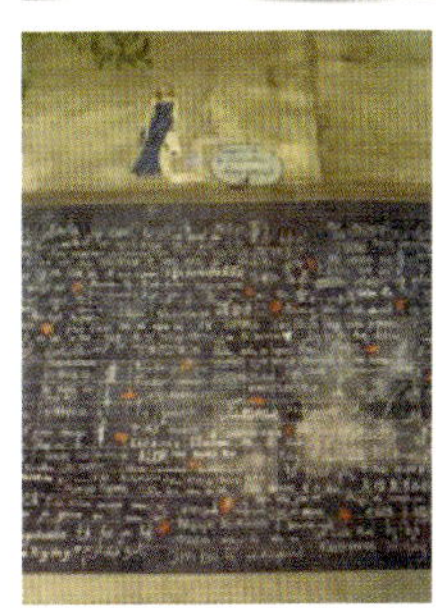

33) 사랑의 벽(Le Mur Des Je t'aime)
metro M12 abbesses

은 정말로 서로를 사랑하고 있을까? 단지 사랑한다고 믿는 게 아닐까 하는 의문과 의심이 그녀의 머릿속에서 떠나지 않는다. 나 또한 헤어진 그를 사랑한다고 진정 느꼈던 것이 언제였던가? 진짜 사랑해서 헤어짐이 이렇게 힘들고 아픈 것인가, 아니면 헤어지면 슬퍼해야 한다는 공식이 그녀를 슬픈 연기라도 하도록 강요하는 것인가? 그녀는 문득 자신이 생각하는 것만큼 스스로가 슬프지 않다는 사실을 알아챘다. 이미 그에게 가슴 떨리는 사랑을 느꼈던 것은 아주 예전의 일. 헤어지기 직전의 그녀는 그가 가져다줄 여유로운 미래와 남에게 부러움을 사고 있는 그녀 자신을 사랑이라고 착각했던 것 같다. 그래서 사람은 때로 스스로를 멀리서 바라볼 필요가 있다. 자신을 객관화해서 감정의 소모를 줄이고 이성적인 사고를 해야 한다. 그녀는 점점 더 마음이 가벼워지는 자신을 발견했다. 마음속을 채우고 있던 묵은 감정을 모두 떨쳐내야 새로운 시작을 할 수 있을 터였다.

생각이 거기까지 미치자, 배에서 꼬르륵하는 소리도 이제야 들린다. 아침 먹은 후에 아무것도 먹지 않았다는 사실도 생각났다. 걸어가면서도 먹을 수 있는 걸로 간단하게 요기를 하고 싶어 주위를 둘러보자 마침 크레페를 파는 가게가 눈에 들어왔다.

몽마르트 언덕의 테르트르 광장에서는 아무것도 넣지 않은 플레인 크레페 하나를 먹으려면 적어도 4유로 이상을 줘야 한다. 그런데 지금 이 가게에는 고작 2유로. 아무도 모르지만 그녀는 혼자 횡재한 기분이다.

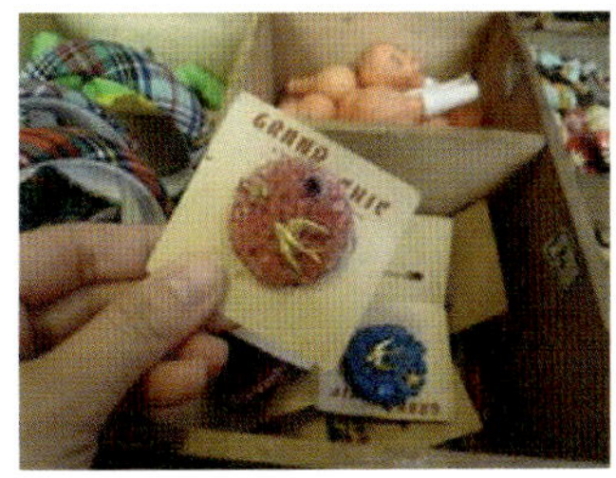

34) 통베 뒤 카미옹(Tombees du camion)
add 17 rue Joseph de Maiste 75018 paris
open 월~금 13:00~20:00, 토·일 11:00~20:00
metro M12 abbesses
url www.tombeesducamion.com

크레페 하나를 손에 들고 다시 아멜리에가 일했던 카페를 찾아 나섰다. 최종 목적지를 카페로 정하긴 했지만 가는 길에 보이는 흥미로운 상점들을 그냥 지나칠 수는 없다. 크레페 하나로 배도 어느 정도 부르니 카페는 천천히 찾아도 된다. '34) 통베 뒤 카미옹(Tombees du camion)'은 한마디로 어른들을 위한 장난감 가게였다. 큰 코가 붙은 안경, 나무로 만든 장난감 병정, 어릴 적, 동전 하나를 넣으면 달걀처럼 생긴 통에서 튀어나오던 반지처럼 유치한 액세서리들, 플라스틱으로 만든 비행기. 구경할 것은 끝이 없다. 사봤자 별로 유용하게 쓰일 곳도 없는 장식품들이 대부분이지만 이런 좋은 구경거리를 놓치면 즐거운 인생이 되기 힘들다.

천천히 구경하고 나와 마음을 비우고 걷다 보니, 지금까지 한 번도 찾지 못했던 아멜리에의 카페 '35) 레 뒤 물랭(Les Deux Moulins)'이 눈앞에 나타났다. 역시 뭐든 안간힘을 쓰기보다 욕심을 버리면 도리어 쉽게 손에 쥐어진다.

카페에 들어서자 영화에 나왔던 장면들이 빠르게 머리에 떠올랐다. 그녀가 몰래 전화하던 전화박스, 음료를 만들던 바까지 완벽하게 영화와 똑같다. 영화 <아멜리에>는 다른 나라에서도 인기가 많아서 손님 대부분이 여행객의 모습이었다. 파리에서 그리 좋은 동네로 인식되지는 않는 이 동네에 영화를 만든 감독이 살았다고 한다. 실제로도 단골이어서 영화에 등장시켰다는 후문. 아메리카노 한 잔에 2유로로 관광지인 점을 감안하지 않아도 저렴한 가격이다.

그녀는 혼자 자리를 잡고 앉아 카푸치노 한 잔을 시켰다. 간단한 먹을거리도 있었지만 방금 전에 크레페를 먹었더니 배가 꽉 찼다. 대각선 자리에는 일본인으로 보이는 여자 관광객들이 앉아 있고, 그들의 머리 위로 커다란 아멜리에의 사진이 붙어 있다. 관광객들에게 그 자리는 포토존으로 사람들은 돌아가며 그 자리에 앉아 기념사진을 찍었다.

'혼자 여행을 하면 불편한 점은 이런 거야.'라고 그녀는 마음속으로 생각했다. 사진을 찍으려면 누군가에게 부탁을 해야 하는 것과 더불어 조금 민망함, 그래도 찍지 않으면 나중에 조금 아쉬울 것 같은 관광용 사진을 찍을 때 특히 부끄럽다는 점. 처음에는 저런 유치한 사진 따위는 찍지 말아야지 하던 그녀도 계속 보고 있자니 꼭 찍

어야겠다는 생각으로 바뀌었다. 결국 계산을 마치고 나가기 직전, 옆 테이블에 앉은 손님에게 부탁해서 인증사진을 찍고야 말았다. 아는 사람도 없는데 사진을 찍자마자 황급히 카페를 나왔다. 근처에 '36) 몽마르트 묘지(Cimetière du Montmartre)'가 있다고 해서 거기나 가봐야지 했는데 벌써 날이 어둑어둑하다. 파리의 공동묘지가 아무리 공원 같다고 할지라도 어두운 밤에 혼자 가기에는 무리. 기껏 좋아진 기분을 굳이 다시 가라앉힐 필요는 전혀 없다.

08.
아멜리에가 물수제비뜨던
생마르탱 운하

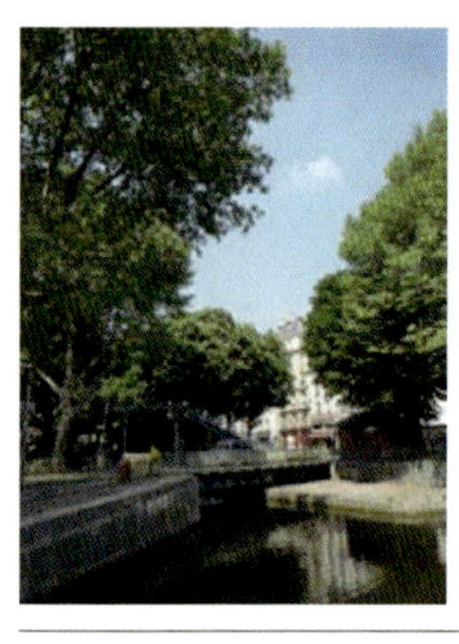

37) 생마르탱 운하(Canal Saint Martin)
metro M5 Jacques Bonsergent

어제의 영화 <아멜리에> 투어는 나름 만족스러웠다. 그래서 내 친김에 오늘은 아멜리에가 심심할 때면 물수제비를 뜨던 '37) 생마르탱 운하(Canal Saint Martin)' 근처로 가 볼 계획.

주말이라고 많이 다르겠느냐마는 평일의 생마르탱은 정말 고요했다. 운하 양옆으로 커다란 나무들이 솟아 있는데 겨울이라 잎은 하나도 없고 휑하니 나뭇가지만 남아 있다. 여기까지 왔으니 물수제비라도 떠봐야겠다며 그녀는 작은 조약돌을 찾았지만 한 개도 찾을

수가 없었다. 영화에서 아멜리에는 그래서 주머니에 조약돌을 챙겨 온 걸까? 차가운 공기가 운하 옆에 다다르자 더욱 힘을 과시하며 매섭게 불어온다. 운하 근처에는 가게도 몇 개밖에 없어서 추위라도 피할 요량으로 일단 눈에 보이는 곳으로 들어갔다. 겉으로 척 보기에도 서점이겠거니 싶었는데 역시, 예상이 딱 들어맞는다. 그런데 다른 서점하고는 뭔가 좀 다르다. 딱딱한 문자로 적힌 책보다는 그림과 사진들이 주를 이루는 예술전문 서점 '38) 아타자르(Artazart)'. 예술과 문화와 관련된 책들은 이곳에서 가장 먼저 만나볼 수 있다고 해도 과언이 아닐 정도로 파리에서는 유명하다. 서점 주변에 작업실을 두고 있는 많은 포토그래퍼, 타이포그래피 전문가 등이 수시로 찾고, 서점 기능 이외에 가끔 작은 전시회까지 열고 있는 서점 이상의 공간.

그녀는 책 한 권, 한 권을 정성 들여 뒤적였다. 매거진 에디디 일을 할 때 타이포그래피는 기사만큼이나 중요한 부분이라 특히 관심이 많았었다. 우리나라에 비해 책의 가격도 놀랄 정도로 저렴해서 눈에 보이는 건 다 사고 싶었지만 그 무게를 생각하면, 도저히 자신이 없었다. 여행을 다닐수록 패션 제품들은 어디를 가나 비슷해서 굳이 살 필요가 없다고 느끼지만 책만은 아직도 우리나라에서 구하

기 힘든 것들이 많다. 몇 권의 책 중에 한참을 고민하다가 비교적 얇고 그림이 많은 책 한 권을 골라 들었다.

서점에서 나와 운하를 따라 한 블록 더 올라가면, 생마르탱 운하 근처에서 가장 눈에 띄는 매장을 발견할 수 있는데, 노랑, 연두, 핑크색의 세 매장이 같은 이름으로 나란히 붙어 있다. 이름은 같지만 파는 아이템은 전혀 다른 '39) 앙투안 에 릴리(antoine et Lili)'는 에스닉한 분위기로 마니아층을 형성하고 있는 패션 브랜드. 1994년에 여성들을 위한 옷과 액세서리 브랜드로 처음 시작해서 지금은 다양한 분야로 그 영역을 확장하고 있다. 노란 매장은 아이들을 위한 곳으로, 장난감, 어린이용 접시나 컵, 테이블 등 용품 중심으로 되어 있고 연두색은 아이들 옷이나 가방을 파는 곳. 마지막으로 핑크는 이 브랜드의 가장 중심을 이루는 가게로 오리엔탈 느낌이 물씬 풍기는 화려한 여성의류와 액세서리가 주를 이룬다. 블랙, 그린, 핑크 등 컬러별로 옷을 모아놓은 걸 보고 그녀는 속으로 '여기에 내가 입을 수 있는 옷은 하나도 없네.' 하고 생각했다. 그녀가 유독 수수한 차림이라서가 아니라, 보통의 사람들이라면 쉽게 소화할 수 없는 선명한 컬러감 때문에 일반 고객보다는 마니아층이 두텁다. 그녀가 소화할 수 있는 거라면 꽃 장식이 달린

화려한 우산 정도. 그래도 70유로 정도부터 시작하는 부담스럽지 않은 가격 때문에 가끔 기분 전환이 필요할 때면 시도해도 나쁘지 않다.

고작 두 개의 매장을 들렀을 뿐인데 그녀는 많이 지쳤다. 운하의 차가운 바람 때문인지, 따스한 커피 한 잔이 너무 그리워졌다. 서점을 나오면서 눈여겨보았던 카페가 하나 있어서 빠른 걸음으로 향한 곳은 '40) 셰 프륀(CHEZ PRUNE)'. 이 근처에서 가장 눈에 띄는 카페다. 막상 꼼꼼하게 따져 보면 크게 눈에 띌 것도 없어 보이는데, 뭉뚱그려서 보면 소박하면서도 멋스러운 분위기다. 어쩌면 카페에 앉아 있는 사람들 때문인지도 모르겠다. 하나같이 자연스러운 태도로, 그러면서도 어딘가 모르게 예술가다운 풍모를 풍기고 있었다. 거기에 더해 일하는 사람들까지 멋쟁이들. 그녀는 이렇게 멋스러운 사람들 속에 앉아 있으면 자기도 모르게 기분이 좋아진다. 괜히 주눅이 들지도 않는다. 자신 또한 그런 사람이 된 듯한 착각에 빠져 괜히 뿌듯하다. 커피를 가볍게 마시며 이제는 또 어디로 가볼까, 그

녀는 고민에 휩싸였다. 아직 집에 가기에는 너무 이른 시간이다.

생마르댕 운하에서 조용한 분위기는 한껏 느꼈으니 이제 조금 복작거리는 곳에 가도 괜찮겠다 싶어 다음 코스는 쇼핑가로 정했다. 이왕이면 한 곳에서 모든 것을 다 구경할 수 있는 백화점이 좋겠는데, 관광객들이 득실거리는 오페라 근처는 별로. 진짜 파리지앵들이 찾는다는 '41) 르 봉 마르셰(le bon marche)'에 가서 여유로운 쇼핑을 즐기고 싶어졌다.

1838년에 문을 연, 프랑스 최초의 정찰제 상점인 이곳은 에펠탑을 지은 구스타브 에펠이 건축 컨설팅을 한 걸로 더욱 유명하다. 지금은 LVMH그룹이 주인인 만큼 파리의 중상류층이 주로 찾고 있는데 특히 대형식료품점이 흥미롭다. 아직 결혼을 하지 않은 그녀지만, 식료품 매장만은 언제 들려도 즐겁다. 우리나라에서 잘 보기 어려운 각종 향신료들을 구경하다 보면 시간이 가는 줄 모른다. 곳곳에서 흔히 볼 수 있는 대형마트에도 재미난 것들이 많지만 백화점에 있는 매장에는 보다 고급 물건들이 많아서 지인들 선물을 고르기에도 좋다. 우리나라처럼 시식코너는 없지만 – 시식코너는 아무래도 우리나라에만 있는 걸까, 다른 나라에서는 본 적이 없다 – 구경하는 것만으로 충분히 즐겁다. 한참 동안 자리를 뜨지 못하고 구경하던 그녀는 친구들에게 선물할 머스터드 몇 종류를 사고 나서야 백화점 본관으로 자리를 옮겼다. 본관과 식품관을 연결해주는 곳에는 작은 전시회가 열리고 있었는데 이런 게 바로 파리의 매력이 아닐까 싶다. 어디를 가도 예술과 연결되어 있다는 것.

본관은 우리나라 백화점에 비하면 수수할 정도로 소박한 인테리어를 하고 있었다. 게다가 매장 점원들도 자리를 비우기가 일쑤. 대신 우리나라처럼 과도한 친절을 베푸는 직원이 없으니 도리어 마음은 편하다. 예쁜 지갑 하나를 발견한 그녀는 매장 직원이 돌아오기를 한참이나 기다렸지만 결국 포기하고 말았다. 우리나라였으면 상상도 못할 일이다. 백화점에서 나가다 보니 점원들이 한구석에 모여 스모킹 타임을 갖고 있었다. 이것 또한 상상도 못할 일. 그래도 그 자유로운 업무 분위기 하나만은 부러울 따름이다.

이 동네까지 왔으면 빼먹지 말고 들러야 할 곳이 하나 더 있는데, 어쩌면 'le bon marche'보다 훨씬 더 매력적인 곳. 그녀는 그곳에 갈 때마다 새삼 브랜드가 주는 이미지에 대해 다시 생각하게 된다. 어떤 가이드북에도 나와 있지 않지만, 예전에 일 때문에 파리에 왔을 때 파리에 살던 모델 친구가 살짝 기르쳐준 곳이다. 우선 문을 열고 들어가면 꽃집이 있어서 밖에서 언뜻 보면 그냥 꽃집이라고 생각할지도 모른다. 하지만 꽃집을 지나 조금만 더 들어가면 그 본 모습이 펼쳐지는데 지하 1층과 1층, 이렇게 두 층으로 된 거대한 '42) 에르메스(HERMES)' 왕국이다. 물푸레나무로 만든 큰 움막이 두 층을 아우르며 솟아 있고 그 속에는 물건들이 조신하게 진열되어 있다. 호텔

42) 에르메스(HERMES)
add 17 rue de sevres 75006 paris
tel 01-42-22-80-83
metro M10 Sevres Babylone
url www.hermes.com

의 수영장을 2010년에 개조해서 만든 터라, 바닥은 여전히 수영장의 타일을 고수하고 있어서 계단을 따라 지하로 내려가면 마치 수영장 속으로 들어가는 기분. 처음 이 매장에 왔을 땐 그 분위기에 압도당해 그녀는 숨도 쉬지 못했었다. 물론 처음이 아니라도 여긴 올 때마다 놀랍지만 말이다. 1층에는 카페와 서점이 자리 잡고 있는데 흥미로운 패션 서적들이 대부분. 지하에는 여성과 남성 옷부터, 슈즈, 액세서리 등의 패션 제품들과 접시, 벽지 등의 인테리어 제품까지 일상생활에 필요한 모든 것이 준비되어 있지만, 여기서 뭔가를 손쉽게 살 수 있는 사람은 아주 드물다. 물론 그녀도 마찬가지. 입구에 놓인 작은 스카프를 보며 엄마에게 선물하면 좋을 텐데 하고 생각했지만 역시 무리다. 배낭여행객에게 에르메스라니, 보는 것만으로 만족해야 한다.

09.
B를 위한 서점 가이드

민박집에 새로운 손님이 들어왔다. 손님은 계속해서 들어오고 나가고 했지만 그녀와 또래의 사람이 들어온 것은 드문 일로 논문 준비에 필요한 책을 좀 사러 왔단다. 처음 그 이야기를 듣고 그녀는 속으로 책 몇 권 때문에 파리까지 오는 사람도 있구나 하고 무척이나 놀랐었다. 역시 세상에는 신기한 사람들이 많다.

편의상, B라고 부르기로 한 그는 그녀에게 파리 시내의 서점 안내를 부탁했다. 오후가 되도록 특별히 할 일도 없던 그녀는 흔쾌히 부탁을 받아들였고 둘은 함께 집을 나섰다. 파리 시내에는 곳곳에 서점이 있지만 생 미셸 쪽에 위치한 '13) 지베르 조세프(GIBERT JOSEPH)'는 파리 사람들이 가장 많이 찾는 서점 중에 하나다. 3개의 책방이 옆으로 쭉 늘어서 있고, 한곳은 여러 장르를 아우르는 거대 책방, 한곳은 어린이를 위한 도서, 마지막 한곳은 음악 관련 서점으로 다른 곳보다 다양한 책들이 많아서 여행객들도 종종 들리곤 한다. B는 마치 프랑스에 처음인 듯한 얼굴로 모든 것에 신기해했다.

"전공이 프랑스어면 불어를 잘 하시겠네요?"

그녀가 묻자, B는 아무렇지 않은 얼굴로,

"어릴 때 프랑스에 몇 년 살아서 그냥 조금 해요."라고 무덤덤하게 대답했다.

"하긴 대학교 때부터 대학원까지 쉬지 않고 불어만 공부했으니 당연히 조금은 해야죠."

그녀는 속으로 해야 할 말을 입 밖에 꺼내고는 깜짝 놀랐다. 평소 남이 불편함을 느끼는 말 같은 건 그다지 하지 않는 성격인데 여행만 오면 이렇게 된다. 생각한 대로 말해도 어차피 아무도 알아듣는 사람이 없으니까 자신도 모르게 소리 내어 말하는 것. 저기 지나가는 여자가 입은 옷이 이상하다는 둥, 저 사람은 오리궁둥이라는 둥 해도 그만, 안 해도 그만인 험담들도 툭툭 소리 내어 뱉어 버린다. 그런데 그게 예상외로 묘한 해방감을 안겨준다. 일종의 스트레스 해소법인지도 모르겠다. 그러고 우리나라로 돌아오면 그 버릇이 남아 한동안 고생하게 될 때도 있다. 약간은 비꼬는 듯한 말투로 들릴 수도 있는 말을 내뱉고 그녀가 당황해하자, B는 또 아무렇지 않은 얼굴로 "네, 그래서 그냥 조금 해요."라며 흘려듣는다.

이런 사람은 함께 있어도 불편하지 않다. 머리에 떠오르는 대로 말해도 별 문제가 없을 사람이라고 그녀는 생각하며 갑자기 함께 나선 길이 즐거워졌다.

생 미셸까지는 메트로도 있지만 버스도 많다. 이왕이면 바깥 구경도 할 수 있는 버스가 좋겠다 싶어서 그녀는 버스로 B를 안내했다. 'GIBERT JOSEPH' 서점에 도착해서 B는 필요한 책을 찾으러 어디론가 사라졌고 심심해진 그녀는 혼자 아동용 책을 뒤적뒤적. 한국에 있을 때는 별로 관심도 없던 동화책을 파리에 와서 부쩍 자주 본다. 크리스마스가 지났는데도, 크리스마스를 다룬 동화책들이 아직 쌓여 있어서 그중 빨간색의 표지가 눈길을 끄는 책 한 권을 집어 읽기 시작했다. 정확히 말하자면, 읽는다기보다 그림을 이해한다고 해야 맞는 말이겠지만 말이다.

책 속의 산타클로스는 하룻밤 사이에 선물을 모두 배달하기 위해 고군분투하고 있었다. 겨우 다 끝내고 집으로 돌아왔는데, 알고 보니 하나를 빼먹었다는 사실을 발견하고 아침이 밝기 전에 그 선물을 전해주기 위해 사막을 지나고 바다를 건넌다는 아주 모험적인 이야기였다. 책을 몇 권이나 읽어도 B의 업무는 끝날 기미가 보이지 않아, 그녀는 근처의 PUB에서 B를 기다리기로 했다.

생 미셸과 노트르담 근처에는 저렴한 PUB들이 많다. 세계의 수많은 맥주를 저렴한 가격으로 먹을 수 있어서 학생들이 자주 애용하는 편인데, 우리나라 술집과 다른 점이라면 안주가 없다는 것. 그래서 그녀는 PUB에 갈 때면 꼭 작은 슈퍼마켓에 들러 민트초콜릿 한 통을 산다. 아랍인이 운영하는 마켓은 늦은 시간까지 열기 때문에

44) 샤이와와(SHYWAWA)
add 7 rue de Petit pont 75005 paris
tel 01-46-33-16-76
open 13:00~06:00
metro M4 Saint Michel

늦은 시간에도 언제든지 잡다한 안주거리를 구할 수 있다. 길가에 몇 개 늘어선 PUB 중에 그녀는 유독 '44) 샤이와와(SHYWAWA)'를 즐겨 찾는데 딱히 별다른 이유가 있는 건 아니고 단지 익숙해서라고 할까. 문 앞에 놓인 높은 테이블과 높은 의자가 마음에 들어 처음 들어간 이후에는 굳이 다른 PUB을 이용할 필요가 없어졌다. 어디 가나 파는 맥주의 종류나 가격은 비슷하니까 익숙한 곳에 갈 뿐이다.

서울이 아닌 지구 반대편의 동네에서 누군가를 기다리고 있자니 문득 파리가 무척 낯익은 곳으로 여겨졌다. 서울에서 약속을 하면 휴대전화가 있어서 굳이 문 쪽만 바라볼 필요가 없고, 혹여나 엇갈릴까 걱정할 필요도 없지만 여기에서는 다르다. B는 며칠 동안 잠시 온 거라 휴대전화 로밍서비스를 신청한 모양이다. 그녀도 출장을 올 때엔 로밍이 필수적이었지만 지금 그녀에게는 무용지물. 괜히 오지도 않을 연락을 기다리게 될까봐 비행기를 타는 순간 전원을 꺼 버리고 캐리어 어딘가 깊숙이 넣어두었다. 오렌지 색 차양의 'SHYWAWA'라고 분명하게 얘기했는데 B가 계속 오지 않아 그녀는 조금씩 불안해졌다. 그렇다고 다시 서점까지 갔다가는 엇갈릴 수도 있고 마냥 기다리자니 뭔가 조급하다. 조금 전까지 느끼던 편안함은 온데간데없고 또다시 불안한 마음이 들다니, 새로운 관계를 맺는다는 건 역시 불안함의 연속이다. 그때 문을 열고 B가 들어왔다. 둘은 작은 잔에 담긴 맥주를 연거푸 마시고 민트초콜릿 한 통을 깨끗하게 비우고 나서야 자리에서 일어났다. 메트로는 이미 끊겼고 집 근처까지 가는 야간버스를 타고서야 집으로 돌아왔다. 오랜만에 마신 맥주 덕분에 머리는 빙빙 돌았지만 오랜만에 아무 생각도 하지 않고 편하게 잠이 들 수 있었다.

10.
빨간 구두의 치명적인 유혹

45) 킬리워치(Kiliwatch)
add 64 rue Tiquetonne
tel 01-42-21-17-37
open 화~일 11:00~19:00, 월 14:00~
metro M4 Etienne Marcel
url www.espacekiliwatch.fr

에티엔 마르셀은 젊은이들의 거리다. 촌스러운 표현이라고 할 수도 있겠지만 달리 딱 떨어지는 말이 없다. 시끌벅적한 관광객들로 북적거리지도 않고, 눈살을 찌푸리게 만드는 유치한 것이라고는 하나도 없다. 10년 전쯤 서울 이대 앞을 뒤덮던 구제 옷이나 액세서리들을 파는 가게들이 옹기종기 모여 있는 곳이다. 그중에서도 '45) 킬리워치(Kiliwatch)'는 파리 최고의 빈티지 숍으로 알려져서 믹스매치를 즐기는 파리지앵들과 일본의 멋쟁이들도 꼭 들른다. 옷이나 패션 소품뿐만 아니라 패션과 관련된 서적까지 패션 전반에 이르는 것

들을 총망라해놓아서 일단 오기만 하면 몇 시간은 훌쩍 가 버린다.

그녀도 처음 여기에 왔을 때는 이것저것 구경하느라 같이 온 동행이 말을 거는 줄도 모를 정도였다. 빈티지도 있지만 새 제품들도 많아서 굳이 구제 패션을 선호하는 사람이 아니라도 충분히 즐겁게 쇼핑할 수 있다. 그래서 그런지 항상 사람들로 가득 차서 발 디딜 틈조차 없다. 지금은 비슷한 종류의 숍들이 몇 개나 새로 생겨서 그나마 좀 나아졌지만 그만큼 더 많은 젊은이들이 이 거리를 찾고 있다. 온다고 해도 꼭 뭔가를 사는 일은 점점 드물어지지만 그래도 그녀에게 에티엔 마르셀은 빼먹을 수 없는 동네다. 이번 여행에서도 그녀는 망설임 없이 하루를 여기에서 보내기로 마음먹었다. 매번 파리에 올 때마다 늘어나는 구제 가게들을 보고 여기 와서 이런 구제 옷 장사나 하면서 살면 좋겠다는 얘기를 그와 몇 번이나 나누었던가. 아차 하는 순간 이미 그녀는 또 그의 생각에 빠져 버렸다. 이렇게 방심하다니, 머리가 다른 생각을 할 수 없도록 눈이 바빠져야겠다고 생각한 그녀는 오늘 제대로 구제 숍 투어를 하기로 마음먹었다.

항상 먼저 들르는 '킬리워치'와 10유로 정도면 원피스 하나를 살 수 있는 '46) 프리피스타(FREE 'P' STAR)'를 돌아 세 번째로 '47) 알

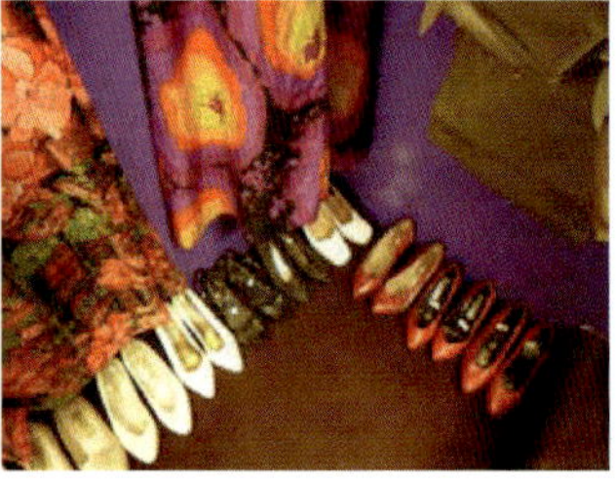

47) 알리종 & 샤샤(Allison & Sasha)
add **16 rue Etienne Marcel 75002 paris**
tel **01-42-33-28-47**
metro **M4 Etienne Marcel**
url **www.allisonetsasha.com**

리종 & 샤샤(Allison & Sasha)'에 들어갔다. 겉으로 보면 1층의 작은 공간밖에 보이지 않아 별로 크지 않은 줄 알았는데 들어가 보니 1층보다 훨씬 넓은 지하 1층이 기다리고 있었다. 다른 구제 매장들에 비해 깔끔하게 정리되어 있어서 우선 보기에 편하고 사람도 별로 없어서 쇼핑하기에도 좋다.

그녀는 일단 1층에서 티셔츠와 스커트를 구경하고 지하 1층으로 내려갔다. 내려가는 계단 중간쯤에 놓인 빨간 빈티지 구두들이 그녀의 시선을 사로잡았다. 그냥 보는 걸로 모자라 구두 앞에 쪼그리고 앉아 신어 보자 마치 신데렐라의 유리구두처럼 그녀의 발에 꼭 맞았다. 빈티지 옷은 가끔 입어도 신발은 빈티지를 신어본 적이 없는데도 이상하게 그 신발은 자꾸만 눈이 갔다. 그래도 이건 아니지 하고 아래층으로 내려가 다른 물건을 구경하는 동안에도 그녀는 자꾸만 계단에 놓인 빨간 구두에 신경이 쓰였다. 고작해야 20유로가 조금 넘는 가격. 사도 크게 문제될 건 없지만 사서 신지도 않을 물건에 돈을 쓰고 싶지는 않다. 그런데도 신발이 자꾸만 말을 건다면 이건 사는 수밖에 없다. 그녀는 결국 그 신발을 집어 들고 계산대로 향했다. 이번 여행에서는 이상하게 평소에는 사지도 않던 물건들에 계속 손이 간다.

'나도 모르는 사이에 내 취향이 조금씩 변하고 있는 건가?'

'어쩌면 원래부터 이런 게 내 취향이었는지도 모르지.'

몇 년 동안이나 한 남자와 만나는 사이, 내 자신은 없어지고 그가 좋아하고 그가 좋아할 것 같은 모습으로 자신을 꾸미고 있었던 게 아닐까 하는 생각까지 미치자 지금 이렇게 사는 물건들이 원래 자기 것인 양 느껴지고 돈이 하나도 아깝지 않았다. 이제야 진정한 자신으로 돌아오는 과정이다.

에티엔 마르셀이라고 구제 매장들만 있는 건 아니다. 프랑스에 총 6개의 매장밖에 없어서 더욱 희소가치가 있는 '48) 일레븐 파리(ELEVEN PARIS)'에는 온통 모던하고 심플한 의상으로 가득 차 있다. 아무 무늬도 없이 컬러별로 진행되는 기본 티셔츠는 25유로로 부들부들한 면이 손에 닿으면 부드러운 촉감이 좋다. 남색, 파랑, 에

48) 일레븐 파리(ELEVEN PARIS)
add 32 rue etienne marcel 75002 paris
tel 01-42-33-30-64
metro M4 Etienne Marcel
url www.elevenparis.com

49) 58m
add 58 rue montmartre 75002 paris
tel 01-40-26-61-01
metro M4 Etienne Marcel
url www.58m.fr

메랄드, 초록, 노랑 등등 어느 컬러를 골라도 다른 컬러에 대한 아쉬움이 남을 정도로 모든 컬러가 매력적. 장식이나 과다한 무늬보다는 단순하면서 컬러만으로 포인트를 준 스타일이라 격식을 차리는 자리가 아니라면 어디서든 편하게 입을 수 있다.

그녀는 지금 조금 전에 충동적으로 구매한 빨간 구두에 어울릴 만한 드레스를 찾기 위해 에티엔 마르셀의 가게들을 이 잡듯 뒤지고 있다. 모던한 'ELEVEN PARIS'에서는 마음에 드는 걸 찾지 못했고, 다음에 들어간 '49) 58m'에서는 마음에 쏙 드는 걸 찾기는 했는데 문제는 가격. 오픈한 지 5년이 된 이 셀렉트 숍에는 겉으로 보기에도 고급스러운 분위기가 흐르고 있었다. 모아놓은 물건도 레페토, 마크제이콥스, 꼼데가르송처럼 고급 브랜드가 전부. 여러 브랜드에서 모아놓았기는 해도 각각이 조화롭게 잘 어울려서 마치 하나의 새로운 브랜드인 느낌이 들었다. 가격이 비싸기도 했지만 옷보다도 슈즈나 백, 주얼리 등 액세서리에 좀 더 치중한 곳이랄까. 결국 이번 가게에서도 실패. 그리고 마지막으로 들어간 곳이 '50) 야야(YAYA)'.

아마 우리나라 사람들에게는 가장 무난하고 인기가 있을 만한 곳이 아닐까 싶다. 가게에 들어서자마자 핑크색의 플랫 슈즈가 그녀

50) 야야(YAYA)
add 55 rue Montmartre 75002 paris
tel 01-40-39-92-89
metro M4 Etienne Marcel
url www.yayastore.fr

의 마음을 흔들었다. 그래도 이제 신발은 '그만'이라며 그녀는 스스로를 달래고 원피스가 걸린 코너로 걸음을 옮겼다. 빽빽하게 꽂힌 옷들 중에 레이스가 달린 하늘거리는 원피스가 눈에 띈다.

'빈티지한 빨간 구두에는 레이스가 제격이지.'

사실 꼭 필요한 것도 아니고, 산다고 지금 당장 입을 것도 아니면서 그녀는 구두에 어울리는 옷을 찾아 한참을 헤맸다. 이렇게 맹목적인 쇼핑은 생각의 깊은 곳까지 이르게 하는 걸 순간적으로 멈출 수는 있지만 근본적인 해결책은 못 된다. 자칫하다가는 집에 갈 차비까지 모조리 다 써 버리겠다는 생각이 들자 그녀는 당장에 에티엔 마르셀 거리를 벗어나 무작정 걸었다. 많이 걸은 것 같지도 않은데 새로운 거리에 들어섰다. 저기 반짝거리는 건물이 보인다. 그리고 스케이트장도 보인다. 회전목마도 있고 스케이트장도 있는 걸 보니 여긴 '51) 시청(Hôtel de Ville)'이다. 어릴 때 몇 번이나 시도해봤지만 결국 스케이트 타기에는 소질이 없는 그녀는 쌩쌩 소리를 내며 앞으로 밀고 나가는 스케이트를 보기만 해도 온몸이 오싹거린다. 속도감 있는 스케이트보다는 답답할 정도로 천천히 움직이는 회전목

마가 몇 배는 낫다.

도쿄에는 하늘 가까이 닿을 수 있는 관람차가 곳곳에 있는 반면, 파리에는 '이런 곳에도?' – 예를 들어 사람들이 거의 지나다니지 않는 길모퉁이나 썰렁한 동네 공터 – 하고 놀랄 만한 곳에도 어김없이 회전목마가 있다. 그런 곳에 비하면 시청 앞은 당연히 회전목마가 있어야 할 자리. 어린아이 몇 명이 회전목마를 타고, 그 앞에서 자신들을 꼼짝하지 않고 서서 지켜봐주는 엄마, 아빠에게 손을 흔들고 있었다. 누군가 나를 확실하게 보호해준다고 믿던 게 언제까지였는지 잘 생각이 나지 않아 그녀는 한참을 회전목마를 바라보며 생각에 잠겼다.

그와 헤어지면서 그녀를 지켜주고 있던 보호막이 떨어져 나간 걸까? 과연 누가 누구를 지켜준다는 것이 가능한 것일까? 만약 그가 그녀를 지켜줬다면 그녀 또한 그를 지켜줬어야 되는 게 아닐까 하고 그녀는 막연히 생각했다. 자기 스스로도 지키지 못하는데 남을 어떻게 지켜준단 말인가? 지금까지 이런 생각은 해본 적이 없었다. 그가 대체 왜 자신을 떠났는지 아무리 이해하려고 해도 그 이유를 알 수가 없었다.

'그래, 그가 날 떠난 건 어쩌면 이런 이유였는지도 모르겠어.'

결혼이라는 건 일방적으로 한쪽이 한쪽을 지켜주는 게 아니다.

서로 기대고 의지하고 믿을 수 있어야 하는데, 그녀에게 그건 무리였다. 당연히 남자가 여자를 보호해줘야 한다고, 그게 진정한 사랑이라고 믿었다. 그런 생각을 갖고 있었으니 그에게 그녀와의 결혼은 어깨에 무거운 짐을 얹는 것과 마찬가지였다. 이제야 모든 것이 이해가 된다. 막혔던 한 곳이 풀리자 모든 것이 이해가 되기 시작한다. 만약 이것이 헤어짐의 완벽한 이유가 아니라 할지라도 아마 그와 비슷한 것이리라. 회전목마에서 시작한 생각은 꼬리에 꼬리를 물어 헤어짐의 이유까지 도달했다. 이것이 바로 여행의 위대한 점이라고 그녀는 고개를 끄덕인다. 예상치 못한 것에서 의외의 답을 얻는 것. 이런 순간에 이렇게 객관적으로 자기 자신과 지금의 상태를 볼 줄 알다니, 여행을 오지 않았다면 절대 하지 못했을 일이다. 그녀는 스스로에게 상을 줘야겠다는 생각과 함께, 빨간 구두와 레이스 원피스를 사길 잘했다고 다시 한번 생각했다. 그리고는 손에 가득 든 종이가방을 보며 코너 하나를 돌면 나오는 올리브 색깔의 카페, '52) 델리안(Delyan)'에 들어갔다.

파리의 많은 카페가 예스러운 분위기를 띠고 있는 데 비해 모던한 컬러가 인상적인 이곳은 외관부터가 눈에 띈다. 점심시간에는

52) 델리안(Delyan)
add 8 rue Saint Martin 75004 Paris
tel 01-42-78-35-59
open 월~일 12:00~19:30
metro M 1·4·7·14 Chatelet
url www.delyan.fr

간단한 식사 메뉴도 판매하는데 그녀가 들어선 시간은 이미 저녁. 음료 하나와 디저트 하나를 함께 시키면 7유로로 저렴한 세트 메뉴가 있어 그녀는 세상에서 가장 달콤한 유혹이라는 누텔라가 발린 케이크 한 조각과 티팟에 정성 들여 나오는 차 한 잔을 주문했다. 이곳에 앉아 카페에 들어서는 사람들을 무심코 바라보고 창문 밖으로 지나가는 사람들을 아무 생각 없이 바라본다. 전에 없이 마음이 편안하다. 마음속에 자리 잡고 있던 무거운 짐 하나가 떨어져 나간 기분이다. 그녀는 이만하면 여행을 할 가치가 충분히 있겠다고 생각하며 따뜻한 찻잔을 입으로 가져갔다.

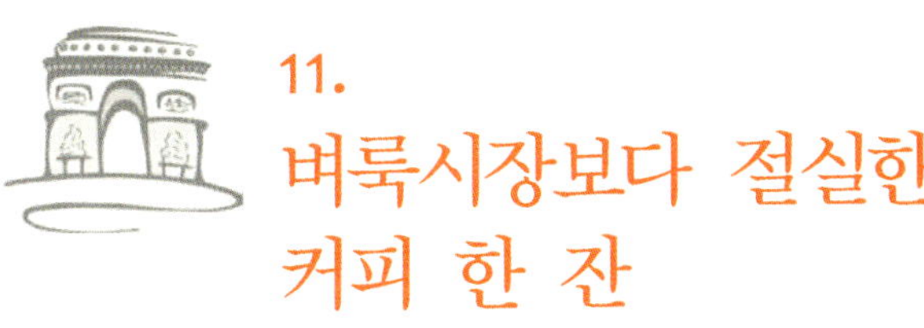

11.
벼룩시장보다 절실한
커피 한 잔

하루하루는 더디게 가는 것 같은데 일주일은 금세 지나간다. 어느새 다시 한 바퀴를 돌아 새로운 주말. 기대를 가지고 가면 결국 실망만 해서 돌아오는 게 벼룩시장이란 걸 알면서도 혹시나 싶은 마음에 한 번은 찾게 되는 게 또 벼룩시장이다. 민박집 주인 부부는 주말이면 민박집 손님들을 데리고 벼룩시장에 나들이 가는 게 취미인 사람들로, 이번 주말도 예외는 아니었다. 지난 주말은 민박집에 손님도 별로 없고 벼룩시장에 흥미를 가진 사람도 없어 건너뛰었는데, 주인 부부는 은근 아쉬운 얼굴이었다. 그녀는 별로 내키지 않았지만 혼자만 안 간다고 하기도 그래서 다 힘께 방브로 항했다.

파리에는 수많은 벼룩시장이 있다. 주말이면 동네마다 장터에서 작은 벼룩시장이 열린다. 아침 일찍 신선한 과일을 사러 가는 김에 재미난 물건들을 구경하는 재미가 쏠쏠한데 이렇게 작은 규모가 아닌, 큰 벼룩시장은 파리 시내에 3개 정도.

방브와 생투앙, 몽트레유가 파리를 대표하는 벼룩시장 베스트

53) 방브(Marché aux Vanves)

54) 생투앙(Marché Saint Ouen)

3이다. '53) 방브(Marché aux Vanves)'는 가장 편안하고 무난한 곳으로 빈티지 단추나 접시, 옷, 스카프같이 평소에도 사용할 수 있는 아이템들이 많고 너무 크지도, 작지도 않아서 2시간 정도면 대강 둘러볼 수 있다. 그에 비해 '54) 생투앙(Marché Saint Ouen)' 벼룩시장은 적어도 둘러보는 데 반나절 이상은 잡아야 할 정도로 큰 편인데, 주로 앤티크 가구와 소품이 많아서 여행객들이 가서 살 만한 것들은 별로 없지만 구경하기에는 나쁘지 않다. 마지막으로 '55) 몽트레유(Marché Montreuil)'는 집에서 사용하던 물건을 들고 나오는 사람이 많아서 말 그대로 진짜 벼룩시장이다. 그래서 그런지 대강 펼쳐놓고 파는 사람이 많은 대신, 가격은 저렴해서 잘 고르면 괜찮은 물건을 살 가능성이 높다.

민박집 부부는 주로 방브를 찾는데, 길도 한산하고 사람도 크게 붐비지 않아 적당히 벼룩시장 분위기를 느끼면서 돌아보기에 좋기 때문이다. 그녀는 이미 몇 번 와 보기도 했고 기대도 하지 않아서인지 역시 도착한 지 10분도 채 되지 않아 여기서 살 거라고는 아무것도 없다고 직감했다. 그런 생각에 무리보다 앞서서 척척 걸어가다

55) 몽트레유(Marché Montreuil)
metro M9 Porte de Montreuil

뒤를 돌아보니 벼룩시장이 처음인 귀여운 20대의 소녀들은 한 걸음 뗄 때마다 뭐가 그리 신나는지 꺅꺅 소리를 지르며 즐거워한다. 그곳에 흥미를 잃은 사람은 그녀와 B, 둘뿐. 결국 그들은 주인부부와 어린 소녀들을 남겨둔 채 바스티유로 가기로 했다. 아무래도 20대 후반은 벼룩시장을 보고 감탄할 나이는 지난 것이다. 그것보다는 차라리 마음에 드는 곳에서 깔끔한 커피 한 잔이 더 매력적인 나이. A도 함께 갔으면 좋았을 텐데, 그는 지방에 있는 수도원에 며칠 묵을 계획이라며 벼룩시장에서 곧바로 리옹 역으로 가 버렸다.

일요일에는 카페도 대부분 문을 닫는다. 유명한 관광지라도 일요일은 철저하게 쉬는 곳이 많아서 여행객은 늘 불편함을 느낀다. 특히 우리나라 사람처럼 주말은 물론이고 24시간 문을 연 카페늘이 수두룩한 곳에 살던 사람이라면 그 불편함은 더하다.

바스티유도 예외가 아니라, 주말에노 문을 닫은 곳이 많아시 걱정했는데 다행히 그녀가 며칠 전부터 가려고 마음먹었던 곳은 사람들로 가득한 채 한창 영업 중이었다. 최근 바스티유의 핫한 카페로 떠오른 '56) 포즈 카페(Pause cafe)'는 빨강과 검정 컬러의 테이블이

56) 포즈 카페(Pause cafe)
add 41 rue de Charonne 75011 paris
tel 01-48-06-80-33
open 월~토 7:45~02:00, 일 9:00~20:00
metro M8 Ledru Rollin

반듯하게 정리되어 있고 한쪽 벽에는 네모난 액자들이 여유롭게 붙어 있었다. 추운 겨울이라 야외 테이블에 앉은 사람들은 거의 없고 다들 실내에 앉아 아직 오후인데도 맥주를 들이켜고 있었다. 지나가다가 언뜻 본 것에 비해 실제로는 더 넓어서 사람이 많은데도 별고 복잡한 느낌은 들지 않는다. B와 그녀도 자리를 잡고 앉아 메뉴판을 읽기 시작. 일요일에만 파는 브런치 메뉴도 있다. 낮 12시부터 오후 4시까지 판매하는 이 메뉴는 음료와 빵, 메인 메뉴, 그리고 디저트까지 포함해서 19.5유로. 다른 것에는 결정도 빠르고 고민하는 일도 별로 없는 게 그녀의 타고난 성격인데 유독 음식을 고를 때에만 우유부단해진다. 게다가 프랑스어로 적힌 메뉴판이니 원래보다 한참은 더 고민해야 한다. 날은 추운데 이상하게 따뜻한 것보다 차가운 게 당긴 그녀는 아이스 아메리카노가 있는지 아무리 눈을 씻고 찾아봐도 메뉴판에 아이스란 단어는 없다. 파리의 카페에는 거의 대부분 아이스 커피를 팔지 않는다. 혹시나 싶어서 종업원에게 물어 보니 메뉴판에는 없는데 만들어 준단다. 조금 의심스럽기는 했지만 일단 한번 믿어 보기로 하고, 그녀는 차가운 커피를 B는 따뜻한 커피를 주문했다.

조금 후, 종업원이 의미심장한 얼굴로 들고 온 차가운 커피는 한마디로 설탕 커피. 레시피도 없는 걸 자기들 마음대로 대강 만든 느낌이다. 그래도 뭐 어쩌랴. 불어도 되지 않고 된다고 해도 뭐라고 할 말도 없어서 그냥 먹기로 결정. 달달한 맛이 먹을수록 입에 착 달라붙어 결국 몇 모금 만에 한 잔을 홀라당 다 먹어 버렸다. B와 그녀는 한 살 차이로, 그녀가 한 살 더 많았지만 굳이 여기까지 와서 누나라고 불리며 나이 든 티를 낼 필요는 없다고 생각한 그녀는 B와 그냥 친구가 되기로 했다. 많은 나이는 아니지만 갈수록 한 살 차이 같은 건 별로 아무것도 아니라는 생각을 자주 했기 때문이다. 나이가 많다고 더 많은 경험을 한 것도, 더 어른스러운 것도 아니므로.

여행을 오는 데 무슨 특별한 이유가 없는 사람도 많다. 여행 그 자체가 목적인 것이다. 그래서 그런지 여행에서 만난 사람들끼리 여행을 왜 왔느냐는 질문은 한편으로 좀 우문이다. 그런데도 B는 그녀에게 어리석은 질문을 던졌다, 여행의 이유에 대해. 다른 여행객처럼 열심히 관광을 하는 것도 아니고 마치 억지로 하루를 보내는 듯한 그녀의 모습이 B의 눈에는 영 이상해 보였다. 막상 질문을 받고 보니, 실연을 당해서 여행을 왔다고 말하기에는 스스로가 부끄러웠다. 시기에 웃기기까지 했다. 답을 찾던 그녀는 그냥, 20대가 끝나갈 때 오는 우울증 때문이라고 돌려 말하면서 언제 실연이 이렇게 우스운 일이 되었는지 골똘히 생각했다.

12.
지금 가장 뜨거운 가게들

향수는 여자들의 로망이자 남자를 위한 매너다. 프랑스는 향료 식물을 재배하기에 최적화된 자연과 오트쿠튀르의 영향으로 가히 향수의 왕국이라 할 수 있다. 가죽과 라벤더로 유명한 프랑스 남부의 그라스 지방이 바로 향수의 고향으로 17세기 루이 14세 시대부터 향수가 산업으로 발달하기 시작했다. 이런 환경에서 자란 프랑스인들이기에 향수를 중요시하는 건 당연지사. 그와 더불어 향초도 프랑스인들의 사랑을 받는 아이템 중의 하나. 그래서 프랑스에서는 어느 백화점에서 가도 향수와 향초 코너는 따로 마련되어 있다. 그만큼 종류도 많아서 각자 취향에 따라 골라서 쓰면 되는데, 그녀도 파리에만 오면 꼭 사가는 제품이 있다. 바로 '딥디크'의 제품으로 우리나라에서 유독 유명한 브랜드.

향수라고 해도 잘 알려진 브랜드밖에 모르던 20대 초반, 그가 그녀에게 처음 선물해준 제품이 바로 딥디크의 필로시코스 향수였다. 그리스어로 '무화과나무의 친구'라는 이름처럼 무화과나무의 향이 담긴 그 선물을 받은 이후, 그녀는 계속 같은 향만 고집했다. 지금은 마치 그 향이 그녀 몸에서 나는 향인 듯한 착각이 들 정도로 그녀의 몸에 익숙해져 버렸다. 향수도 좋지만 은은한 향이 퍼지는 캔들도 그녀 마음에 쏙 들어서 집에 혼자 있을 때면 하나씩 켜놓는 습관도 생겼다. 집에서는 큰 사이즈의 향초를 두고 쓰다가 그와 함께 여행을 갈 때면 빼먹지 않고 작은 사이즈의 초를 챙기는 것 또한 그녀의 오랜 습관. 여행 짐을 꾸릴 때 칫솔이나 치약을 챙기는 것처럼 당연한 필수품이랄까. 그래서 아무리 바빠도 백화점에 들려 딥디크의 제품을 사서 가고는 했는데 이번 여행에서 그녀는 백화점이 아닌 본점을 한번 찾아가 보기로 했다. 어젯밤 그녀는 인터넷을 켜고 본점의 주소를 찾아 메모를 했다. 어디서 많이 본 것 같은 글씨를 적고는 순간 깜짝 놀랐다. 단순한 디자인인 줄 알았던 향수병에 적힌 글자들이 알고 보니 본점의 주소였던 것. 프랑스에서는 주소만 알면 생각보다 쉽게 어디든 찾아갈 수 있다.

오전 11시, 그녀는 지금 메트로 10호선의 Maubert-Mutualite 역에 서 있다. 여기서부터는 벽에 붙은 거리의 이름을 보고 찾아가야 한다. 건물에는 그 거리의 이름이 붙어 있고 도로를 기준으로 한쪽으로는 홀수로 번지가 붙어 있고 반대편으로는 짝수로 번지가 나열되므로 주소를 보고 찾아가는 건 어렵지 않았다. 저기 멀리 드디어 매장이 보인다. 남들은 아무도 알지 못하고 그녀 혼자 목표한 곳에 이르렀지만 이런 경험은 스스로에게 꽤 큰 만족을 준다. 처음 지하철역에 내려 길을 따라 걸으면서 그녀는 속으로 은근 조바심을 냈었다.

'이만큼 걸었으면 이쯤에서 보여야 하는데!' 혹은 '이 길이 정

57) 딥디크(diptyque)

add 43 boulevard saint germain 75005 paris
tel 01-43-26-77-44
open 월~토 10:00~7:00, 일요일 휴무
metro M10 maubert Mutualite
url www.diptyqueparis.com

말 맞는 거야?'라는 식의 반신반의하는 마음이 발걸음을 점점 빨라지게 만들었다. 그리고 그녀의 눈에 매장이 보였을 때 느끼는 뿌듯함. 작은 일에서도 충분히 기뻐할 수 있다는 사실이 놀랍다.

'57) 딥디크(diptyque)' 매장에 들어서자 오래된 본점에서 느낄 수 있는 고전적인 인테리어와 타임머신을 타고 옛날로 돌아간 듯한 분위기에 그녀는 흠뻑 취했다. 그리 크지는 않지만 매장을 가득 채우고 있는 향수와 캔들은 셀 수 없을 정도로 많다. 이른 시간이라 손님은 그녀 혼자뿐이었다. 그녀는 천천히 둘러보며 하나씩 향을 맡아보기 시작했다. 처음부터 향수의 진한 향을 맡으면 향초의 향은 거의 느낄 수 없을 것 같아 향초부터 손에 들자, 그 모습을 지켜보던 점원이 와서 향을 맡아보는 방법을 설명해준다. 향초의 향을 제대로 맡으려면 쿠션에 향초를 엎은 후, 초는 그대로 두고 케이스를 들어 그 향을 맡아야 한다. 점원의 가르침에 따라 하나씩 향을 맡

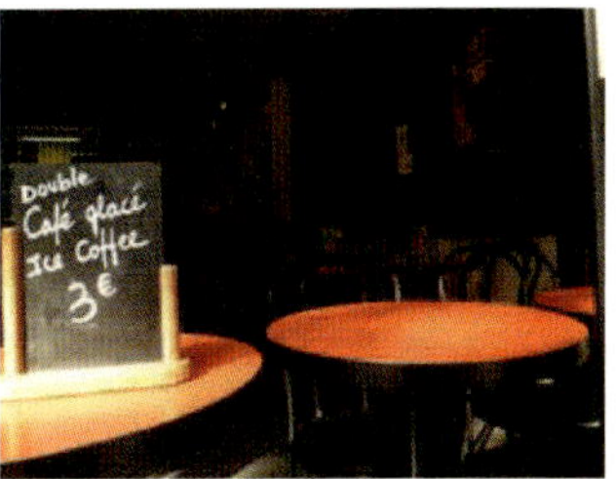

58) 세가프레도(Segafredo)
add **72 boulevard saint germain 75005 paris**
metro **M10 maubert Mutualite**
url **www.segafredo.fr**

아본 그녀는 큰 사이즈의 가데니아 향을 하나 골랐다. 치자나무의 하얀 꽃으로만 만들어 잘 때 마음을 안정시킨다는 설명이 그녀의 마음을 이끌었다. 우리나라에서 사면 10만 원이 조금 못 되는 가격인데 여기서는 그래도 42유로 정도로 그나마 저렴하게 구입할 수 있다.

다시 역으로 돌아가는 길, 아까부터 봐놓은 카페 '58) 세가프레도(Segafredo)'가 있다. 서울에도 고작 세 군데밖에 없는데도 그녀는 세가프레도를 꽤나 좋아한다. 그녀가 자주 찾는 서울의 한곳에는 직접 만든 티라미수가 일품이라 혼자서도 종종 가서 사 먹곤 했었는데 파리에서 세가프레도 매장을 본 건 처음이다. 이탈리아에서 시작한 브랜드인 만큼 유럽 곳곳에서 발견되기도 하지만 지금 파리에서 스타벅스가 무섭도록 매장을 늘리는 것에 비하면 아주 보기 힘든 편이다. 큰길가에 무심하게 자리한 카페는 동네 커피 집처럼 소박한 분위기가 흐른다. 추운 날씨에도 야외 테이블에는 한 할아버지가 앉아 하루 종일 읽어도 못 읽을 것 같은 두꺼운 책을 읽고 있었다. 마치 남는 시간을 어쩌지 못해 커피 한 잔과 무거운 책으로 겨우 하루

하루를 보내는 듯한 얼굴. 그녀에게 이제 하루 한 잔의 커피는 일상이 되었다. 일할 때는 바쁜 와중에 급하게 사서 사무실로 들어가거나 이동하면서 대강 들이켜던 커피를 이제는 하루 일과 중 가장 오랜 시간을 투자해 천천히 음미하며 마신다. 그 시간이 무엇보다 소중하다. 매일 오늘은 어디를 가서 커피를 마실지 계획한다. 오늘은 어디를 갈지 미처 정하지 못했는데 뜻하지 않게 마음에 드는 곳을 발견했다. 익숙한 커피 잔에 익숙한 메뉴. 오늘은 메뉴를 고르는 데 오래 걸리지 않을 것 같다. 카페 알롱제와 간단한 샌드위치를 주문하고 그녀도 할아버지 옆 테이블에 앉았다. 할아버지는 오래 앉아 있었던 듯 손이 파래져 있었다. 주문한 커피가 나올 때쯤엔 그녀는 이미 너무 추워서 도저히 밖에 앉아 있을 수 없는 상황. 이럴 때 유창한 불어를 할 수 있다면 얼마나 좋을까, 생각한다. 이렇게 추운데 입술이 파래지도록 도대체 왜 밖에 앉아 계시는지 물어 보고 싶었는데.

커피 한 잔에 1.8유로. 매력적인 가격이다. 실내에 들어와 창문 바로 옆 자리에 앉은 그녀도 할아버지처럼 가방에 넣어온 책을 꺼냈다. 조금 전에 구입한 향초도 꺼내서 커피를 마시며 이따금 향을 맡아본다. 이제는 추억의 향이다.

'언젠가는 이 향초를 보면서도 그를 떠올리지 않고 새로운 생각을 할 날이 오겠지.'

지금은 그렇게 되기만을 간절히 바라지만 막상 그런 때가 온다면 조금 씁쓸할 것도 같다. 추억은 그렇게 만들어지고 그렇게 소비되는 것이다.

천천히 커피를 마시고 책을 읽었는데도 아직 한참 낮이다. 여행자가 여행지에서 할 일이라고는 사실 먹고 구경하는 게 전부. 먹었으니 이제 구경할 차례다. 에디터로 몇 년이라 일한 덕에 파리의 최신 트렌드나 소위 핫플레이스라고 말하는 곳은 대강 다 알고 있다. 몰라도 누군가 옆에서 알려준다. 이번에 파리에 올 때도 지인들이 몇 군데 추천해주기도 해서 오늘 오후는 그중 몇 군데를 둘러볼 예정이다. 그녀가 멋대로 붙인 오늘 오후의 주제는 '파리 핫플레이스 탐방.'

그 1호는 메트로 8호선 Filles du Calvaire 역에 내려 조금 걷다보면 만날 수 있는 '[59] 보스켈(voskel)'. 매장에 들어서자 아저씨 얼굴을 그려 넣은 커다란 연두색 물방울 모양의 오브제가 곳곳에 매달려 있다. 콧수염을 기른 할아버지, 코주부 남자 등 다양한 얼굴이 연두색, 하늘색, 검은색의 물방울 위에 그려져 있다. 불도그가 그려진 핑크색 미니카와 흥미로운 그림들이 벽을 장식한 모습이 눈에 띄고, 동시에 그 그림들이 그려진 티셔츠도 판매 중이다. 한마디로 이곳은 많은 작가의 작품이 전시된 갤러리이자 그들의 작품을 활용한 의류를 파는 복합문화 공간. 중후하고 무거운 작품보다는 재치가 있고 유머러스한 분위기라서 조금 가라앉았던 그녀의 기분도 유쾌해졌다.

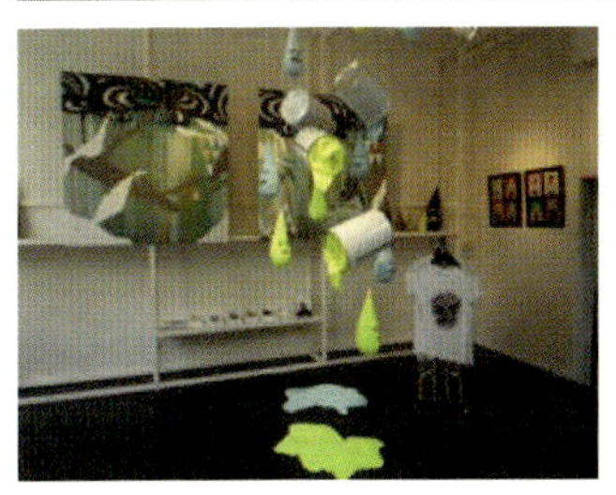

59) 보스켈(voskel)
add 5 rue Jean-Pierre Timbaud/141
      rue Amelot 75011 Paris
tel 01-43-55-44-68
metro M8 Filles du Calvaire
url www.voskel.com

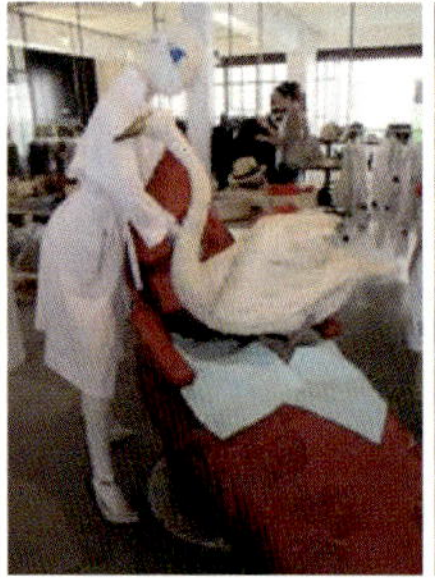

이왕 거기까지 갔다면 빼먹지 말고 들려야 할 곳이 또 하나 있는데, 2009년에 문을 연 '60) 메르시(Merci)'. 프랑스의 고급 아동복 브랜드인 봉 푸앙의 오너가 경제적인 목적이 아닌 어려운 사람들을 돕고자 하는 마음으로 운영 중이다. 파는 물건은 따로 한계를 정해두지 않고 자유로운 편으로 문구류부터 의류, 인테리어 제품까지 다양하고 또 수시로 바뀌기도 한다. 좋은 의도로 오픈한 곳답게 여러 유명 브랜드도 함께 참여해서 시중가보다 30% 이상 저렴하게 살수도 있다. 입구에는 클래식한 모습의 피아트 500이 떡하니 서 있는데 자주 자동차의 색도 모양도 변한다. 여기에만 오면 그녀는 잔뜩 신이 난다. 둘러보는 것만으로도 충족된다. 오늘은 꽃을 꽂아두는 투명 비닐을 몇 개 샀다. 꽃을 좋아하는 지인에게 선물하면 아마 좋아하겠지. 때로는 나를 위한 소비보다 남을 위한 소비가 더 큰 기쁨

이 되어 돌아온다. 비싼 것도 많지만 저렴하고 아이디어가 돋보이는 제품들도 많아서 그녀는 보통 재미난 것들을 자주 구입했었다. 매장 옆에는 꽃집과 카페도 함께 있어서 시간이 여유로운 여행자라면 하루를 이곳에서 보내는 것도 색다른 여행의 방법이 될 수 있다.

그리고 오늘 탐방의 마지막 매장, '61) 봉통(bonton)'. 요즘 트렌드의 키워드 중 하나가 바로 **baby**일 정도로 아기 용품이나 의류가 점점 관심을 끌고 있는데, 프랑스에서는 이미 예전부터 시작되었다. 많은 브랜드에서 당연하게 베이비라인이 나오고 아기 옷이라고 해서 알록달록한 것만 있는 게 아니라 깔끔하고 톤 다운된 것들도 많다. bonton은 bonpoint(봉뿌앙)의 동생 격이랄까, 조금 더 저렴한 브랜드다. 같은 디자이너들이 디자인하고 같은 공장에서 생산된다고 하니, 봉뿌앙이 좀 부담스러웠다면 bonton에서 좀 더 편한 쇼핑을 즐길 수 있다. 아기를 위한 모든 것이 구비되어 있는데 그녀처럼 아기가 없는 사람도 혹해서 뭐라도 하나 사고 싶게 만든다. 대부분 별 무늬 없이 컬러별로 진행되는 디자인이 많고 머리끝에서 발끝까지 필요한 것들은 다 준비되어 있다. 특이하게 매장의 한쪽에는 어린이용 미용실이 있어서 머리 자르는 걸 죽어라 싫어하는 아이들을 데리고 오면 주위의 귀여운 장난감들이 좀 더 쉽게 머리 자르는 걸 도와준다.

　조금씩 거리는 있지만 그래도 근처에 자리 잡고 있는 매장 3개를 모두 둘러본 그녀는 슬슬 걸어 마레 쪽으로 내려왔다. 마레에는 수많은 카페가 있고 유명세를 치르고 있는 곳들도 많지만 그중에서도 파리지앵들에게 특히 인기가 높은 '62) 트레종(Tresor)'이 있다. 오늘 주제가 주제이니만큼 카페 하나도 아무 곳이나 들어갈 수 없다. 스스로 정해놓은 룰도 꼭 지켜야 하는 게 그녀의 고지식한 성격. 마레의 중심 길에서 한 블록 들어간 곳에 있어서 관광객들은 쉽게 찾기가 어려운 만큼 진짜 마레를 잘 아는 사람만 갈 수 있는 곳. 최근 옆 가게까지 확장해서 두 배로 넓어졌다. 쉬지 않고 한참을 돌아다녔더니 낮에 커피를 마신 게 마치 어제 일처럼 아득하다. 어느새 해는 어둑어둑해졌고 두말없이 따뜻한 게 먹고 싶어진다. 아직은 겨울이고 밤은 길다.

62) 트레종(Tresor)
add 5/7 rue du tresor 75004 paris
tel 01-42-71-35-17
metro M1 saint-Paul

13.
파리에서 상상 가능한
모든 데이트

　민박집의 좋은 점이라면 때에 따라 동행을 만들 수도 있고, 혼자가 될 수도 있다는 것. 오늘은 B와 함께 '63) 뤽상부르 공원(Jardin du Luxembourg)'에 가기로 했다. 가기 전에 먼저 마트에도 들려야 한다. 파리의 마트에는 저렴하고 맛난 것들이 가득하다. 3유로면 커다란 티라미수 케이크 한 판을 통째로 즐길 수 있고 세계 각지의 맥주도 마음껏 마실 수 있으며 우리나라에서는 맛볼 수 없는 다양한 버터와 치즈도 언제나 준비되어 있다. 그녀는 여행을 갈 때마다 그 나라의 시장구경도 좋아하지만 그에 못지않게 마트 구경도 즐긴다.

시장에서는 과일이나 야채가 주요 쇼핑 목록이라면 마트에서는 커피와 초콜릿, 치즈를 꼭 챙긴다.

겨울의 공원은 나뭇잎 하나 없는 썰렁한 나뭇가지들만 보이고 그 사이로 바람이 쌩쌩 불어 더욱 앙상한 기분이 들게 한다. 그래도 가끔 오늘처럼 해가 비치는 날에는 많은 파리지앵이 점심식사를 즐기러 공원으로 나온다.

그녀와 B는 마트에 들러 케이크며 달달한 과자를 잔뜩 샀다. 그리고 민박집 주인아주머니에게 보온병 하나를 빌려 따뜻한 커피도 담았다. 파리에는 테이크아웃되는 커피 전문점이 많지 않다. 혹시나 공원 근처에서 그런 곳을 발견하지 못하면 커피를 마실 수 없는 상황에 이르므로 미리 보온병을 준비했다. 양손 가득 음식들을 들고 공원으로 가자니 마치 피크닉이라도 가는 분위기다. 이미 공원에는 샌드위치로 점심을 즐기는 사람들이 자리를 잡고 있었다. 그 옆에 그녀와 B도 의자를 끌어다 앉고 가지고 온 음식들을 풀었다. 어차피 앙상한 나무 구경을 하러 온 것도 아니고 공원에서 점심을 먹는다는 것 자체가 여기까지 온 유일한 목적. 혼자 공원에 앉아 있으면 아마 10분, 아니 5분도 채 못 되어 뭔가 불안하고 조급한 마음에 일어섰을 텐데 누군가와 함께 있으니 놀랍도록 마음이 편안해진다.

준비해간 음식을 깨끗하게 비운 후, 둘은 무작정 걷기 시작했다. 그리고 걸으면서 끊임없이 이야기했다. 지도도 없이 마음 내키는 대로, 아무렇게나 걷는 게 바로 파리의 참맛. 걷다 보니 눈앞에 Saint-sulpice 역이 보이고 주변에는 다시 쇼핑가들이 펼쳐졌다. 지방 수도원으로 내려간 A와 다르게 B는 그녀처럼 쇼핑에 꽤 흥미를 느끼는 사람이라 둘은 마음이 동하는 곳이 있으면 귀찮아하지 않고 차례차례 들어가 구경했다.

언젠가부터 그녀에게는 책도 패션만큼이나 허영의 일부로 자리 잡았다. 지적인 허영이라고 해도 좋은 책에 대한 집착은 파리에 와서도 계속되어 유명한 서점은 빼먹지 않고 가보는 편인데, '64) 리브레리 7L(Librairie 7L)'도 그중 하나. 마침 근처라 그녀는 B까지 데리고 서점으로 향했다. 별로 크지도 않고 골목 사이에 있어서 찾기도 쉽지 않은 이 서점이 유명한 이유는 샤넬의 수석 디자이너인 칼 라커펠트가 운영하기 때문. 그래서 패션이나 건축, 아트와 관련된 서적들이 많고 여기에서만 볼 수 있는 칼 라커펠트가 찍은 사진집이나 한정판으로 출판된 희귀 예술서적들도 있다. 이미 논문과 관련한 책들은 거의 다 샀다는 B는 서점 방문이 그리 내키지는 않아 보였

64) 리브레리 7L(Librairie 7L)
add 7 rue de Lille 75007 paris
tel 01-42-92-03-58
open 화~토 10:30~19:00, 일·월 휴무
metro M12 Rue du Bac
url www.librairie7l.com

지만 늘씬한 모델들도 자주 이곳을 찾는다는 그녀의 말에 솔깃해서 두말 않고 따라왔다.

숫자 7과 알파벳 L자가 간판부터가 예사롭지 않은 서점에서 그녀는 얼마 전에 한국에서도 사진전을 열어 큰 인기를 얻었던 사라문의 사진 책 하나를 골랐고 B는 내내 혹여나 멋들어진 모델이라도 들어올까 싶어서인지 문만 쳐다봤다. 겨울에 유럽을 여행하는 사람들에게 꼭 필요한 능력을 꼽으라면 아마 산처럼 쌓인 물건 중에서 보석을 찾아내는 힘이 아닐까? 처음엔 30% 정도로 시작해서 끝에는 70%까지 내려가는 세일은 추위를 감내하고서라도 겨울에 유럽을 여행해야 하는 이유가 된다. 그녀는 모름지기 이 능력만은 타고났는지 모래더미에서 진주를 찾는 신비로운 경험이 한두 번이 아니다. 하나밖에 남지 않은 옷을 잘도 찾아내고 사이즈가 없는 옷도 어디서 자기 사이즈를 꼭 찾아온다. 때문에 겨울의 유럽에서 제값을 다 치르고 뭔가를 사는 일은 그녀에게 꽤 아깝고 드문 일이다. 이런 그녀가 파리에 오면 들르는 곳이 있으니 1년 내내 세일하는 아웃렛. 크고 넓은 아웃렛을 가려면 파리 시내에서 벗어나 한참을 가야 하는

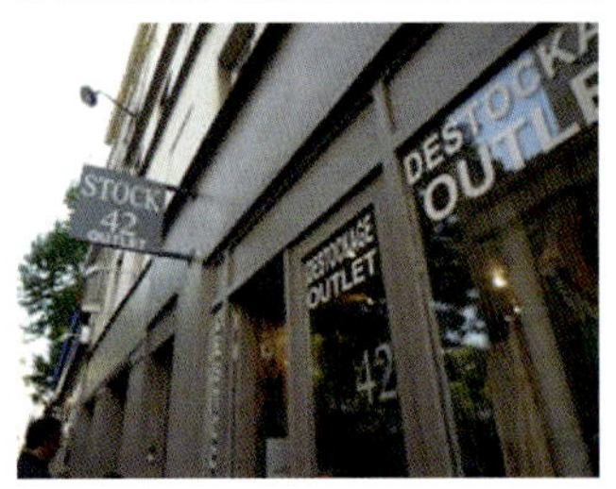

65) 스톡42(STOCK42)
add 42 rue des Saints-Peres 75005 paris
tel 01-42-92-03-58
open 월 14:00~19:30, 화~금 11:00~19:30
metro M4 saint germain des pres

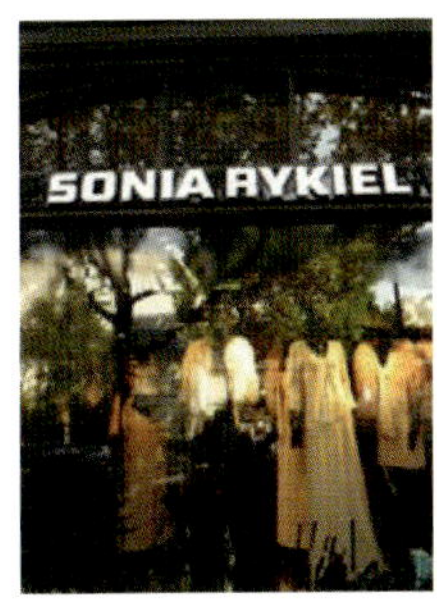

66) 소니아 리키엘(Sonia Rykiel)
add 175 boulevard saint-germain 75008 paris
tel 01-49-54-60-60
metro M12 Rue du Bac
url www.soniarykiel.com

게 대부분이지만 파리 시내에서도 잘만 찾으면 작은 아웃렛들이 숨겨져 있다. '65) 스톡42(STOCK42)'도 그중 하나로, 오픈한 지 6년이 된 가게. 저렴한 브랜드도 있지만 '미쏘니' 등 고급 브랜드도 70% 할인된 가격으로 판매되고 있다. 또 신제품도 팔고 있어서 두 눈을 크게 뜨고 잘만 찾으면 꽤 괜찮은 아이템을 좋은 가격에 살 수 있다. 비록 여자 옷밖에 팔고 있지 않지만 B는 서점보다 여기가 좋은지 그녀 옆에서 이것저것 참견하며 그녀의 쇼핑에 동참했다.

쇼핑을 좋아하는 남자는 드문데 이렇게 마음 맞는 쇼핑동지를 얻었으니 그녀로서는 든든한 일. 그렇다고 B가 친절하게 그녀의 물건을 들어주거나 영화에 나오는 것처럼 그녀에게 무심한 듯 선물을 안겨 주는 건 아니지만 지금은 이렇게 같이 즐기는 것만으로 그녀에게는 충분히 힘이 된다.

이번에는 그녀보다 B가 먼저 나서서 들어간 곳. '66) 소니아 리키엘(Sonia Rykiel)'은 니트로 대표되는 고급 브랜드다. 그녀 또래 여자들이 쉽게 살 수 없는 곳이라 그녀도 H&M과 손잡고 내놓은 스트라이프 목도리 하나만을 가지고 있을 뿐.

'남자가 이런 브랜드도 알다니, 뭔가 이상한데?'라는 생각과 '헤어진 그 말고는 패션이나 쇼핑에 관심이 많은 남자는 만나기 어려울 줄 알았는데 의외로 많잖아.'라는 생각을 하며 그녀도 뒤를 따랐다. 브랜드 특유의 컬러풀한 스트라이프로 정신없이 눈알을 굴리는 그녀를 두고, B는 성큼성큼 걸어가 점원에게 뭔가를 이야기하자 점원이 진열된 장식장에서 뭔가를 꺼내 보여 주고 B는 지갑을 꺼내 계산을 마쳤다.

놀란 그녀는 "지금 뭘 산 거야?" 하고 물었다.

"브로치."

순간, 그녀의 머릿속에 '설마 나를 위해?'라는 생각이 스쳤다. 누구나 상상은 할 수 있다. 하지만 현실에서는 상상한 일이 실제로 벌어지는 일은 극히 드물다.

그녀의 상상이 채 끝나기도 전에 이어지는 B의 한마디, "엄마 선물."

B가 그녀의 머릿속에 들어와 그녀만의 상상을 훔쳐본 것도 아닌데 그녀는 괜히 부끄러워져서 고개를 숙였다. 그리고는 서둘러 매장 밖으로 나왔다.

"난 오늘 쇼핑은 대강 다 마친 것 같은데 이제 어디 가서 따뜻한 거나 한 잔 마실까? 밖에 너무 오래 있었어."

B의 제안에 그녀는 여전히 고개는 숙인 채로 아무 말 없이 머리를 크게 끄덕였다. 그녀로서는 이런 기분이 어떤 건지 도무지 그 이름을 알 수가 없었다. 마음 깊숙한 곳에서 아주 미세한 움직임이 느껴지고 있다. 그게 추위라면 끔찍이도 싫어하는 그녀가 이 산책을

즐기고 있는 이유일까?

꽁꽁 언 손을 녹이기에는 커피보다는 속이 든든한 쇼콜라가 제격이다. 조금만 걸으면 파리의 유명한 카페인 레 뒤 마고와 카페 드 플로르가 나오는데 둘 다 워낙 인기가 높아 그 앞에 서면 어디에 들어갈지 늘 고민하지만 그녀의 선택은 언제나 '67) 레 뒤 마고(Les Deux Magots)'이다. 특별한 이유가 있는 건 아니지만 왠지, 그냥 끌린다. 유명한 만큼 기다리는 건 언제나 필수. 오늘도 예외는 아니라 그녀와 B는 문 앞에서 차례를 기다렸다.

'이렇게 추운데 기다리는 것조차 왜 나쁘지 않지?'

그녀는 자신의 이런 마음이 낯설기만 해서 자꾸만 스스로에게 질문을 던진다. 한참을 생각해도 그 이유를 몰라 어리둥절해하다가 생각하기를 포기할 때쯤 드디어 웨이터가 자리를 안내해주었다. 메뉴판을 받았지만 여기서는 메뉴판을 볼 필요도 없다. 둘은 따뜻한 쇼콜라 두 잔을 주문하고 자리에 앉았다. 얼마 전에는 분명 6유로였는데 어느새 1유로 올라 7유로. 그래도 이곳의 쇼콜라는 그만한 값어치를 한다.

웨이터가 잔을 내려놓자마자 진한 초콜릿향이 그대로 전해져 그녀는 자기도 모르게 몸을 움찔거렸다. 한 모금 들이키자 달다 못해 쓴맛의 뜨거운 초콜릿이 목을 타고 서서히 몸 안으로 퍼져 간다. 우리나라에서 먹는 분말 코코아랑은 비교도 할 수 없는 리얼 초콜릿. 간간이 덜 갈린 초콜릿 덩어리가 입 안에서 씹히는데 그것 또한 이 쇼콜라의 매력이다. 카페 이름처럼 두 개의 도자기 인형이 그려진 컵과 포트가 나란히 나오고 포트에서 조금씩 컵에 따라 먹는다. 이렇게 먹으면 식지 않고 오랫동안 그 뜨거운 맛을 즐길 수 있다. 어차피 너무 날아서 한 번에 많이 먹을 수도 없다. 옆 테이블에서는 식사를 마친 노부부가 디저트를 주문하자 여자 웨이터가 카페의 디저트를 종류별로 하나씩 얹은 쟁반을 들고 온다. 메뉴판에 적힌 글자를 읽지 못해도 눈으로 보고 직접 고를 수 있어서 실패할 확률도 적다. 매우 실용적인 방식이다.

그녀는 언제나 옆 테이블이나 앞 테이블처럼 주변에 앉은 사람들을 관찰하는 걸 좋아한다. 오늘은 관찰한 사실을 말할 상대까지 있으니 그 재미는 두 배. 거기에 B는 적절한 맞장구까지 쳐준다. 앞 테이블에는 미국에서 막 건너온 듯한 차림의 부부가 앉아 있다. 아마 50대 정도 되었으려나. 막 새 귀걸이 한 쌍을 샀는지 부인은 남편에게 몇 번이나 어울리는지 물어 보고 그때마다 남편은 마치 처음 듣는 것처럼 싱긋 웃으며 잘 어울린다고 말해준다. 그리고 그럴 때마다 이어지는 가벼운 키스. 우리나라에서는 쉽게 보기 어려운 풍경이다.

"우리가 나이가 들면 우리나라에서도 저런 풍경이 가능해질까?"

그녀는 그들을 지긋한 눈으로 바라보며 B에게 물었다.

"우리 엄마, 아빠는 지금도 저렇게 하시는데? 우리나라에서."

B의 답변에 그녀는 단박에 그가 좋아졌다.

"그런 엄마와 아빠 밑에서 자랐다면 B도 그런 남편이 되겠네?"

"글쎄? 그렇게 되지 않는 게 더 힘들겠지?"

만약 헤어진 그와 헤어지지 않고 결혼을 했다면 그도 그런 남편이 되었을까? 그녀는 속으로 또 그런 생각을 한다. 아무 의미도 없는 생각. 쇼콜라 한 잔을 마시는 데 꼬박 한 시간이 걸렸다. 끝에는 잔을 깨끗하게 비우는 건 무리일 정도로 속이 니글거리기 시작했지만 그래도 꾹 참고 깔끔하게 다 마셨다. 언제 또 이 쇼콜라를 먹을 수 있을지 모르니까 먹을 수 있을 때 후회 없이 먹어야 한다. 배도 따끈해지고 마음도 훈훈해진 둘은 이제 어디로 갈지 또 고민한다. 둘이니까 어디를 가도 괜찮다.

"이제 어디 가지? 벌써 날도 어둑해지고 있는데."

"뭔가 좀 색다른 거 없나? 아무나 하는 거 말고 좀 더 특별한 일. 파리 많이 와 봤다며? 좋은 데 없어?"

B의 지극히 여행자다운 질문에 그녀는 한참을 고민하다가 번뜩하고 그녀의 머리를 지나는 곳이 있었다.

"생각났어, 신나는 곳. 그런데 거기 갈려면 그 전에 배부터 든든하게 채워야 해!"

둘은 아주 혈기 왕성한 젊은이들처럼 '68) 해피데이 디너(Happydays Diner)'에서 그녀 얼굴만큼이나 큰 햄버거를 해치웠다. 아마 이 버거 하나면 하루에 필요한 칼로리는 다 채워지지 않을까 싶을 정도로 무섭게 크고 묵직한 햄버거. 젊은 사람들한테 인기가 좋은지 가게 앞은 사람들로 북적거렸다.

"대체 어디를 갈려고 이렇게 무서운 걸 먹어야 하는 거야?"

"잔말 말고 다 먹기나 해. 이제 지금 먹은 거 다 소화시키러 갈 거니까."

하루 종일 쉬지 않고 붙어 있었더니 둘은 어느덧 꽤 친밀한 사이가 되었다. 여행지에서의 하루는 일상에서의 한 달보다 훨씬 길다. 그래서 몇 년을 알던 사람이라 해도 여행지에서 하루를 함께 보낸 사람이 더 편하고 더 가깝게 느껴지는 법. 배에 열량을 꽉꽉 눌러 담은 그녀와 B는 생 미셸 골목으로 들어섰다. 그녀도 위치가 가물가물해서 같은 골목을 몇 바퀴나 돌고 돌았다.

"나도 매번 잘 아는 사람을 따라만 와서 헷갈리네."

"뭐야, 어딘지 말도 안 해주고 길도 제대로 모르고!"

이제 슬슬 짜증도 낼 정도로 둘은 가까워지고 있었다.

"대체 뭐하는 곳이야? 말해봐!"

B의 채근에 못 이겨 그녀는 겨우 말을 꺼냈다.

"춤추는 곳이야. 재즈도 연주하고."

"그게 다야?"

"응. 꽤 유명한 곳이라 이곳 사람들은 거의 다 알 텐데."

그녀의 말이 떨어지기가 무섭게 B는 바로 옆에 보이는 가게로 들어가더니 주인에게 길을 물어 본다. 그 모습을 지켜보던 그녀는 깜짝 놀랐다. B가 마치 프랑스 사람처럼 유창하게 불어를 하는 게 아닌가? 지금까지는 길도 그녀가 먼저 나서서 어설픈 영어로 물어 보고 불어로 쓰인 표지판도 그녀가 겨우 띄엄띄엄 읽었는데.

"이게 대체 어떻게 된 일이야?"

"뭐가?"

"불어! 너 불어 왜 이렇게 잘 해?"

"처음에 얘기했잖아, 조금 한다고."

"그게 조금이야? 너무 유창하잖아?"

"잘 됐잖아? 니가 말한 가게가 어딘지도 알았고."

"그럼 지금까지는 왜 못하는 척했어?"

"기억 안 나? 내가 조금 한다고 했을 때 니가 옆에서 비웃었잖아? 풋, 하고."

그녀는 너무 어이가 없어서 할 말을 잃었다. 역시 함부로 남을 비웃으면 안 된다. 지금까지 어설픈 불어를 하는 그녀를 B는 말없이 보고만 있었다니. 분한 마음이 저 깊은 곳에서 꿈틀거렸지만 B가 그녀의 손을 이끌고 성큼성큼 걸어가는 바람에 그녀는 화낼 타이밍도 놓쳐 버렸다.

"여기 맞아?"

"응 맞아! 간판에 적힌 이름을 보니 생각났어."

'[69] 카보 드 라 위세트(Caveau de la Huchette)'는 그녀가 파리에 올 때면 가끔 들렀던 유명한 재즈바다. 재즈 연주도 수준급이고

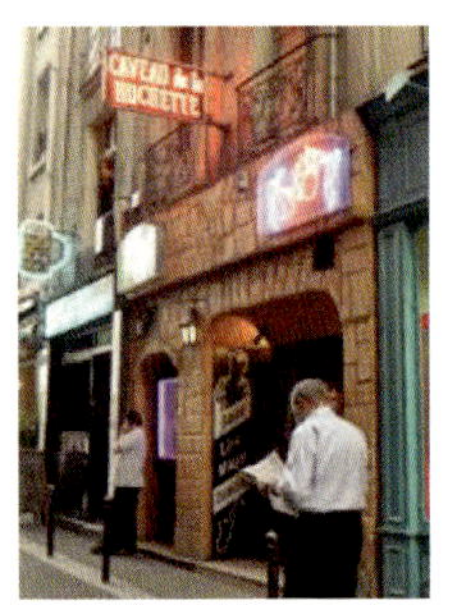

69) 카보 드 라 위셰트(Caveau de la Huchette)

add 5, rue de la Huchette
tel 01-43-26-65-05
pen 월~일 21:30~02:30
metro M4 Saint Michel, RER B · C Saint Michel
　　　　 Notre Dame
url www.caveaudelahuchette.fr

감미로운 분위기도 좋지만 무엇보다 여러 나라 사람들이 모여 스윙을 출 수 있다는 사실이 가장 매력적이다. 처음 파리에 왔을 때 일 때문에 알게 된 사람이 그녀를 이곳에 데리고 왔었다. 춤이라고는 하나도 출 줄 몰라 가만히 앉아 있는데 처음 보는 흑인 남자가 그녀에게 춤을 신청했다. 못 춘다고 고개를 흔들자, 남자는 자기만 따라오면 된다며 그녀의 손을 잡고 일어서서 천천히 스텝을 밟기 시작했다. 생전 처음 쳐본 춤은 그녀를 무척이나 기분 좋게 만들었고 그녀는 돌아가면 꼭 춤을 배우겠다고 마음먹었었다. 그리고 지금, 그녀는 잘은 아니지만 그래도 누군가 춤을 추자고 했을 때 기꺼이 받아들일 정도로 춤을 출 수 있게 되었다. 말이 통하지 않아도 같이 춤을 추면 마치 오랫동안 알고 지낸 듯 친밀함을 느낄 수 있다.

여기서도 어김없이, 보기 좋게 늙은 할아버지, 할머니 부부가 그녀의 눈에 띈다. 아직 결혼도 하지 않았고 결혼할 사람도 없는데 함께 늙어 가는 것을 부러워하다니, 아무래도 그녀는 자신이 그런 삶을 동경하는 것 같다는 생각을 했다. 다행인 건 B도 춤을 출 줄 안다는 사실이다. 그녀는 점점 B가 좋아졌다.

14.
공동묘지에서 맞이한 밸런타인데이

지방에 있는 수도원에 내려갔던 A가 다시 민박집으로 돌아왔다. 안 지 얼마 되지도 않았는데 다시 보니 새삼 반갑다. 이런 게 여행에서 만난 사람들의 정이라고 하던가? 날씨가 화창한지 어떤지도 모른 채 눈을 뜨자마자 식탁에 앉는 민박집의 환경에도 이제 완전히 적응했다. 오늘의 동행은 A와 B. 둘 다 딱히 가야 할 곳은 없어서 그녀에게 오늘의 목적지를 정하라는 선택권이 주어졌다. 그녀는 한참을 고민하다가 오늘처럼 든든한 동행이 두 명이나 있을 때 가야 할 곳이 떠올랐다. 바로 공동묘지. 파리에는 유명한 공동묘지가 세 군데 있는데 그중에서도 가장 크고 아름다운 [70] 페르리셰즈

70) 페르라셰즈(Cimetiere du Pere Lachaise)
add 16 rue du Repos
open 10:00~19:00
metro M2 · M3 Père Lachaise
url www.pere-lachaise.com

찾아가기도 무척 쉬워서, 메트로 2호선 또는 3호선의 **Pere Lachaise** 역에 내리면 끝. 파리 사람들은 공동묘지를 하나의 공원으로 생각해서 주변 집값도 비싸다고 한다. 우리나라와는 정반대의 개념이지만 실제로 공동묘지에 들어서면 그 이유를 알 수 있다. 스산할 줄 알았던 공동묘지는 심하게 파란 하늘과 한 세트처럼 화창했다. 유모차에 아기를 태워 놀러온 엄마들과 산책을 나온 할머니, 할아버지. 무겁거나 무서운 분위기는 전혀 찾아볼 수 없었다.

그녀와 A 그리고 B의 발걸음도 가벼웠다. 묘지 입구에는 유명한 사람들의 묘가 어디에 있는지 표시된 지도가 놓여 있고 사람들은 마치 관광지처럼 묘지로 들어간다. A와 B는 지도를 들고 그녀에게 말했다.

"우리 셋 중에 네가 지도를 제일 잘 보잖아. 오늘은 네가 우리 가이드야."

"나 파리에 와서 지금까지 지도 한 번 안 보고 다녔는데 고작 공동묘지에 와서 지도를 보라는 거야?"

그녀는 어이가 없어 되물었지만 결국 두 남자의 눈에 보이는 아첨과 칭찬을 이기지 못하고 손에 지도를 들었다. 너무 많은 사람들의 묘가 지도에 표시되어 있어서 다 볼 수도 없고 사실 누군지 알지도 못하는 사람들도 있어서 각자 꼭 보고 싶은 묘를 체크하기로 했다. A는 쇼팽, B는 짐 모리슨, 그리고 그녀는 오스카 와일드. 이제 미로 같은 묘지 찾기가 시작되었다. 묘지는 무덤이 아니라 마치 하나의 작품처럼 독특하고 예술적인 모습이다. 신기한 모양의 묘지를 구경하려면 하루 종일 봐도 모자랄 판국. 그녀는 지도를 들고 앞장서서 체크한 묘를 찾기 시작했는데, 비석 앞에 수북하게 놓인 꽃들이 아니면 지도만으로는 찾기가 영 힘들었다. 부지런히 묘를 헤매고 지도를 찾는 동안 그녀의 기분은 묘지의 야릇함에서 벗어나 의욕이 들끓었다. 울퉁불퉁한 길의 기운이 얇은 부츠의 바닥을 뚫고 고스란히 전해진다.

아름다운 여인의 조각상이 올려진 쇼팽의 묘에는 수북하게 꽃들이 쌓여 있었다. 그의 몸은 여기에 묻혀 있지만 그의 유언에 따라 심장은 바르샤바에 묻혀 있다고 한다. 그리고 짐 모리슨. 사실 그녀는 짐 모리슨이 누군지도 몰랐다. 학교를 다닐 때 밴드 활동을 했다는 B가 애타게 짐 모리슨의 천재적인 능력과 유명세에 대해 이야기했지만 A와 그녀는 시큰둥할 뿐.

"묘지 앞에 꽃이 쌓여 있는 걸 보니 유명하긴 했나 보구나?"

그녀는 B를 보고 얘기했다. 고작 스물일곱의 나이에 죽었다고 한다. 그것도 목욕을 하다가 마약 과다복용으로 인한 심장마비로. 그런 죽음을 보면 인생은 참 가볍고 아무것도 아닌 것 같다고 B가 덧붙였다. 갑자기 분위기가 숙연해졌다. 이제 그녀가 보고 싶었던 오스카 와일드만 남았다. 그녀는 예전에 ≪도리언 그레이의 초상≫이라는 책을 읽은 적이 있다. 그 책을 읽고 오스카 와일드를 알게 되었다. 주인공 도리언 그레이처럼 오스카 와일드도 부족함 없는 집에서 부족함 없이 자랐지만 인생의 끝은 비참했다.

"여기엔 끝이 행복하지 않았던 사람이 많네요." 그녀가 말하자,

"그렇다고 그들이 행복하지 않았다고 할 수는 없지."라고 A가 답했다.

그리고 B가 하는 말, "그러고 보니 오늘은 밸런타인데이네요."

밸런타인데이라니, 우리나라에 있었으면 모르고 싶어도 모를 수 없는 날이다. 거리에는 온통 커다란 꽃다발과 초콜릿 바구니가 난무하고 그런 이벤트적인 것들과 함께할 수 없는 사람은 괜한 상실감에 휩싸인다. 하지만 파리에는 그런 분위기가 전혀 없다. 초콜릿 매장에는 조금씩 기념상품들을 진열해놓기는 했지만 아주 소소하고 소박하다. 게다가 화이트데이라는 것도 아예 없어서 밸런타인데이에 남자도 여자도 서로 선물한다. 애인이 없어도 뭐 어때, 하는 생각이 문득 그녀의 머릿속에 떠올랐다. 애인이 있었다면 밸런타인데이에 파리의 공동묘지를 거닐 일도 없겠지. 서울에서는 전혀 알지 못하던 30살, 29살, 28살이 만나 밸런타인이 뭐냐는 기분으로 온종일 파리 시내를 누볐다. 파리는 그래서 좋다. 별것 아닌 것도 별것이 되는 우리나라보다 별것도 마치 별것이 아닌 듯 무심하게 대하는 파리가 좋다. 그래서 또한 겨울의 파리가 좋다. 팔에는 워머, 목에는 굵은 목도리를 칭칭 감는다 해도 파리라면, 겨울이라도 대환영이다.

한겨울에 공동묘지를 실컷 걸었더니 배가 고프다. 공동묘지에서도 배가 고플 수 있다는 사실이 그녀는 낯설기만 하다. 언제 죽을지 모르니 순간순간의 기분에 충실하자고 그녀는 다짐한다. 먹고 싶은 것도 실컷 먹고 하고 싶은 것도 실컷 한다. 여자가 배가 고플 정도니 두 남자는 말할 것도 없다. 어제 막 지방에서 돌아온 A가 밸런타인을 기념하여 한턱 쏘겠다니 거하게 먹을 일만 남았다. 여행에서는 항상 어디서 뭘 먹을지가 가장 큰 고민이다. 단골집도 없고 어디에 뭐가 맛있는지도 모르겠고 책에 있는 정보를 믿고 무작정 가자니 가격도 만만치 않다. 이럴 때 그녀가 자주 찾는 곳은 생 미셸. 아직 점심과 저녁 사이의 시간이라 저렴한 돈으로 푸짐하게 먹을 수 있다. 이미 지난번에 A와 함께 와본 적이 있어서 A도 찬성. 대신 오늘은 새로운 가게를 탐험해보기로 했다. 막상 들어가서 먹으면 다 비슷한 맛이 날지도 모르지만 들어가기 전까지는 최대한 꼼꼼하게 비교해가며 어디에서 뭘 먹을지 고민한다. 함께 여행을 하다 보면 자기 의견만 내세우는 사람과는 다툼이 생길 수밖에 없는데 이럴 때는 차라리 확고한 자기주장을 하는 사람이 있으면 좋겠다 싶을 정도로 A와 B는 순종적이다. 결국 선택은 그녀의 손에 쥐어졌고 고르고 골라서 들어간 곳은 '71) 비스트로 30(BISTRO 30)'.

그 가게를 고른 이유는 순전히 가게 앞에 서 있던 할아버지 웨이터 때문이었다. 문 앞에 서서 호객 행위를 하는 것도 아니고 그냥 물끄러미 지나가는 사람들을 보고 있었다. 파리에는 카페든 레스토랑이든 지긋하게 나이가 든 할아버지들이 웨이터로 일하는 곳이 많다. 아마 한평생을 한곳에서 머물며 일을 했으리라. 우리나라 같으면 이렇게 늙은 웨이터를 볼 일도 없고 만약 있다고 해도 뭔가 찝찝

71) 비스트로 30(BISTRO 30)
add 30 rue St severin 75005 paris
tel 01-43-29-31-31
metro M4 Saint Michel, RER B·C Saint
       Michel Notre Dame

한 마음이 들었을 텐데 파리에서는 전혀 그렇지 않다. 늙어서 일하면 마냥 힘들 것이라는 것도 어쩌면 아직 젊은 사람들의 오만과 편견일지도 모른다. 너무 고된 일이 아니라면 나이가 들수록 노동은 삶을 유지하는 데 꼭 필요한 조건이다. 매일 규칙적인 일을 하면 도리어 더 건강하고 보람 있는 생활을 하게 될 테니까.

어중간한 시간이라 그런지 가게에는 사람이 별로 없었다. 생 미셸 거리답게 10유로면 기본 3코스를 먹을 수 있어서 세 명은 골고루 주문했다. 그녀는 생각할수록 이 상황이 웃기다.

'밸런타인데이에 이게 뭐하는 거람.'

특별한 날에는 애인과 꼭 특별한 무언가를 해야 한다고 생각했었다. 고급 레스토랑을 예약하고 그날을 위한 선물을 준비하고 다음 날 출근해서는 회사 동료들에게 이렇게 보냈었다고 자랑 아닌 자랑을 늘어놓았었다. 마치 남에게 보이기 위해 세팅한 하루인 것처럼 남이 부러워하면 그 자체가 마냥 좋았었다. 물론 그녀 자신도 이벤트 같은 하루가 기뻤었다. 비싼 식사와 비싼 선물도 좋았지만 그것들로 애인의 사랑을 확인했다. 그런데 지구를 반 바퀴 돌아 이렇게 잘 알지도 못하는 사람들과 공동묘지를 가고 저렴하지만 충분히 맛있는 음식을 먹으며 보내는 밸런타인도 나쁘지 않다. 남에게 보일 필요도 없다. 단지 스스로만 행복하면 된다. 그 사실이 그녀의 마음을 훨씬 가볍게 만들었다. 누군가에게 보이기 위함이 아닌, 과시하기 위함이 아닌 자기 자신만 만족하면 되는 걸 지금까지 몰랐다니. 하루하루 깨닫는 것이 많다. 아주 사소하고도 당연한 사실들을 여행을 와서야 알게 된다. 만약 이런 사실들을 미리 알았다면 그와 헤어지지 않았을까?

수프와 그린샐러드, 홍합 등으로 애피타이저를 마친 그들 앞에 메인 요리가 나왔다. 스테이크와 파스타 그리고 구운 생선. 여행을 오기 전에는 남과 나누어 먹는 음식 — 예를 들어 부대찌개나 감자탕 — 은 별로 내켜하지 않았고 여러 음식을 시켜 골고루 나눠 먹는 일도 별로 좋아하지 않던 그녀였다. 지금 돌이켜보니 '참 깍쟁이 같았네.'라고 생각하며 그녀는 혼자 웃었다. 파리에서의 그녀는 지금까지와는 전혀 다른 사람이다. 겉모습은 똑같지만 속은 자꾸만 변해서 아마 예전에 알던 사람들이 본다면 깜짝 놀랄 정도다. 떠나지 않았다면 절대 변하지 않았을 그녀 고유의 것들이 며칠의 여행으로 이렇게 바뀌고 있다.

스테이크가 나오고 나서야 미디엄으로 할지 웰던으로 할지 말하지 않았다는 사실을 셋 다 깨달았다. 그래도 오늘은 뭐든 군말 없이 먹겠다고 그녀는 다짐한 상태였으므로 별로 상관은 없다. 은근히 매콤한 소스로 뒤덮인 스테이크와 연어가 올려진 크림파스타, 그리고 버섯이 듬뿍 들어간 로스트피시. 셋은 말도 없이 입 속으로 음식을 가져가고 있었다. 그리고 맛있다는 말을 연발했다. 하나씩 꼬집어가며 맛을 비평하지 않아도 이렇게 즐거운 분위기 속에서 먹는 것만으로도 맛이 있다. A가 기분 좋게 계산을 끝내고 나오자, B는 그래노 밸런타인을 그냥 넘길 수는 없지 않느냐며 가볍게 한잔하자는 반가운 제안을 했다. 그녀에게 안내를 맡기는 대신 술은 자기가 내겠단다. 뭔지 모르게 점점 흥이 난다. 그녀는 A와 B를 바스티유의 술집 골목으로 데리고 갔다. 낮에 오면 모든 가게가 문이 닫혀 휑하지만 밤에는 젊은이들로 넘쳐나는 곳이다. 고급스러운 분위기보다는 가볍게 마실 수 있는 부담 없는 곳들이 대부분. 여행은 항상 선

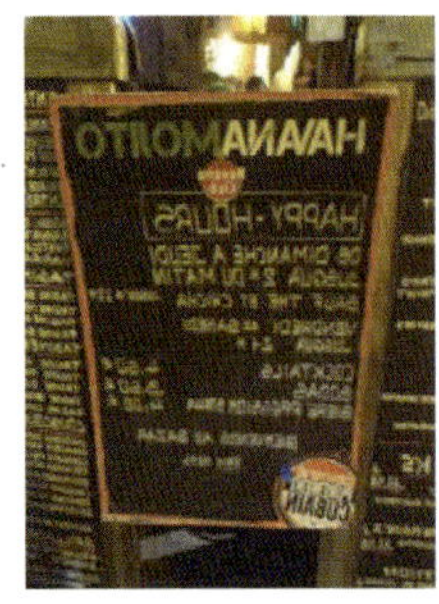

72) 르 바자(Le Bazar)
add 29/31 rue de lappe 75011 paris
tel 01-43-14-04-41
metro M1 · 5 · 8 Bastille

택의 연속이라 여기에서도 역시 수많은 술집 가운데 어디를 들어갈
지는 그녀의 몫이다. 하지만 더 이상의 고민은 없다. 그녀는 예전부
터 가고 싶었던 '72) 르 바자(Le Bazar)'로 성큼성큼 앞장서 걸어갔다.

"오늘 같은 날은 맥주보다 칵테일이 제격이지!"

A의 말이 끝나기가 무섭게 B와 그녀는 둘 다 고개를 끄덕였다.

"그럼 나는 모히토!" 역시 주저하지 않고 그녀가 메뉴를 골랐
다. 먹는 것과는 다르게 마시는 것에는 주저함이 없는 그녀다. 럼과
레몬즙, 설탕과 물 그리고 민트 잎 이렇게 딱 다섯 가지 재료로만
맛을 내는 깔끔하고도 상큼한 모히토를 그녀는 좋아한다. A와 B도
가벼운 칵테일을 한잔씩 골랐다. 'Le Bazar'는 묘한 음악이 흘러나
오는 이슬람식 술집이다. 한창 마실 시간이면 줄을 서서 입장할 정
도로 인기가 높고 언제나 파릇파릇하고 싱싱한 젊은 파리지앵들로
넘쳐난다. 오늘은 다행히 조금 이른 시간이라 어렵지 않게 자리를
잡았고 파리에서의 마지막 밤인 A와 더불어, B도 그녀도 온몸에 긴
장을 풀고 신나게 먹고 마셨다.

15.
그토록 기다리던 그날

오늘 파리를 떠나는 A를 배웅하려고 일찍 일어났는데도 한발 늦었다. 대신 A는 그녀 앞으로 스콧 니어링과 헬렌 니어링에 관한 책 한 권을 선물로 두고 떠났다. 어젯밤, 한참이나 니어링 부부의 자유롭고도 자연주의적인 삶에 대해 언급하던 A는 그래서 수도원의 삶을 생각하고 있다고 이야기했었다. 세상에는 역시 그녀가 생각하지 못한 길을 가는 사람이 무수히 많다는 사실을 또 한번 새삼 깨달았다.

A는 떠났고 오늘은 B의 초등학교 추억 찾기에 동참하기로 했다. 이제는 함께 민박집 문을 나서는 게 자연스러운 일이 되어 버린 그녀와 B. 오늘 그들의 목표는 B가 초등학교 3학년 때부터 5학년 때까지 살던 동네를 방문, 초등학교와 아파트가 그대로 있는지 확인하는 것이다. 아는 정보라고는 역 이름과 10년도 더 된 기억이 전부지만 쉽게 찾을 수 있을 거라는 무모한 희망을 안고 둘은 메트로에 올랐다. 모자보다 머리에 왁스를 바르는 게 낫다고 한 그녀의 말 한

마디 때문에 왁스를 발랐다가 생각처럼 예쁘게 되지 않아서 다시 머리를 감는 수고를 한 B와 전날 다 씻고 잤다며 대강 베레모를 눌러 쓴 그녀는 마치 오래된 친구처럼 나란히 앉아서 재잘거렸다.

1존에 있는 Maisons-alfort 역에 내려 한참을 가도 학교는커녕 제대로 된 마을도 나타나지 않는다. 조금씩 조급해진 둘은 길을 지나는 동네주민에게 이것저것 물어보고 몇 걸음 가서 다시 물어 보기를 반복했다. 때로는 말보다 손짓이 더 유용한 법. 불어를 유창하게 하면 뭐하나, 불어라고는 몇 마디 하는 게 전부인 그녀가 B보다 길 찾는 능력은 몇 배나 탁월하다. 갈림길에서는 망설이고, 이른 아침이라 동네는 조용하다 못해 고요하고, 군데군데 그려진 그라피티라도 감상하지 않으면 초등학교도 찾기 전에 지쳐 버릴 상황. Maisons-alfort 역의 출구는 180도 반대로 난 두 개가 전부였는데 아무래도 출구를 잘못 선택한 것 같다.

"아무래도 역으로 돌아가서 처음부터 다시 시작하는 게 낫겠어."

지친 그녀의 말에 B도 아무 말 없이 동의의 눈빛을 보낸다. 역시 그녀의 선택이 옳았다. 반대쪽 출구로 나와 조금 걸으니 아담하고 귀여운 초등학교가 나왔다. 뒤뜰도 교문도 그대로라니, 힘들게 찾은 보람이 있다. 다니던 학교와 살던 아파트, 두 개의 목표 중 하나를 이루고 나니 딱 점심시간. 1존에 있긴 하지만 번화가가 아닌 정말 일상적인 동네다 보니 마땅한 식당을 찾기가 쉽지 않다. 어디서 뭘 먹을지 고민하느라 동네 한 바퀴를 돌고 그나마 제일 그럴싸해 보이는 식당을 발견했다. 메뉴 하나하나를 꼼꼼히 살펴보는 그녀를 보던 B가 말한다.

"그렇게 고민하지 말고 그냥 오늘의 메뉴를 먹어. 뭘 먹을지 모를 때는 그게 최고야."

B의 말이 옳았다. 고기와 감자를 크게 썰어 푹 삶은 프랑스 가정식은 추운 몸을 따뜻하게 녹여 주고 다시 일어설 힘을 준다. B는 이번에는 고생하기 싫다며 한국에 있는 엄마에게 전화까지 해서 어릴 적 살던 아파트의 위치를 물어봤다. 그렇게 옛날 일인데 어떻게 기억하시겠느냐는 그녀의 말이 무색하게 B의 엄마는 정확하게 그 위치를 기억하고 있었다. 덕분에 학교를 찾을 때와는 달리 한 번에 20년 가까이 된 추억의 아파트를 쉽게 찾을 수 있었다. 저 멀리 아파트를 발견하자 B는 정말 다시 초등학생이 된 것처럼 좋아했다. 그 나이 때 살았던 곳이 기억도 잘 나지 않는 그녀로서는 파리까지 와서 그것도 남이 살던 아파트를 찾고 있자니 기분이 이상해졌다. 조금만 지나면 뭐든지 쉽게 바뀌는 우리나라에 비해 중심가는 아니지만 그래도 1존에 있는 아파트가 18년 전과 똑같은 모습으로 놀이터까지 그대로인 파리. 달라진 건 아파트에 사는 사람을 종이에 적어 붙여 놓은 현관의 이름표밖에 없었다.

지금 생각하면, 조금 쌀쌀했던 공기도 아파트를 발견하고 자기도 모르게 뛰어가던 B의 뒷모습도 이상하리만큼 비현실적이다. 그날이 정말 존재하기는 했던 걸까?

여행이 끝으로 갈수록 그녀의 상태는 점점 호전되어 갔다. 연인과 헤어짐에서 온 상실감과 이십대의 끝에 찾아온 알 수 없는 불안과 막연함으로부터 어떻게 빠져나와야 할지 감도 잡을 수 없어 하루하루가 살얼음판이었다. 점점 나아진다고 해도 결정적인 하루가 필요하다. 괜찮아졌다가 또다시 나빠지는 상황이 반복되다가 어느 순간 완벽하게 좋은 상태로 돌아오게 되는데 그러기 위해서 꼭 필요한 하루. 그 사실을 알면서도 대체 그 하루가 언제 올지 몰라 입에 침이 마른다. 곧 올 것 같으면서도 서서히 오고 그러다가 결국은 예상치 못한 날, 갑작스럽게 들이닥친다. 아침까지 몰랐다 그녀는, 그 하루가 오늘이 될지.

그녀의 나쁜 버릇 중 하나도 제대로 먹지도 않으면서 뭐든지 한 입씩 먹기 좋아하는 것인데 나쁜 버릇일수록 여간해서 고쳐지지 않는다. 여행에서도 마찬가지라, 혼자 있을 때는 남기면 그만이지만 남기는 걸 질색하는 B 같은 사람과 함께 다닐 때는 둘 다 곤혹이다. 처음에는 꾹 참고 그냥 지켜보던 B도 언젠가부터 잔소리를 시작해서 이제는 아예 포기하고 자기가 대신 먹어 버린다. 자신의 양을 넘어서면 그냥 먹지 않는 게 낫다고 그녀는 말해보지만 음식을 남기면 안 된다는 B의 신념은 굳고 강하다. 그래서 B와 함께 다닐 때면 그녀는 음식 사는 것조차 영 신경 쓰인다.

아파트를 발견하고 신이 난 B와 함께 지하철역으로 돌아가는 길, 그녀의 눈에 잘 익은 황금색 사과가 포착되었다. 동네의 작은 슈퍼마켓. 슬쩍 몇 걸음 뒤처진 그녀는 아주 짙은 빨간색과 노란색 사과를 집어 들었다. 조금 전 레스토랑에서도 밥을 남겼는데 또 사과라니, B가 보면 분명 잔소리가 시작될 게 뻔해서 그 전에 그녀는 크게 한 입 베어 먹었다. 그리고 색이 고운 사과를 기념하기 위해 사진도 몇 장 찍었다. 사과를 먹는 자신의 모습도. 앞서 가던 B가 돌아보고는 어이가 없어 웃는다. 그리고 어서 오라고 손짓한다. 그녀는 B를 향해 뛰어가며 지금 막 찍은 사진을 돌려본다. 그리고는 깜짝 놀랐다. 사진 속의 그녀는 최근 몇 달간 본 적이 없을 정도로 환한 웃음을 짓고 있었다. 그날이 온 것이다.

사과가 극약처방이었는지 그냥 때가 되었을 뿐인지는 모르겠지만 분명 그날이었다, 다시 명랑한 그녀로 돌아간 순간. 이런 변화에 관한 이야기를 B에게 하고 싶어 입이 근질거렸지만 말해봤자 B가 온전히 이해하기는 힘들 거라는 생각에 그녀는 사과 하나를 건네는 걸로 대신했다.

지하철역에 도착한 그녀와 B는 서로 반대방향 지하철을 타야 한다. B가 저녁 때 파리에 있는 선배랑 약속이 있단다. 알게 된 지 며칠 되지도 않았고 영영 못 볼 사람도 아닌데 둘은 왠지 애틋한 기분에 휩싸였다. 아쉬운 듯 아주 천천히 악수를 하고 손을 빼려는 찰나, B가 그녀의 손끝을 잡는다. 그녀는 민망한 마음에 다시 손을 잡고 위아래로 크게 흔들었다. 내일 보자는 인사와 함께 B와는 반대쪽 지하철을 탄 그녀는 갑자기 허전해졌다. 그 마음이 너무 낯설어서 스스로도 깜짝 놀랐다. 조금의 들뜸과 조금의 설렘. 너무 오랜만이라 이게 그런 기분이 맞는지조차 헷갈린다. 조금 전 B가 그녀의 손끝을 다시 집었을 때 뭔지 모를 감정이 서로 맞닿았다. 불편하면서도 나쁘지 않은 기분이다.

'이런 상태를 좀 더 즐겨도 괜찮겠지.'

알싸한 기분을 느끼며 그녀는 혼자 민박집으로 돌아왔다. 그새 민박집에는 손님이 좀 늘었다. 겨울방학 계절학기를 마친 대학생들이 막바지 여행에 나섰나 보다. 원래의 명랑함을 되찾은 그녀는 생글거리며 새로운 사람들과 식사를 하고 있는데 민박집 아저씨가 그녀 앞으로 전화가 왔단다.

"저한테 전화를 할 사람이 없는데, 누구예요?"라며 놀라 묻는 그녀에게 아저씨는 일단 받아보라며 전화기를 넘겼다. 전화기를 타고 들려오는 목소리의 주인공은 B. 선배네 집에 몇몇이 모여 있는데 괜찮으면 놀러 오라는 말을 전한다. 혼자 에펠탑이나 보러 가려고 계획했던 그녀는 잠시 고민하다가 결국 한발 나아가기로 결정했다. 일단 가보고 볼 일이다.

약속했던 지하철역에 내려 두리번거려도 마중 나온다던 B의 모습은 보이지 않는다. 그녀는 별로 당황하지 않았다. 여행에서는 이런저런 일이 생기기 마련. 못 만나면 혼자 에펠탑을 보러 가면 된다. 그래도 괜히 엇갈려서 걱정을 시키고 싶지는 않아 그녀는 지나가던 프랑스 할아버지의 전화기를 빌려 B가 남긴 번호로 전화를 걸었다. 두 번이나 걸었는데 받을 기색이 없다. 그럴 수도 있다고 그녀는 생각한다. 도리어 홀가분한 기분이다. 난 한발 내디뎠으니 할 만큼 했다고 생각한다. 전화기를 돌려주고 프랑스 할아버지와 손짓 발짓으로 몇 마디를 나누는데 골목 모퉁이에서 B의 얼굴이 보인다. 그리고 B의 선배인 듯한 사람 두 명도. 역시 뭐든 마음을 비우면 생각보다 모든 문제는 쉽게 해결되는구나 하고 그녀는 또 한번 느꼈다.

B의 선배는 모 회사의 프랑스 지사에 근무하는 사람이었다. 파리에 와서 혼자 산 지 벌써 5년째라는 그의 방에는 온갖 술이 가지런하게 진열되어 있었고 다들 쾌활한 모습이었다. B가 그녀를 어떤 식으로 소개했는지 알 수는 없었지만 그들은 그녀가 마치 B의 여자

친구라도 되는 양 친절하게 대했다. 굳이 자세하게 설명할 필요도 없다고 생각한 그녀는 모처럼 복작거리는 분위기 속에서 마치 MT라도 온 것처럼 왁자지껄하게 떠들고 마시다가 함께 잠이 들었다.

16.
마지막 밤

다음 날 아침, 출근하는 B의 선배를 마치 그녀가 집주인이라도 된 것처럼 배웅을 하고 B와 마주 앉아 라면을 끓여 먹었다. 보잘것 없는 라면도 여행지에서는 이렇게 근사한 메뉴가 된다. 둘은 민박집으로 돌아와 깨끗이 씻고 외출 준비를 했다. 오늘은 그녀와 B가 파리에서 보내는 마지막 날이다. 우연인지 필연인지 둘은 한국으로 돌아가는 날짜가 같다. 만약 티켓에 적힌 날까지 우울한 기분을 떨쳐 버리지 못하면 며칠 더 머물려고 했던 그녀도 이제는 그럴 필요가 없게 되었다. 홀가분한 기분으로 마지막 파리를 즐기기만 하면 된다.

여행의 마지막은 뭐니 뭐니 해도 쇼핑이다. 지금까지 다니면서 선물로 사려고 생각했던 목록들을 들고 이리저리 부지런히 다녀야 한다. 첫 번째 목적지는 B가 사랑해 마지않는 샹젤리제.

73) 쿠리르(COURIR)
add 104 avenue des Champs Elysess
      75008 paris
tel 01-45-62-50-77
metro M1 George V

　수십 컬레의 컨버스 운동화로 쇼윈도를 화려하게 장식한 '73) 쿠리르(COURIR)' 매장에서 **B**는 조카의 선물로 운동화를 샀다. 안에는 여러 브랜드의 운동화가 빼곡하게 걸려 있었고 드문드문 의류와 소품들도 전시되어 있었다. 거기에 앙증맞은 아기들 것까지 팔고 있고 다른 곳은 모두 문을 닫는 일요일에도 굳건하게 문을 연다. 혹여나 멋을 위해 구두를 신고 온 여행객이 있다면 여기서 가벼운 운동화라도 하나 사서 신으면 여행이 훨씬 편안해질 것이다.

　그리고 최근에 문을 연 '74) 네스프레소(nespresso)'. 파리 시내에 두 군데밖에 없는데 그중 하나이다. 커피머신을 구경할 수도 있고 그 안에서 커피를 즐길 수도 있다. 조금 비싼 커피 가격에 그녀와 **B**는 잠시 망설였지만 오늘은 마지막 날이니 괜찮다는 암묵의 합

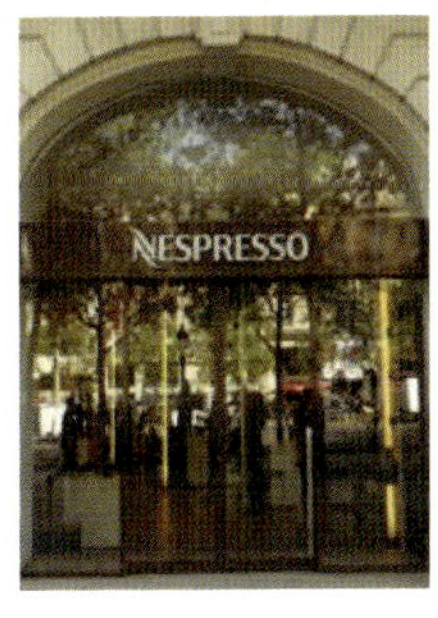

74) 네스프레소(nespresso)
add 119 avenue des Champs-Elysees
tel 0800-55-52-53
metro M1 George V
url www.nespresso.com

의 아래 안으로 들어갔다.

　파리의 카페에는 대부분 간단한 샐러드나 샌드위치도 함께 판매하는데 여기도 마찬가지. 샐러드와 샌드위치는 각각 세 종류씩 간단하게 준비되어 있고 메뉴 하나와 빵, 에스프레소가 포함된 22유로의 세트 메뉴도 판매하고 있다. 둘은 배도 고프고 주변에 마땅히 먹을 만한 곳도 없어서 - 샹젤리제에는 뭐든 다 비싸다 - 여기서 간단하게 점심을 해결하기로 했다. 연어가 들어간 샐러드 - 그녀는 연어라면 끔찍하게 좋아한다 - 와 가장 기본인 클럽샌드위치를 시켜 사이좋게 나눠 먹은 후 에스프레소로 깔끔하게 마무리. 커피머신의 종류도 다양하지만 우리나라보다 가격도 저렴해서 허니문을 온 커플들은 짐이 되더라도 빼놓지 않고 사간단다. 파리에 와서 커피 맛에 빠져 버린 그녀도 살까 말까 한참을 고민하다가 언제가 될지 모르겠지만 언젠가 결혼을 한다면 그때 사야지 하고 돌아서 나왔다.

　B가 원해서 샹젤리제에 오기는 했지만 사실 샹젤리제는 쇼핑을 할 만한 곳은 아니다. 명품 매장들만 즐비하고 막상 살 만한 물건은 없다. 진정한 쇼핑을 위해서라면 '75) 프랑크 에 휘스(FRANCKETFILS)' 백화점이 있는 메트로 9호선 La Muette 역으로 가야 한다. 총 3개의

75) 프랑크 에 휘스(FRANCKETFILS)
add 80, rue de Passy 75016 paris
tel 01-44-14-38-00
open 월~금 10:00~19:00, 토 ~20:00
metro M9 La Muette
url www.francketfils.fr

층으로 되어 있는 이 백화점은 소박하지만 있을 건 다 있다. 그리고 그 백화점을 시작으로 9호선 Rue de la pompe 역까지 이어지는 거리가 리얼 쇼핑 스트리트.

"여기가 진짜 파리야? 지금까지 보던 파리의 풍경과는 완전히 달라."

La Muette 역에 내린 B가 놀라서 말한다. 오랜 역사와 함께해온 파리 시내와는 분명히 다른 느낌의 이 동네에는 관광객이라고는 찾아보기 힘든, 파리 사람들만의 쇼핑 타운이다. 우리나라에나 있음직한 쇼핑몰도 있고 길 양옆으로 웬만한 브랜드는 모두 모여 있어서 한 번에 모든 걸 해결할 수 있다. 여기에서 그녀와 B는 며칠 전에 만난 사람이 아니라, 마치 오래된 연인들처럼 서로 옷을 골라주고 간식을 사 먹으며 데이트를 즐겼다. 여행 책자에 실린, 꼭 가야 하는 곳에 서서 기념사진을 찍고, 책에 나온 사진과 실물이 정말 똑같은지 확인해보는 것도 여행이지만 이렇게 일상처럼 하루를 보내는 것도 여행이다. 그녀는 문득 돌아가면 다른 어떤 것보다 이 순간이 가장 아련하게 기억날 거라는 예감이 들었다.

둘 다 막바지에 다다른 여행을 핑계 삼아 자신을 위한 쇼핑을 신나게 했다. 그리고 오늘의 마지막을 장식할 장소는 바로 마레. 그녀는 파리에서 마레를 가장 좋아한다. 혼자일 때도 누구와 함께일 때도 마레만 한 곳이 없다. 마레는 언제나 열려 있고, 걸어서 어디든 갈 수 있다.

"마레에 내가 숨겨 놓은 곳이 몇 군데 있는데, 오늘 특별히 그 중 한 군데만 알려줄게."

그녀가 선심 쓰듯 B에게 말한다.

"이왕 여기까지 왔으니 그냥 다 알려주면 되지, 치사하게 한 개만 알려주는 게 어디 있어?"

B가 투덜거려도 그녀는 한 개 이상은 절대 안 된다며 으름장을 놓았다.

'언젠가 다시 너랑 여기에 오게 되면, 그때 나머지 것들을 다 알려줄게.'라고 그녀는 속으로 말한다.

'다시 오게 될지, 아닐지는 알 수 없지만 만에 하나라도 다시 함께 마레의 거리를 밟는 날이 온다면 그때는 뭐든 다 말해줄 수 있는 사이가 되어 있겠지.'

막연한 생각이라 입 밖으로 꺼내기는 부끄럽지만 지금 그녀의 솔직한 마음이다.

그녀가 비밀스럽게 B를 안내한 곳은 '[76] 스위스 문화원(centre culturel suisse paris)'. 큰길가에서는 보이지 않고, 마치 길이 끝난 것처럼 휑한 골목 안에 덩그러니 핫핑크 컬러의 원 하나가 보이면 제대로 찾았다는 증거다. 모르면 절대 찾아갈 수 없는 이곳에서는 재미난 전시가 끊임없이 이어지고 가볍게 즐길 수 있는 카페도 있다. 오늘은 방파제처럼 생긴 커다란 구조물들이 전시되어 있었다. 이렇게 난해한 작품은 그냥 있는 그대로, 눈에 보이는 그대로 이해

76) 스위스 문화원(centre culturel suisse paris)
add 32-38 rue des Francs-Bourgeois
　　　75003 paris
tel 01-42-71-44-50
metro M1 Saint Paul
url www.ccsparis.com

77) 폴(PAUL)
add 89/91 rue saint antoine 75004 paris
tel 01-44-59-84-39
open 월~토 08:00~2:00, 일요일 휴무
metro M1 Saint Paul
url www.paul.fr

하는 게 그녀의 방식. 굳이 어렵게 고뇌할 필요도, 작가의 의도를 파헤칠 필요도 없다. 느낀 그대로 이해하면 된다. 재미난 곳을 소개해 준 보답으로 B는 그녀가 사랑해 마지않는 마카롱을 선물했다. 파리의 대표적인 음식으로 꼽힐 정도로 인기가 높아 여러 곳에서 팔고 있지만 그녀는 '77) 폴(PAUL)'의 큼직하고 먹음직스러운 마카롱을 좋아한다. 그중에서도 특히 보드랍고 고운 초록색의 피스타치오 맛.

"아마 일본 사람들은 이걸 보고 와사비 맛이라고 생각하지 않을까?"

B가 어이없는 농담을 던져,

"그럼 우리나라 사람들은 쑥 맛으로 알게?" 하고 그녀도 똑같이 어이없는 농담으로 맞받아치고, 둘은 함께 웃었다. 웃기지도 않은 농담에 이렇게 웃는 건 조금 위험한 징조다. 그녀는 순간 두려워진다. 무언가 특별한 존재가 생기는 건 아직 별로 달갑지 않다. 조심해야지 하고 그녀는 스스로를 다잡는다.

파리에서 하고 싶은 건 다했다. 하루 동안 둘이서 많이도 돌아다녔다. 이제 남은 건 그녀가 좋아하는 카페에서 따뜻한 커피 한 잔으로 하루를 마무리하는 것뿐. 마지막 밤을 보낼 카페로 그녀는 며칠 전부터 1호선 St. Paul 역 앞에 있는 '78) 돔(DOME)'을 찍어놨었

78) 돔(DOME)
add 4-6 rue de Rivoli 75004 Paris
tel 01-42-78-56-48
metro M1 Saint Paul

다. 특별한 이유가 있는 건 아니다. 그냥 거기에 앉아 지나가는 사람들을 하염없이 구경하며 여행을 마무리하고 싶었다. 당연히 혼자 올 줄 알았던 곳을 어쩌다 보니 B와 함께 왔다. 며칠 전 '레 뒤 마고'에서 쇼콜라를 맛본 B는 그 맛을 잊지 못하고 따뜻한 쇼콜라를 골랐고, 그녀는 이제 당연하다는 듯 카페 알롱제를 주문했다. '레 뒤 마고'보다는 못하지만 그럭저럭 먹을 만한 쇼콜라를 앞에 두고 두서없이 이야기를 이어갔다. 알게 된 지 며칠밖에 되지 않았지만 이미 몇 년을 알고 지낸 듯한 기분이다. 아마 며칠을 꼬박 붙어 다니며 어릴 적 이야기부터 시작해서 남한테 함부로 하지 못하는 이야기까지 전부 다 쏟아낸 덕분인지도 모르겠다. 상대가 정말로 편안한 사람인지는 침묵의 순간에 깨닫게 되는데, 아무 말 하지 않아도 어색하지 않다면 진정 서로를 편하게 생각한다는 증거. 그녀와 B는 대화가 끊겨 물끄러미 커피 잔만 쳐다볼 때도 전혀 어색하지 않았다. 그녀는 잔을 쥐고 있는 B의 손을 가만히 바라보았다. 클라리넷을 연주할 줄 안다는 B의 손은 남자 손치고 유난히 가늘고 하얀색이다. 자신도 모르게 그녀는 B의 손가락을 만졌다. 도망치듯 우울함에 쫓겨 파리로 도망온 그녀였는데 지금은 전혀 슬프지도, 외롭지도 않다. 그러다가 문득 이게 꿈이 아닌가 하는 걱정에 사로잡힌다. 꿈에서 깨면 또다시 잠들지 못할 정도로 우울한 날들이 이어질까 무섭다. 앞에 앉아 있는 B의 존재조차도 실제가 아닐 것 같아 그의 손을 몇 번이나 만져 봤다. 그녀의 이상한 행동에도 B는 놀라지 않고 가만히 그녀의 손 위로 자신의 반대쪽 손을 겹쳤다. 이제야 지금이 현실이라는 사실을 그녀는 인정한다. 그녀는 우울함에서 벗어났고 곧 다가올 봄처럼 따스한 날들이 기다리고 있을 거라는 긍정적인 미래를 기대한다. 계산을 치르고 나와 집으로 돌아가는 길, 그녀는 자연스럽게 그의 팔짱을 꼈다. 둘은 마치 연인인 양 거리를 걸으며 쇼윈도에 걸린 물건들을 평가했다. 함께 사용할 일도 없으면서 저 냄비는 어떻고, 저 소파는 어떻다느니 하는 대화가 오갔고 이 밤이 계속될 것 같은 마지막 밤이었다.

하지만 둘의 이런 관계가 파리에서만 유효하다는 사실을 그녀와 B는 둘 다 잘 알고 있다. 함께한 며칠 동안 몽글한 감정이 샘솟았으며 어젯밤 지하철역에서 헤어지는 손끝에서 서로의 마음을 확인했다. 하지만 여행이 끝나고 현실로 돌아가서도 이 관계가 유지되고 계속될 거라는 기대는 그녀도, B도 하지 않는다. 단지 파리라는 낯선 도시에서만 융통되는 감정이랄까? 만약 며칠을 함께 한 동행이 B가 아니었다 하더라도 이런 감정은 똑같이 생겼을 거라고 그녀는 생각했다. 먼저 돌아간 A였더라도, 며칠 전 함께 라데팡스를 여행했던 잘생긴 젊은 두 청년이었더라도 감정의 모양이나 무게는 똑같았을 거다. 다만 그 자리에, 그 시간에 B가 있었기에 그녀는 B의 팔짱을 끼고 B에게 그런 감정을 느꼈다. 단지 그뿐이다. 그 이상도 그 이하도 아닌 크기의 감정. 어찌 되었건 그녀는 말끔히 치유되었고 이제 새롭게 시작할 수 있다.

파리에 오기 전까지 그녀는 커피의 맛을 제대로 몰랐다. 쓰디쓴 커피를 왜 마시는지, 전혀 알 수가 없었다. 그런 그녀에게 누군가 그런 말을 했었다, 살다 보면 자연스럽게 설탕을 한 숟가락도 넣지 않은 아메리카노의 맛을 알게 될 때가 있다고. 또 언젠가는 그걸 넘어서서 에스프레소가 아니면 안 될 때도 있다고 말이다. 이제야 그녀는 그 말을 실감한다. 이제는 아메리카노가 아니면 안 된다. 조금은 씁쓸하고 때로는 한약 냄새가 풍기는 커피를 마셔야 마음이 진정된다. 그녀를 위기에 몰아넣은 그는 아마 아직도 달달한 커피를 더 즐겨 마시고 있을 테지. 그도 언젠가는 그녀처럼 아메리카노가 아니면 안 될 날이 오게 될 것이다.

그녀는 생각한다. '에스프레소는 물론이고 아메리카노도 마시지 못하는 당신은 아마 아직 인생의 쓴맛을 제대로 보지 못한 걸 거야. 그래서 아직 쇼콜라가 좋은 거지. 게다가 너무 진한 쇼콜라는 쓰다며 그것조차 제대로 먹지 못하잖아. 언젠가 당신이 흑갈색의 커피가

느껴질 때가 오면, 나는 조금 기쁠 것 같아.’

그렇게 그녀의 스물아홉 살 여행은 끝났다. 그리고 이제야 진정으로 누군가를 맞이할 마음의 준비도 끝이 났다.

à
Was
A 30€

여자, 마흔

Intro. 10년 만의 외출

드디어 비행기가 이륙한다. 이제 나는 더 이상 돌아갈 수 없다. 돌아갈 수 있는 가장 빠른 방법은 비행기가 무사히 파리에 도착한 후, 한 달 후로 잡아놓은 귀국 날짜를 변경해서 최대한 빠른 날로 다시 비행기를 타고 서울로 가는 것뿐이다. 막상 비행기가 뜨고 보니, 집에 두고 온 모든 것들이 걱정된다. 더불어 내가 왜 이렇게 여행을 가겠다고 억지를 부렸는지 스스로도 납득이 되지 않는다. 사실 이러한 후회는 비행기가 이륙하기도 전, 공항에서 티케팅을 하고 입국심사하는 곳을 지나치면서부터 시작되었다. 여권과 발권한 비행기 티켓을 들고 입국 수속을 밟으면서 문밖에 서 있을 남편과 열 살 된 딸을 생각했다. 열 살 된 딸은 난생처음 엄마가 자신을 떠난다는 게 어떤 기분인지 전혀 알지 못하는 듯했고, 처음에는 은근히 걱정하던 남편도 이제는 자신만의 온전한 자유의 시간이 기대되는 듯, 한 치의 아쉬움도 없는 표정으로 나를 배웅했다. 그들과 마지막으로 작별인사를 하고 이제는 돌아나갈 수 없는 입국심사대를 거치면서 마음속에 뭔가 모를 불안감이 스멀거리기 시작했다. 이제 와서 다시 돌아나갈 수도 없다. 나에게 주어진 선택이라고는 어떻게든 비행기를 타는 방법뿐. 사실 비행기를 타는 것보다 더 신나는 건 그 전에 즐기는 면세점 쇼핑이다. 비행기 티켓을 예매하고 이미 몇 번이나 면세점을 찾아 사지도 않을 물건들을 구경하는 호사를 실컷 누렸고, 그중에 몇 가지는 주부다운 꼼꼼함을 발휘하여 철저하게 가격 비교를 한 뒤 결제 버튼을 눌렀다. 공항에 들어선 나는 우선 미리 구매한 면세품부터 찾은 후, 하나씩 비닐을 벗겨 물건의 상태를 확인하고 다시 면세점 봉투에 넣어 지퍼를 꽉 닫았다.

나를 한마디로 소개하자면, 그냥 단순하게 전업주부이다. 20대에는 전업주부로 산다는 것이 마치 인생이 끝나는 것처럼 암담하고 무서웠다. 하지만 막상 전업주부의 길로 들어서고 나니 생각보다 홀가분하고 생각만큼 암울하지 않다. 이른 아침, 다른 가족들보다 조금 일찍 일어나 아침을 준비한다. 예전에는 아침에 일어나는 것이 그토록 괴로웠는데, 가족들을 모두 내보낸 후, 혼자 조금이라도 낮잠을 즐길 여유가 있다고 생각하면 별로 어려운 일도 아니다. 실제로 이런저런 집안일들로 바빠서 막상 낮잠을 잘 수 있을 만한 여유가 있는 날은 별로 없지만 그렇게 생각하는 것과 그렇게 생각하지 않는 것에는 아주 큰 차이가 있다. 아무리 힘든 일도 언제든 그만두고 싶을 때 그만둘 수 있다고 생각하면 크게 괴롭지 않지만, 절대 그만둘 수 없다고 생각하면 1분 1초가 괴로워서 미칠 지경이다. 그러니, 너무 힘든 일은 언제든 정말로 못 하겠다 싶을 때가 오면 그만둘 수 있다는 자세로 임하는 것이 좋다. 아무튼 전날 준비해둔—

시간이 많이 걸리는 반찬은 전날에 미리 만들어 두는 것이 습관이다─반찬을 꺼내고 혀가 데일 정도로 뜨겁게 데운 국을 밥과 함께 가지런히 내놓는다. 아무리 더워도 국은 아주 뜨거워야 제맛이라고 여기는 나와는 다르게 남편은 어느 정도 식어서 후루룩 마실 수 있는 국을 좋아한다. 결혼하고 처음에는 국은 이렇게 뜨겁게 데울 필요가 없다고 나에게 몇 번이나 말하던 남편도 이제는 포기했는지, 바로 국을 먹지 않고 밥을 다 먹고 난 다음 국만 따로 먹는다. 밥이랑 같이 먹으라고 국이 있는 거라는 말을 나 또한 몇 번이나 남편에게 되풀이했지만 이제는 어느 누구도 국에 대해 입을 열지 않는다. 10년이나 같이 살다 보면 어떤 말은 해야 하고, 어떤 말은 아무리 말해도 상대방에게 절대 전달되지 않는다는 걸 자연스럽게 알게 된다.

오전 8시면 남편과 딸은 나란히 출근하고 집에는 나 혼자만 남는다. 처음에는 그 기분이 마치 버림받는 것처럼 쓸쓸하게 느껴지기도 했었지만 이제는 홀가분하다는 것이 솔직한 심정이다. 집안일은 마음만 먹으면 원하는 시간 안에 원하는 양만큼 끝낼 수 있다. 스스로 조절 가능한 일인 것이다. 이제는 잘 기억도 나지 않지만 대학을 졸업하고 회사를 다니던 시절, 내 목표는 오직 스스로 조절 가능한 일을 찾는 것이었다. 스스로 스케줄을 정하고 스스로 시간을 배분하며 스스로 원하는 시간에 일을 처리한다. 이 얼마나 멋진 말인가? 결국 내 바람은 모양은 좀 다르지만 어찌 되었든 이루어진 셈이다. 오전에 집안일이 하기 싫으면 오후로 미뤄도 되고, 까짓것 하루쯤 안 하고 넘어간다고 큰일이 생기지도 않는다. 잔소리하는 사람도 없다. 나는 아주 행복한 공간 속에 살고 있다. 세상 어느 누구도 나에게 잔소리를 하지 않는다. 기한 내에 끝내지 못하면 안 될 업무도 없고, 사사건건 트집을 잡는 상사도, 숙제를 내주는 선생님도 없다. 모든 일은 내가 주관하고 내가 해결한다. 하지만 이렇게 정해지지 않은 일일수록 꼭 지키고 싶어 하는 습성이 내 마음속에 있어서 나는 오전에 웬만하면 모든 집안일을 끝낸다. 그리고 간단한 점심을 먹은 후, 오후면 운동을 하러 나간다.

운동은 남편이 유일하게 나에게 요구하는 일이다. 모델처럼 늘씬한 몸매를 바라는 건 아니지만, 지금의 상태를 유지했으면 좋겠다고 남편이 언젠가 진지한 자세로 말한 후로, 나는 주말을 제외한 평일에는 꼭 운동을 한다. 종목은 몇 달, 혹은 1년을 주기로 바뀌는데 지금은 몇 년 만에 다시 수영을 하고 있다. 운동도 혼자 할 수 있는 운동과 꼭 정해진 시간에 맞춰서 강습을 들어야 하는 운동으로 나뉘는데 나는 대부분 전자를 택한다. 매일 같은 시간에 헐레벌떡 뛰어가서 운동을 하는 것이 싫기도 하지만, 그것보다 더 큰 이유는 아직도 주부들로 이루어진 집단에 들어가는 것이 무섭기 때문이다. 나도 그들과 전혀 다르지 않은 주부인데도 왠지 그들과 똑같이 보이는 게 끔찍할 정도로 싫다. 그래서 1대1로 강습을 들은 후에 어느 정도 실력이 늘면 혼자서 할 수 있는 운동을 즐긴다. 그런 이유에서 수영은 꽤 만족스럽다. 혼자서 10바퀴고, 20바퀴고 마음껏 할 수 있다. 움직이는 동안에는 누구도 말을 걸어오지 않는다는 사실 또한 수영의 큰 장점이다.

헬스장에서는 아주 쉽게 누군가에게 무방비 상태로 노출되기 십상이다. 가령 혼자 훌라후프를 돌리고 있다거나 러닝머신 위를 걸고 있자면 누군가가 와서 아주 쉽게 나의 사생활을 넘본다. 그래서 어쩔 수 없이 운동을 할 때에는 꼭 이어폰을 귀에 꽂고 남들이 말을 걸지 못하도록 먼저 손을 쓴다. 물론 대부분은 아무 소리도 나지 않는 이어폰을 귀에 올려놓는 게 전부지만 운동하는 시간만이라도 청명하게 맑은 정신을 갖고 싶다는 게 나의 자그마한 소망이다.

이번 여행은 결혼 후, 처음으로 혼자 떠나는 그야말로 제대로 된 여행이다. 미혼시절, 나는 툭하면 여행을 떠나고는 했었다. 떠나지 않을 때는 있는 힘껏 저축을 하고, 다음 여행은 어디를 갈지 아주 천천히, 그리고 세밀하게 고민하고 결정한다. 아마 그런 삶의 방식이 계속 이어졌다면 결혼 같은 건 하지 않았을지도 모른다. 결혼을 결심하게 된 건, 이제 한동안은 여행을 가지 않아도 될 것 같은 마음이 들어서였다. 결혼을 하고 나서도 물론 여행을 다니긴 했다. 신혼여행부터 시작해서, 여름이나 겨울 휴가철이면 어김없이 어디론가 떠나기는 했으니 여행을 가지 않은 건 아니다. 하지만 엄밀히 말하자면, 여행이었다고 말할 수는 없다. 여행은 자고로 어느 정도 외로워야 한다. 조금 쓸쓸하고 조금 외로워야 풍경도 제대로 보이고, 사람도 제대로 보인다. 결혼 후의 여행에서는 일말의 외로움이나 쓸쓸함도 느낄 수가 없었다. 항상 분주한 상태로, 짐을 싸고 도착해서 짐을 풀고 또다시 돌아오기 위한 짐을 싼다. 짐 싸는 것쯤, 정말 아무 일도 아니었는데 지금은 한 번 짐을 싸려면 적어도 이틀 전부터 가져가야 할 것들을 위한 체크리스트를 만들고 몇 번이나 확인해야 한다. 그 이유는 나만을 위한 1인용 짐이 아닌 우리 가족－남편과 딸－의 짐까지 모조리 나의 몫이기 때문이다. 나도 내가 이렇게 가족의 짐까지 챙기는 억척스러운 주부가 될 줄은 몰랐다. 처음 몇 번은 각자 짐을 쌌는데 그러다 보니 남편은 중요한 것들을 빼놓고 갈 때가 있어서 - 가령 지방 결혼식을 가면서 정장을 놓고 간다거나 - 차라리 내가 책임지고 체크하는 게 낫겠다는 생각이 들었다. 그때부터 짐에 관한 건 모두 내 의무가 되어 버렸다. 아기를 낳아본 사람이라면 누구나 알겠지만 아기가 생기고 나면 말도 안 될 정도로 짐이 불어나 어디 한 번 나가는 게 도리어 귀찮아진다. 승용차가 없으면 아예 나갈 엄두도 나지 않고 이미 나가기도 전에 지쳐 버려 이럴 바에 그냥 집에 있는 게 낫겠다는 생각이 들 정도다. 하지만 그런 시기는 눈 깜짝할 사이에 지나가 버린다. 이제는 제법 자기 손으로 자기 물건을 챙기기도 하고 나를 도와주기까지 한다. 어느새 10살이 되어 버린 딸은 이제 더 이상 아기가 아니다.

돌아보면 모든 것이 너무 순식간에 지나가 버렸다. 처음 결혼을 하고, 예상치 못하게 너무 빨리 딸이 생기고, 그런 삶에 대해 툴툴대고 맞아들이고 인정하는 사이에 10년이 지나 버렸다. 지금은 마치 아주 오래전부터 그랬다는 듯이 모든 것이 그 자리에 있다. 집을 어지르는 사람도 없다. 고요하고 평화롭다. 내가 할 일도 점점 줄어들었다. 하나부터 열까지 내 손을 거쳐야 했던 딸의 생활은 이제는 밥을 챙겨주는 것 정도가 전부이다. 너무 알아서 잘 하는 것도 이렇게 마음에 들지 않을 수 있다는 사실을 예전에는 몰랐다. 부모가 신경 쓸 일 없이 완벽하게 알아서 하는 자식이 가장 좋다고 생각했다. 하지만 막상 그런 상황이 되고 보니 별로 달갑지 않다. 사람은 누구나 자기를 필요로 하기를 원한다. 꼭 내가 있어야만 하는 자리에 있기

를 바란다. 그런 사실을 벗어던지고 싶을 때는 이미 지났다. 여자로
서의 나보다 사람으로서의 나를 더 사랑하고 싶었고, 그게 더 중요
했다. 집안일에 매여 온종일 집에 붙어 있는 여자를 속으로 은근히
무시했었다. 그래서 그렇게 되고 싶지 않아 발버둥 쳤는데, 주어진
환경이 결국 나를 집에 머무르도록 만들었다. 처음에는 그 사실 자
체가 너무 무섭고 인정하기 싫어서 괴로워하다가 어느 순간, 마음이
편안해지면서 즐기기 시작했다. 스스로 인정하고 나니, 남이 어떻게
보든 아무 상관이 없다. 그런데 이제는 그런 나의 임무가 점점 줄어
들어 온종일 할 만한 집안일도 없어졌고, 내가 없으면 아무것도 하
지 못하던 딸도 이제 알아서 척척, 뭐든 잘만 한다. 남편 또한 아침
만 잘 챙겨주면 다른 집안일에는 간섭하지 않는 주의로, 다른 것에
한눈팔아 내 속을 썩이는 일 한 번 없이 10년이 지났다. 모든 것이
무섭도록 안정되고 평화롭다.

　　그런 집에 아주 만족하던 내가 갑자기 불안해진 건 얼마 전이
다. 아무것도 삐뚤어진 것 없이, 아무것도 잘못된 것 없는 이런 삶이
나에게 과연 행복을 주는지 알 수가 없어졌다. 특별히 슬플 일도, 특
별히 행복할 일도 없다. 딸이 시험을 잘 치거나 남보다 뭔가를 좀
더 잘하는 것도 나에게 그렇게 큰 기쁨이 되지 못했다. 만약 너무
못하다가 잘했다면 분명 내 인생에 꽤 큰 기쁨이 되었을 수도 있지
만, 딸은 처음부터 능숙하게 많은 일들을 처리했다. 잘하는 것이 당
연하고 별로 기쁘지도 않다. 나에게 행복을 주는 요소가 무언지 곰
곰이 생각해 보아도 도무지 알 수가 없었다. 그러자 갑자기 불안해
지기 시작했다. 뭘 해도 우울해졌다. 삶은 똑같은데 어떻게 생각하

느냐에 따라 이렇게 사람의 기분과 마음이 변할 수도 있다는 사실이 놀랍기만 했다. 남편과 딸은 그런 나의 변화에 별로 의미를 두지 않았다. 자신들이 필요한 부분만 내가 만족시킨다면 나의 기분이 어떻든 그들은 별로 상관이 없는 듯했다. 그런 나의 상태가 뭔가 이상하다고 느낀 건, 그들이 원하는 부분을 내가 채워주지 않으면서부터였다.

남편의 아침과 딸의 도시락이 제때 준비되지 않고, 집안도 예전처럼 깨끗하지 않게 되면서 그제야 남편과 딸은 내가 뭔가 이상하다고 생각했다. 처음에는 단순하게 귀찮아서 그렇겠거니 하던 것이 바뀌기 않고 계속되자 남편은 정신과 상담을 해보는 게 어떻겠느냐고 말을 건넸다. 스스로도 자제가 안 될 정도로 기분이 급속히 나빠지는 일이 몇 번이나 있었던 나는 남편의 의견을 받아들였고 상담소로 향했다. 우울증이라는 말이 의사의 입에서 나왔지만 나와 남편은 아무도 놀라지 않았다. 그럴 것이라고 생각했기 때문이다. 다행히 심각한 상태는 아니니 걱정할 필요는 없고 이참에 기분 전환을 해보는 게 도움이 될 거라고 의사는 얘기했다. 냉정하다기보다 꽤 합리적인 성격의 남편은 몇 날 며칠을 이 문제를 놓고 고민했고 그의 입에서 나온 해결책은 여행이었다.

한 번쯤 혼자만의 시간을 가져보면서 가정에서 벗어나 뭔가 하고 싶은 일을 찾아보는 것도 나쁘지 않을 것 같다는 남편의 말을 듣는 순간, 가장 먼저 떠오른 건 아직 어린 딸이었다. 한 번도 나와 떨어져 지내본 적이 없는 딸이다. 걱정에 잠긴 나를 보고, 남편은 이런 상태라면 함께 있는 것도 딸에게 별로 좋을 것이 없다고 냉정하게 잘라 말한다. 내가 떠나는 일에 대해 걱정할 것이 하나도 없다는 말이다. 10년 동안 내 생활을 차지하고 있던 남편과 딸, 하물며 청소나 식사까지 어느 것도 신경 쓸 필요 없이 홀로 떠날 수 있게 된 10년 차 주부. 이제 지도를 보며 어디로 갈지 결정만 하면 된다.

그래서 지금 나는 여기, 파리에 있다. 파리를 선택한 건 순전히 파리라는 이름에서 풍겨 나오는 로망 때문이었다. 일본이나 홍콩, 동남아시아같이 가까운 나라에는 가족들과 몇 번이나 여행했지만 이렇게 먼 곳까지 와본 적은 없다. 그리고 두 번째 이유라면, 서점의 여행코너에 유독 파리에 대한 책이 많았기 때문이기도 하다. 이렇게 많은 책이 나올 정도의 도시라면 심심하지 않을 테고 길을 잃을 염려도 없어 보였다. 일단 한 달 정도 파리에서 머물기로 하고, 어디서 묵을지 몇 날 며칠을 고민했다. 홀로 하는 여행이 무섭기도 해서 한국인이 운영하는 민박집에 묵을까 생각도 해봤지만 한국인이 많은 곳에서 복작거리면 즐겁기는 하겠지만 혼자 생각할 여유가 없을 것 같았다. 그렇다고 한 달 내내 말도 통하지 않는 유스호스텔이나 말할 사람이 아무도 없는 호텔에 덩그러니 혼자 있을 자신도 없었다. 그래서 결정한 곳이 유학생 커플이 살고 있는 스튜디오의 방 한 칸. 그들로서는 방세가 줄어들어 좋고 나로서도 말이 통하면서 뭔가 모를 때 물어볼 사람도 있으니 서로에게 이득이다. 그렇게 나의 10년만의 외출이 시작되었다.

내기 빌린 방은 바스티유 근처에 오래된 아파트였다. 우리나라 같으면 지은 지 20년만 되어도 낡았다고 했을 테지만 그 집은 자그마치 100년 가까이 된, 오래된 5층짜리 건물이었다. 그래도 중간 중간 보수도 하고 쉴 새 없이 관리해서인지 깨끗하고, 잘 손질된 꽃들이 마당을 가득 채우고 있었다. 날은 한창 4월 중순을 향해 달리고 있었고 파리는 막 솟아나는 초록색들로 싱그러움을 더하고 있었다. 20대 초반의 집주인 커플은 싹싹하면서도 때로는 진지한 표정을 지었고 또 에너지가 넘쳤다. 20대에 자신이 원하는 일을 찾아 이렇게 먼 곳까지 왔다는 사실 자체가 나에게는 대단해 보였다. 떠나기 전, 이메일을 주고받으며 방을 구할 때는 솔직히 속으로 '어린 나이에 외국에서 공부나 제대로 하겠어?'라는 마음이 들기도 했지만 실제로 만나 보니 내가 생각한 것 이상으로 훨씬 어른스러웠다.

　도착한 첫날, 그들은 나를 앉혀놓고 파리 지도를 보며 이곳저곳을 설명하기 시작했다. 그들 눈에는 마흔 살이나 먹은 아줌마가 지하철이나 제대로 탈 수 있을지 걱정되었던가 보다. 여학생은 컬러 볼펜과 형광펜까지 가지고 나와 지도에 크게 동그라미를 치며 꼭 가봐야 할 곳과 시간이 났을 때 들르면 좋을 곳, 책에서 아무리 좋다고 해도 갈 필요가 없는 곳 등 세세하게 분류하며 설명을 더했다. 친절한 커플 덕분에 막연했던 여행이 서서히 형태를 띠어 간다.

01.
애피타이저로 마레,
메인 디시는 퐁피두

집주인 커플은 집이 바스티유 근처에 있는 게 얼마나 큰 행운인지 몇 번이나 되풀이하며 강조했지만, '파리는 곧 에펠탑'이라는 상식밖에 없는 나로서는 별로 와 닿지 않는 말이었다. 그런데 며칠을 살다 보니 그 말이 무슨 뜻인지 이제야 알 것 같다. 바스티유 근처라는 말은 곧 마레까지 걸어서 갈 수 있다는 뜻이었다.

여행의 첫날, 우선은 동네에 뭐가 있는지 슬슬 걸어 보기로 했다. 직업이 주부이니만큼 알록달록한 그릇이나 인테리어 소품만 보면 눈이 커지고 가슴이 뛰는데 동네에는 나를 흥분시킬 상점들이 줄

79) 아비타(habitat)
add 42/44 rue du Faubourg
    Saint-Antoine 75012 Paris
tel 0826-107-207
open 월~토 10:00~19:30
metro M1・5・8 Bastille
url www.habitat.net

을 지어 기다리고 있었다. 그중 특히 '[79] 아비타(habitat)'는 적어도 이틀에 한 번을 들러서 구경할 정도로 가격이나 품질, 디자인까지 모두 만족스러운 곳. 인테리어 제품들이 주를 이루기는 하지만 그 밖에도 문구류, 가구, 패브릭 등 구경할 것들이 끝이 없고 가격도 정말 착하다. 집에 있는 테이블이 하얀색이라 테이블 매트를 모으는 게 취미인 나로서는 이곳의 저렴하고 컬러풀한 매트들을 모조리 다 집으로 가져가고 싶은 충동에 휩싸였다. 그에 비해 '[80] 메종 뒤 몽드(maisons du monde)'는 조금 더 정갈하고 앤티크한 분위기. 젊은 사람들보다는 40~50대의 진정한 주부들이 좋아할 취향이다. 40대에 접어들기는 했지만 아직 30대의 감성을 버리지 못한 나는 'habitat'에서 조금 유치하지만 톡톡 튀는 민트 컬러의 테이블 매트 두 장을 집어 들고 어제 막 떠나왔으면서 벌써 그리워지기 시작한 우리 집을 생각했다.

80) 메종 뒤 몽드(maisons du monde)
add 32 rue du Faubourg Saint-Antoine 75012 Paris
tel 01-53-33-83-07
open 월 11:00~19:30, 화~토 10:00~19:30
metro M1 · 5 · 8 Bastille
url www.maisonsdumonde.fr

　　그냥 걷기만 해도 너무 좋은 4월의 날씨 덕분에 나는 좀 더 걸어보기로 했다. 골목을 지나 큰길이 나오자 여기서부터 마레라고 알리는 '81) 르노뜨르(LENOTRE)' 과자점이 나왔다. 내가 익히 알고 있는 빵은 거의 팔지 않고 케이크가 대부분을 차지한다. 그리고 와인. 와인이라는 음료를 마시게 된 지는 얼마 되지 않았다. 그전에는 축하할 일이 있으면 이따금 남편과 맥주를 한 잔씩 하며 분위기를 냈었는데 언젠가 남편이 와인을 한 병 손에 들고 들어왔다. 와인은 고급스러운 레스토랑에서나 먹는 음식이라는 생각이 머리에 박혀 있던 나는 깜짝 놀라 이게 웬 거냐고 물었더니 남편은 아무렇지도 않게 씩 웃으며 "이제 우리도 맥주 말고 와인"이라고 말했었다. 그 후로는 심심찮게 남편과 와인을 홀짝거리고 살지만 그래도 역시 와인은 특별한 날 마시는 거라고 생각한다. 그런데 파리에서는 와인이야말로 가장 소박하고 무난한 음료수인 듯, 어젯밤 유학생 커플은 나를 반기는 의미로 와인을 꺼냈었다. 'LENOTRE'에는 신기하게도 한쪽 벽에 와인을 판매하고 그에 어울리는 간단한 햄과 연어, 샌드위치도 함께 판매하고 있다. 빵집에서 와인이라니, 정말 파리는 신기한 동네다.

81) 르노뜨르(LENOTRE)
add 10 rue Saint-Antoine 75004 Paris
tel 01-53-01-91-91
open 월~일 9:00~18:00
metro M1·5·8 Bastille
url www.lenotreboutique.com

여기서부터 골목 사이로 아무렇게나 발이 가는 대로 걸으면 된다고 어제 커플이 말해주었는데, 나는 골목보다는 큰길을 따라 먼저 둘러보고 싶어졌다. 골목부터 가면 어떻고, 큰길부터 걸으면 어떠냐고 남들은 말하겠지만 나한테는 상당히 중요한 부분이다. 옛날부터 나는 큰 것부터 세세한 것으로 차례로 하는 걸 좋아한다. 누군가 시키지도 않았고 그렇게 하지 않는다고 큰일이 생기는 건 더더군다나 아니지만 살면서 자기만의 규칙이 하나쯤은 있기 마련. 누군가는 계단을 올라갈 때 꼭 왼발부터 시작해야 한다는 강박관념이 있는 것처럼 말이다.

큰길을 따라 걷다가 흥미로운 가게 하나를 발견했다. 우리나라로 치면, 양념장 가게 정도 될까? 1908년부터 문을 열었다니 100년도 넘었다. 한마디로 말하면 여러 종류의 소스를 파는 곳인데 그게 또 그렇게 간단하지만은 않다. 기본 소스에 푸아그라나 연어를 베이스로 여러 채소를 절여 만든 이 가게만의 독특한 맛이 가장 인기가 높고, 항상 여러 맛을 시도한다는 점에서 주인의 열정이 느껴진다. 이곳에서도 역시 와인과 함께 포장해서 팔기도 하는 걸 보니, 파리에서의 와인은 언제 어디서나 즐기는, 가장 편안한 음료인 것 같다. 특히 와인과 함께 묶어 파는 소스 세트는 집들이 선물로 정말 제격일 듯하다. 아참, 가게 이름을 빼먹을 뻔했다. 여기는 '[82] 콩테스 뒤 배리(Comtesse du Barry)'. 작기 때문에 자칫하면 그냥 지나치기 쉬우니 관심 있는 분들은 눈을 크게 뜨고 간판을 찾아야 한다.

가게를 나와 조금 더 걷다 보니 지하철역이 나왔다. 오늘은 동네나 둘러보자는 마음으로 가볍게 나오기는 했지만 막상 나오니 조금 멀리 가고 싶어졌다. 마레는 말 그대로 동네에 있으니 마음만 먹

82) 콩테스 뒤 배리(Comtesse du Barry)
add 93 rue Saint-Amtoine 75004 Paris
tel 01-40-29-07-14
metro M1 saint-Paul
url www.comtessedubarry.com

으면 언제든 다시 올 수 있다. 지하철을 타고 여행을 오기 전부터 꼭 한 번 가보고 싶었던 퐁피두센터를 가보기로 했다. 매일 꼭 목적이 있는 장소 – 예를 들면 장을 보기 위해 마트, 아이를 데려다주기 위해 학원 – 만 다니다가 아무런 목적도 없이 오로지 나의 의지에 의해 어딘가를 가려니 그것도 쉬운 일이 아니다. 혹시나 싶어 가지고 나온 가이드북에 온몸을 의지해서 퐁피두센터 앞 11호선 Rambuteau역에 내렸다.

무사히 도착했다는 안도감 때문인지 긴장이 풀리면서 배에서는 꼬르륵 소리가 연이어 터져 나온다. 이런 때 40대 아줌미의 게릭터로 본다면 혼자 맥도날드에 가서 허겁지겁 배를 채우는 게 일반적일지 모르겠지만 지금까지 여행 경험을 살려 – 혼자서 하는 여행은 처음이지만 여행은 심심찮게 했으므로 – 제대로 된 곳에 들어가 파리에서의 첫 끼니를 해결해 보려고 마음먹었다. 배는 고프고 대체 어디가 맛있는지도 모르겠고 더 깊숙이 생각하면 솔직히 어떤 맛이 여

83) 프런치(flunch)
add 21 rue de beaubourg
tel 01-40-29-09-78
metro M11 Rambuteau
url www.flunch.fr

기에서는 맛있다고 말하는지도 모르겠다. 그러다가 지하철에서 나오는 구멍 바로 앞에 있는 '83) 프런치(flunch)'를 발견했다. 먹음직스러워 보이는 음식 아래로 4~8유로 정도의 음식 가격이 적혀 있는데 그게 또 음식을 더 맛있어 보이게 만든다. 그대로 유혹에 이끌리듯 계단을 따라 내려가 보니 사람들이 북적북적. 메인 요리만 주문하면 샐러드바가 무료다. 사진을 보고 적당한 메뉴를 골라 주문을 하고 자리에 앉아 주위를 둘러봤다. 학생들 무리와 단체로 온 관광객들도 눈에 띈다. 단체 관광객들은 대부분 나보다 나이가 많거나 간혹 나와 비슷한 나이 또래도 보였다. 지금까지 가족들과 함께 다닐 때는 나도 저렇게 큰 무리 속에 속해 있었는데 지금은 여기 나혼자 있다. 그 사실이 나도 모르게 뿌듯해졌다. 내가 아는 40대 여자 중에서 이렇게 혼자 먼 곳까지 여행을 오는 사람은 아주 드물다. 그들은 전혀 그렇게 생각하지 않겠지만 나는 막연히 내가 그들보다 아주 조금 우월하다는 생각에 빠진다. 남한테 피해를 주는 것도 아니고, 입 밖에 꺼내어 그들을 조롱하는 것도 아니니 이런 생각을 하는 것쯤은 괜찮다. 여행을 오길 잘했다는 생각이 처음 들었다.

배가 터지도록 포테이토를 집어 먹고 나와 퐁피두센터로 걸어 가는 길에, 작은 영화관 하나를 발견했다. 나중에 알게 된 사실인데, 프랑스의 영화 체인 중에 하나인 '84) MK2' 영화관이었다. 작고 아담해서 자칫 영화관인지 모르고 지나칠 수도 있을 만한 크기의 이 영화관에는 주로 비상업적인 영화들이 상영된단다. 젊었을 때는 영화를 꽤 좋아했었는데 이제는 영화관에 가본 게 언제인지 기억도 나지 않을 만큼 까마득하다. 생각해보면 영화관에 갈 수 있는 시간은 얼마든지 있다. 평일 오전에 혼자 조용히 조조영화를 봐도 되고 수영을 하고 나와 오후에 들러도 된다. 가지 말라고 하는 사람도 없고 간다고 뭐라고 하는 사람도 없는데 왜 그동안 영화관을 가지 않은 거지? 그건 아마도 내 스스로 영화에서 멀어졌기 때문일 것이다. 아이가 어릴 때야 육아에 지쳐 영화 같은 건 생각할 겨를도 없었지만 이제는 아닌데, 자기 혼자 나는 여유가 없는 사람이라고 못 박아 두었기 때문이다. 이렇게 멀리까지 와서야 그 사실을 깨닫다니 여유는 여행을 와야만 생기는 게 아니었다.

'여행 첫날부터 줄줄이 깨달음을 얻는군.'

그러는 사이, 눈앞에 '85) 퐁피두센터(Centre Pompidou)'가 그

모습을 드러냈다. 책에서 볼 때보다 훨씬 더 웅장한 모습의 빨간색 에스컬레이터가 눈을 사로잡는다. 그 모습에 마음을 빼앗겨 한참을 그 자리에 서서 움직이는 에스컬레이터만 가만히 바라보고 있자니, 누군가 와서 등을 톡톡 두드린다. 여기서 나를 아는 사람도 없는데 누구지 하는 생각을 아주 짧은 동안 하면서 고개를 돌리자 금발머리의 여학생이 손짓으로 말을 한다. 어차피 계속 서서 볼 거면 자기 옆에 앉아서 보란다. 외국인이랑 말을 한다는 상상을 해본 적이 없는 나로서는 두려움이 앞서서 눈을 동그랗게 뜨고 가만히 서 있자 괜찮다며 팔을 끈다. 호주에서 왔다는 하얀 얼굴의 아가씨는 나를 배려한 듯 아주 또박또박 잘라가며 말을 건넸다. 우리는 잘 통하지도 않는 영어로 퐁피두센터의 아름다움에 대해 논하다가 맞은편에 있는 아이스크림 가게에서 나는 바닐라 맛을, 호주 아가씨는 진한 초콜릿을 골라 사이좋게 나눠 먹고는 헤어졌다.

퐁피두센터 안은 깔끔하게 정돈되어 있었지만 막상 어디부터 봐야 할지 도통 알 수가 없었다. 중간에 있는 안내센터에서 설명서 하나를 받아들고 왼쪽부터 천천히 돌아보기 시작했다. 무료로 입장할 수 있는 전시도 슬쩍 둘러보고, 1층에 있는 서점에 들어가 예술

서적도-무슨 뜻인지는 잘 모르지만 색감이 예쁘면 보는 것만으로도 행복한 기분에 빠진다-좀 뒤적이다가 오늘의 마지막 하이라이트인 옥상. 에스컬레이터를 타고 쭉 올라가면 퐁피두센터의 옥상에 다다르는데 여기서 보는 풍경이 끝내준다고 여행 오기 전에 남편의 친구가 슬쩍 말해줬었다. 실제로 올라가 보니 가히 그 말이 거짓이 아니었다. 저 멀리 에펠탑이 보이고 쭉 늘어선 낮은 건물들이 내가 진짜 파리에 와 있음을 실감케 한다. 마흔 살이 되고서야 이렇게 처음으로 혼자만의 시간을 갖다니, 나도 참 답답한 노릇이다.

02.
골목을 누비는 재미,
생 제르맹 데 프레

아침에 지도를 펴놓고 오늘은 어디를 갈지 고민에 빠졌다. 어린 커플이 추천해준 곳은 수두룩한데 막상 그중에 어디부터 가야 할지 정하는 것도 쉽지 않다. 이런 고민이 얼굴에 나타났는지 막 학교로 가려고 신발을 신던 동작을 잠시 멈추고, "그렇게 고민되면 오늘은 그냥 '생 제르맹 데 프레'로 가세요. 후회는 없을 거예요!"라고 씩씩하게 외쳐 준다. 일단 고민을 해결해준 그들에게 감사의 인사를 한 후, 어제 들어오는 길에 집 앞 마트에서 산 샐러드와 오늘 아침에 막 사온 말랑말랑한 바게트로 간단히 아침을 해결했다.

Saint Germain des-Pres 역은 7호선이다. 복잡한 글씨로 조그맣게 쓰인 지하철 지도에서 내가 가려는 역을 찾는 것도 쉬운 일은 아니다. 어쨌든 역을 찾았으니 이제 가기만 하면 되는데, 집을 나서면서부터가 나에게는 여행이고 모험.

역에 내려 무작정 앞으로 난 길로 걸었다. 그런데 아무것도 없다. 골목을 몇 바퀴나 돌았는데도 대체 나에게 뭘 보라고 이 동네를 추천했는지 알 수가 없다. 흔한 옷 가게도 없고 레스토랑도 잘 보이지 않는다. 길가에 무슨 가게들이 있는 것 같기는 한데 다들 뭘 하는 곳인지 알 수가 없어 가만히 창문을 통해 들여다보니 그제야 고개가 끄덕여졌다. 이 동네는 모조리 작은 갤러리들이 차지하고 있었던 것이다. 4월의 강한 햇볕이 창문 유리에 반사되어 창밖에서는 안쪽이 잘 보이지 않는다. 손바닥으로 햇볕을 가리고 안을 두리번거리자 안쪽에서 들어오라는 손짓을 한다. 당황한 나는 얼른 괜찮다면 손을 흔들어 보이고는 가던 길을 계속 걸었다. 그런데 걸어 봤자 어차피 보이는 건 갤러리밖에 없다. 미술작품 같은 건 예술가들이나 보는 거라는 생각이 이미 머리에 박혀 있는 나는 갤러리에 들어가 그윽한 눈빛으로 그림을 보며 뭔가 알았다는 듯이 고개를 끄덕이는 행위가 영 낯간지럽고 어색하다. 결국 몇 바퀴를 고스란히 걷기만 하다가 레스토랑이 즐비한 골목을 만났다. 혼자 갤러리에 들어가는 건 아직 마음의 준비가 되지 않았지만 혼자 밥 먹는 것쯤은 할 수 있다. 햇볕이 드는 야외에 테이블이 가득 깔려 있고 한 골목 전체가 레스토랑인 이곳에서 어디서 무엇을 먹을지 또 고민에 빠졌다. 여행은 정말 선택과 결정의 연속이다.

길의 한중간에 서서 왼쪽, 오른쪽을 번갈이기며 보다가 오늘 점심을 먹기로 한 곳은 지나가다가 몇 번 본 적이 있는 '[86] 폴(PAUL)'. 어제 본 곳은 빵만 팔고 있었는데 여기에는 식사도 가능한 모양이다. 푸근한 인상의 아줌마에게 안내를 받아 자리에 앉고 메뉴판을 본다. 역시 알 수 없는 말들의 나열. 점심시간이라 여러 세트 메뉴가 있는 듯하다. 나는 음료와 디저트가 포함된 16유로짜리 메뉴를 주문

86) 폴(PAUL)
add **77 rue de Seine**
tel **01-55-42-02-23**
open **월~토 07:30~21:00, 일 08:00~19:00**
metro **M10 Odeon**
url **www.paul.fr**

했다. 얇게 썬 감자를 타원모양으로 만들어 끝 부분이 살짝 까맣게 될 정도로 튀긴 후, 그 위에 크림치즈를 듬뿍 바르고 마지막으로 내가 너무나 좋아하는 연어를 감자가 다 가려질 만큼 가득 올렸다. 그리고 포인트로 레몬 한 조각. 스타 셰프가 만드는 요리가 어떤 맛인지는 모르겠지만 이 정도면 나한테는 꽤나 만족스럽고 과분한 점심이다. 조금씩 더워지는 날씨 탓에 따뜻한 커피 대신 청량감이 맴도는 복숭아 맛 음료를 꿀꺽꿀꺽 마시며 디저트로 고른 머랭 레몬파이까지 깨끗하게 해치웠다. 쌉싸래한 레몬 향이 코끝을 찌르는 동시에 크림의 단맛이 혀를 녹이는 천국의 맛이었다. 혼자서 이렇게 여유롭게 식사를 해보는 게 대체 얼마 만일까? 생각도 나지 않는 그 어느 때부터 나에게 식사는 즐기는 것이 아닌 의무사항이었다. 가족들을 위한 식사는 의무지만 나를 위한 식사는 대충 건너뛰어도 된다는 생각에 혼자서 식사를 할 때면 과일이나 빵 같은 음식들로 배만 채우기에 급급했었다. 처음 결혼했을 때는 나 혼자 먹어도 품위 있고 우아하게 차려 먹으려 노력했었는데 언젠가부터 나 혼자 먹을 때만이라도 식사라는 일에 신경 쓰고 싶지가 않았다. 아무튼 이런 점심 한 끼도 나에게는 호사. 자리에서 계산을 마치고 배를 두드리며 나와

다시 골목으로 접어들었다. 골목들이 모두 비슷하게 생겨 이 길이 조금 전에 지나간 길인지 아닌지도 모르겠다. 갤러리는 역시 들어가 보기에 민망한 장소라 밖에서 구경하는 걸로 만족하고 일단은 이 골목을 벗어나려면 큰길 쪽으로 나가야 된다는 생각이 들었다. 다행히 방향감각은 어느 정도 있는 편이라 이쪽이다 싶은 방향으로 쭉 걸어가니 센 강이 보인다. 오른쪽으로 뭔가 중요해 보이는 건물이 서 있는데 당연히 그 건물의 정체를 알 수는 없다. 볼록 솟아오른 돔이 눈에 띄어 일단 사진을 몇 장 찍고 집에 돌아와 책을 찾아보니 '[87] 프랑스 학술원(Institut de France)'이었다.

　유명한 사람들 - 파스칼, 몽테스키외, 데카르트 등 - 이 거쳐 간 이곳은 한마디로 말해 여러 분야의 프랑스 학자들로 구성된 학술기관. 여기에 이름이 오르면 그 자체가 프랑스 사람들에게는 가문의 영광이란다. 얼마나 똑똑해야 이곳에 들어갈 수 있는지는 모르겠지만 바로 앞에 있는 센 강을 보며 연구를 하면 꽤 성공적이겠다는 생각은 들었다. 학술원 바로 앞에는 다리 하나가 있는데 이게 보통 다리와는 좀 다르다. 다리를 건너려는 사람보다 다리 위에 앉아 있는 사람이 더 많다. 다리의 역할이란 건 본디 강의 이쪽저쪽을 이어주는 것인데 왜 건너지 않고 앉아 있는

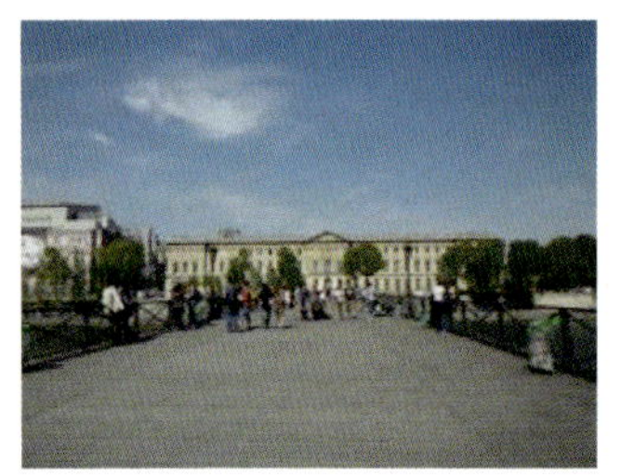

건지 파리에는 정말 이해가 되지 않는 일이 많다. 나는 정리가 되지 않는 머리로 다리 앞에 서서 다리의 이름표를 확인했다. 이름하여 단순하면서도 명쾌한 '88) 예술의 다리(Pont Des Arts)'이다. 센 강 위에 있는 다른 다리들과 확실히 다른 점은 차가 없다는 것. 오직 사람만을 위한 다리이다. 루브르궁전과 프랑스 학술원을 이어주는 다리로 예전 19세기 초에 상류층 사람들을 위한 산책로로 만들어졌다. 지금은 이름에 걸맞게 화가나 사진작가 같은 예술가들이 자신의 작품을 전시하는 공간으로도 이용하면서 그 작품들을 보기 위해 많은 사람들이 몰리기도 한다.

예술의 다리를 지나 루브르 근처를 쏘다니다 보니 어느새 저녁때가 되었다. 파리의 봄은 벌써부터 해가 길어져서 시계를 보지 않으면 지금이 아직 낮인 줄 알았을 텐데 다행히 배꼽시계가 저녁때가 되었음을 알려준다.

점심은 어디에나 있는 **PAUL**에서 해결했으니 저녁은 파리지앵들이 갈 만한 진정 파리다운 레스토랑에서 먹어 보자 싶어 얇은 책자를 뒤적이다가 예술의 다리도 만나고, 수많은 갤러리도 거쳤던 오늘을 마무리하기에 적당한 곳을 찾아냈다. 이곳까지 가려면 또다시 예술의 다리를 건너고 길을 헤매야 할 것 같아 좀 복잡하게 둘러가

지만 그냥 지하철을 타기로 했다. 레스토랑의 위치는 10호선 **Mabillon** 역, 이름은 '89) 라 팔레트(La Palette)'. 세잔과 피카소가 드나들어 유명해진 곳이라고 한다. 아주 소박하고 오래돼 보이는 입구가 눈길을 끈다. 알고 봤더니 처음 문을 연 1902년부터 그 모습 그대로를 간직하고 있단다. 짧은 시간에 모든 것이 생긴 우리나라에서는 상상도 할 수 없는 일이다. 파리에 비하면 우리나라는 정말 최첨단 도시 같다. 모든 빌딩이 높고 복잡하고 똑같이 생겼다.

가게에는 젊은 사람들이 삼삼오오 모여 맥주나 가벼운 칵테일을 마시고 있었다. 나는 또 신중하게 메뉴판을 보고 식빵 사이에 햄과 치즈를 넣어 담백하게 맛을 내는 크로크무슈(Croque-monsieur)를 시켜 이번에는 주위를 둘러볼 겨를도 없이 허겁지겁 먹었다. 꽤 배기 고팠던 모양이다. 그리고 아직 해는 있지만 8시에 가까운 시곗바늘이 나를 더 조급하게 만들었다. 저녁 8시는 주부에게는 집으로 돌아가기에도 이미 늦은 시간이다.

03.
오직 눈으로만 하는 쇼핑

파리에 온 지 고작 3일째인데 마치 몇 주는 된 듯하다. 아무래도 집에 두고 온 가족들이 신경이 쓰여 그런 것 같다. 미주알고주알 써서 보낸 이메일에 대한 답장이 고작 두어 줄뿐인 걸 보면 딸이나 남편이나 내 빈자리를 별로 크게 느끼는 것 같지는 않은데 괜히 나만 안절부절못한다. 이게 바로 주부 병이고 엄마 병인데 말이다. 20대의 유학생 커플은 내가 생각했던 것보다 어른스럽고 또 반면에 귀여울 때도 많다. 혼자서 척척 밥도 챙겨 먹고 학교를 다니는 걸 보면 대단하다는 생각이 들다가 또 둘이서 토닥일 때 보면 영락없는 어린 커플이다. 항상 아침에 가이드북을 펼치고 오늘은 어디 갈지 고민하고 있는 나를 보면 그냥 지나치지 못하고 책에 나온 곳이 아닌 새로운 곳을 추천해주는 덕분에 나는 진짜 파리지앵이 된 것 같은 기분에 빠졌다.

오늘은 '90) 튈르리 공원(Jardin des Tuileries)'으로 가보기로 했다. 날이 이토록 좋으니 공원에 앉아 있기만 해도 더할 나위 없이 좋을 것 같아 나가는 길에 동네 마트에 들러 사과 몇 개를 샀다. 공원이 이렇게 좋은 장소인 줄 지금껏 미처 몰랐었다. 초록색 키 큰 나무들이 하늘 위로 솟아 있고 사람들은 여유롭게 앉아 햇볕을 즐긴다. 나무의 또렷한 색감만큼 하늘도 구름 한 점 없이 파란색. 공원을 걸으며 사과를 먹을 계획이었으나 바닥에 깔린 모래들이 바람을 일으켜 그 계획은 무산되고 대신 벤치에 앉아 느긋하게 사과 두 알을 베어 먹었다. 과일도 계절을 타는지 봄에 먹는 과일은 겨울보다 훨씬 물이 풍부하고 부드럽다.

튈르리 공원까지 왔으니 다음 순서는 당연히 오랑주리 미술관을 둘러보는 건데 이렇게 환하고 바람이 살랑거리는 날에 굳이 답답한 미술관 안으로 들어가고 싶지는 않아 공원을 몇 바퀴나 돌았다. 그리고 공원에서 나와 높은 철제 담장을 따라 이어진 쇼핑센터들을 구경했다. 다른 곳과는 다르게 확실히 관광지라는 느낌이 물씬 풍기

는 가게들이 많다. 그래서 딱히 뭘 사기보다는 구경하기 위한 곳이라는 생각이 든다. 물론 가게 주인들이 들으면 절대 아니라며 펄쩍 뛰겠지만 말이다. 그래도 그중에는 정말 사고 싶은 물건들만 골라 팔고 있는 곳도 몇 군데나 있어서 살까 말까 고민하다가 지금이 여행 중이라는 사실을 깨닫고는 집었던 물건을 고이 내려두고 나왔다. 소개하자면 'SAGIL'이랑 'Marechal.'

1층만 보면 아주 조그맣다고 여겨질 '91) 사길(SAGIL)'은 2층으로 가면 고급스러운 그릇들과 유리로 된 수공예품들이 화려하게 진열되어 있다. 예쁜 만큼 당연히 가격도 어느 정도 나가서 여행 중에 사기에는 좀 부담스럽지만 또 그런 물건들에 돈을 아끼지 않는 주부들에게는 하나쯤 살 수도 있는 가격이랄까. 천장에는 유리로 된 큰 샹들리에가 걸려 있고 넓은 공간을 빼곡하게 채운 값비싼 그릇들과 액자 그리고 소품들은 보는 것만으로도 호사스러운 기분이 든다.

내 손에 들어온 물건은 없지만 마음은 이미 충족된 상태로 가게를 나와 그 여운이 채 가시기도 전에 또다시 마음을 빼앗겨 버리는 물건을 발견했다. 나는 어린아이처럼 유리창 밖에 서서 두 손으로 유리를 짚고, 저마다 다른 포즈를 취하고 있는 장난감 병정을 뚫어지게 쳐다봤다. 내가 어릴 때도 분명 레고나 미니어처들은 존재했을 텐데 어릴 적에는 그런 것 따위에 눈도 돌리지 않고 오직 종이인형에만 열을 올렸었다. 그런데 도리어 어른이 되고 나서 레고의 반듯한 아름다움이나 세밀하게 묘사된 미니어처들의 매력을 새삼 알게 되었다. 그런데도 막상 나를 위해서는 선뜻 사지지가 않아 어린 딸을 핑계 삼아 어딘가 갈 때마다 기념으로 사서 모으고 있다. 딸은 내 취향을 닮아서인지 그런 물건들에는 관심도 가지지 않다가 최근에는 자기 방에 있던 것들도 모조리 꺼내 거실 장식장 위에 던져두었다. 자기 방에 자신의 취향이 아닌 건 두고 싶지 않다는 확실한 의견이 생긴 것이다. 어쨌거나 지금까지는 나의 욕구를 딸을 빌미 삼아 채우고 있었던 셈인데 이제는 핑곗거리도 사라졌으니 더 이상 사 모으는 건 무리인가 싶다. 그래도 보는 것만으로는 뭐 괜찮지 싶어 일단 문을 열고 들어가자 아래로 내려가는 계단이 보인다. 아래층에는 귀여운 얼굴, 무서운 얼굴, 경찰들, 무쇠 옷을 입은 장군들까지 실로 다양한 종류의 사람 얼굴을 한 인형들이 모여 있었다. 차마 손은 대지 못하고 눈으로만 하나하나 구경하고 있자니 주인이 나와 만져 봐도 된다고 슬쩍 말해준다. 딱히 살 생각은 없던 터라, 나는 괜찮다며 웃어 보였다. 결국 어른들을 위한 장난감 가게인 '[92] 마르샬(Marechal)'에서도 아무것도 사지 않고 빈손으로 나왔다. 때로는 뭔가를 사는 것보다 사고 싶은 욕구를 참았다는 사실이 더 큰 만족을 줄 때가 있다. 지금이 바로 그런 때. 난 마치 두 손 가득 쇼핑을 한 사람처럼 기분이 좋아져서 오늘은 아무리 쇼핑을 해도 괜찮겠다는 생각이 들었다.

92) 마르샬(Marechal)
add 232 rue de Rivoli 75001 PARIS
tel 01-42-60-71-83
metro M1 Tuileries
url www.limogesmarechal.com

한 블록 들어가자 이제는 본격적인 쇼핑의 시작이라고 알리듯 눈에 익은 고가의 브랜드 매장들이 보이지도 않을 정도로 멀리 늘어서 있다. 쇼핑은 대부분 여자들의 전유물이라 여성을 위한 매장들은 이렇게도 많은데 남자들을 위한 곳은 극히 드물다. 아직 여행이 끝나려면 멀었지만 남편을 위한 선물은 떠나오기 전부터 정해놓았던 것이 있어서 미리 한 번 둘러보자는 마음에 일단 '93) 휴고 보스(HUGO BOSS)'로 들어갔다.

매일 정장을 입고 출근하는 남자가 특히 신경 써야 할 몇 가지 물건들이 있는데 그중 하나가 바로 벨트. 지금 남편이 쓰는 벨트는 10년도 더 전, 연애할 때 내가 선물한 것으로 지나간 시간의 때가 고스란히 묻어 있다. 그래서 아침에 출근을 할 때마다 그 벨트가 자

93) 휴고 보스(HUGO BOSS)
add 372-374 rue saint honoré 75001 paris
tel 01-47-03-67-20
open 월~토 11:00~19:00
metro M1 Tuileries
url www.hugoboss.com

꾸만 내 신경을 건드리고 있었는데 막상 사려면 또 만만찮은 가격이라 내내 못 본 척하고 있다가 이번 기회에 꼭 사주려고 마음먹고 있었다. 휴고보스의 다른 물건들은 모르겠지만, 일단 벨트는 꽤 만족스러운 가격표를 붙이고 있었다. 남편의 취향이 은근 까다로운 탓에 '아무거나'는 절대 안 될 말이고, 꼭 네모 모양의 무광 버클이 달려 있어야 하는데 그의 요구에 꼭 맞는 무난한 디자인을 다행히 발견했다. 이거다 싶어 속으로 회심의 미소를 지으며 나중에 사러 와야지 하고 다짐하곤 매장을 나왔다.

계속해서 사지는 않지만 눈을 즐겁게 해줄 쇼핑이 이어졌다. 쭉 하나의 길로만 되어 있던 생 토로네 거리 오른쪽으로 골목이 하나 보인다. 슬쩍 이 길이 지겨워지기도 한 나는 골목을 따라 들어갔다. 막다른 길의 끝인 줄 알았던 골목은 알고 보니 새로운 장소의 시작이었다. 확 뚫린 광장이 보이고 조금 전까지 걸었던 길과 어울리지 않게 통유리로 된 현대식 건물이 우뚝 서 있다. 건물 안에는 밖에서도 훤히 다 보이도록 가구들이 전시되어 있다. 주부라면 다들 가구에 대한 집착이 대단한데, 나 또한 마찬가지라 혼자 이 광장을 'Marche 가구거리'라고 명칭하고는 정신을 잃고 구경에 빠져들었다.

얼마쯤 시났을까. 역시 오늘도 이제와 마찬가지로 시계를 보지 않아도 배꼽 소리로 시간을 알 수 있었다. 생각해보니 아침에 집을 나서면서 지하철 역사 안에 있는 '[94] 본 주흐니(BONNE JOURNEE)'에서 뺑오 쇼콜라 — 우리말로 초콜릿이 든 빵이랄까 — 를 하나 사 먹은 것이 오늘 식사의 전부. 'BONNE JOURNEE'는 지하철역 안에 자주 등장하는 체인점으로 저렴하게 간단히 배를 채우기에 안성맞

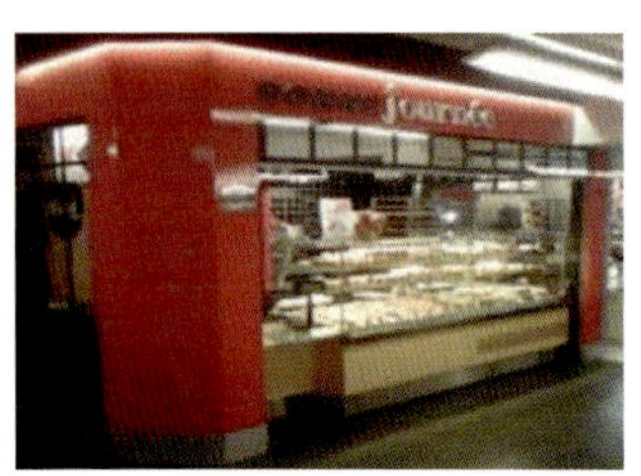

춤이다. 맛도 나쁘지 않고 가격에 비해 빵의 크기도 엄청나서 여행자들에게는 매우 실용적인 곳이다. 아침을 대강 때웠으니 점심은 제대로 먹어야겠다는 마음이 들어 광장 안을 천천히 둘러봤다. 몇 개의 레스토랑이 눈에 띄었지만 그중 첫눈에 반한 곳은 '95) 퀴진 & 콩피덩스(Cuisine & Confidences)'.

입구에는 앙증맞은 핑크색의 어린이용 자동차가 장식되어 있어서 더욱 독특하고 유머러스한 분위기를 자아낸다. 날이 좋아, 테이블은 야외에 쫙 깔려 있고 때마침 점심시간이라 손님들로 북적거렸다. 해산물이 듬뿍 든 토마토소스의 파스타를 시켜 깨끗하게 접시를 비우고 나서야 테이블 위에 놓인 장미꽃 장식이 눈에 들어왔다. 파리에서는 어느 레스토랑을 가나 항상 테이블 위에는 소박한 꽃 장식이 있다. 비단 레스토랑뿐만이 아니다. 옷집에 들어가도, 장난감집에 들어가도 마찬가지. 지금까지 미처 알아차리지 못했는데 일단 한

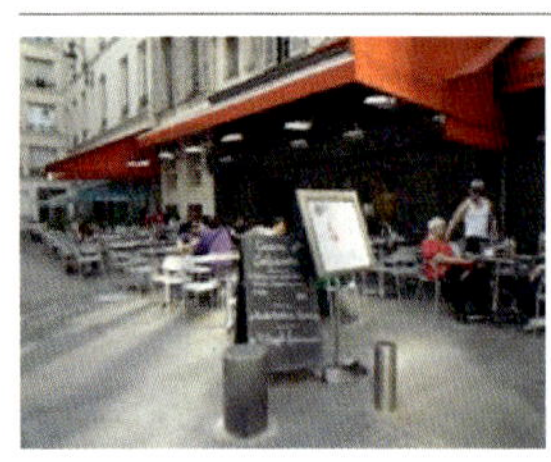

번 깨닫고 나자, 가게에 들어갈 때마다 꽃 장식이 있는지 확인하는 이상한 버릇까지 생겼다. 결론은 정말 대부분의 가게가 작든 크든 꽃으로 분위기를 화사하게 만들고 있다는 건데, 지금껏 이런 환경에 놓인 적인 없는 나로서는 참으로 생소한 모습이다. 꽃이 이토록 아름다운 건지도 몰랐고, 꽃을 보면 이렇게 기분이 좋아진다는 사실도 모르고 살았다. 싱그러운 4월이라 그런지 가는 곳마다 꽃이 만발해서 나도 모르게 "예쁘다"를 연발하고 있다.

슬슬 파리생활에 적응한 나는 밤이 되어도 이 도시가 별로 위험하지 않다고 스스로 결론을 내렸다. 그러니 오늘은 조금 늦어도 괜찮겠다는 마음이 생겨 파리에 왔으면 누구나 - 100%라고 해도 무방하다 - 한 번쯤은 보게 되는 '96) 에펠탑(La Tour Eiffel)'을 보러 가기로 결정했다.

에펠을 보는 방법은 샤요 궁에서 저 멀리 보이는 탑의 아름다움을 관조적으로 관찰하는 것과 탑 바로 아래에 서서 얼굴을 하늘을 향해 뒤로 젖히고 직접적으로 보는 것, 이렇게 두 가지가 있는데 오늘은 전자를 선택. 지하철을 타고 6호선과 9호선이 만나는 Trocadero

96) 에펠탑(La Tour Eiffel)
add Rue du Champ de Mars
tel 08-92-70-12-39
open 월~일 09:30~23:45
metro RER C Champ de Mars
Tour Eiffel,
M6 · 9 Trocadéro
url www.tour-eiffel.fr

역에 내렸다. 나오면 바로 샤요 궁으로 연결되는데 이미 세계 각지에서 온 - 나의 추정이지만 틀리지는 않았으리라 - 관광객들이 저마다 카메라 한 대씩을 손에 들고 사진 찍기에 여념이 없어 보였다. 하나의 미동도 없는 철제 건물은 신기하게 아무리 봐도 질리지가 않았다. 머리로 생각했을 때는 그냥 딱 보고 돌아서 오면 될 것 같았는데 막상 실제로 보니 계속해서 보고 싶어지는 묘한 매력을 가졌다. 얼마나 지났을까. 슬슬 다리고 아프고 목도 마르다. 궁 뒤쪽으로 건널목 하나만 건너가면 카페들이 줄지어 있는데 웃긴 건 앉은 자리에서 에펠탑이 보이느냐 아니냐에 따라 커피 값이 차이가 난다는 점이다. 이미 실컷 봤으니 굳이 카페에 앉아서까지 볼 필요는 없겠다 싶어 '⁹⁷⁾ 르 말라코프(LE MALAKOFF)'에 들어가 옆 가게보다 1유로 저렴한 커피를 마셨다. 야외 테라스는 전형적인 파리 카페의 모습인데 실내는 의외로 모던한 분위기로, 따닥따닥 붙어 있는 의자에 앉아 커피를 마시는 테라스와는 다르게 가벼운 식사를 즐기는 가족 손님들의 모습이 눈에 띄었다. 함께 살 때는 가족이 너무 당연해서 아무것도 아닌 것처럼 느껴지다가 막상 여행을 가면 저렇게 가족끼리 앉아 식사를 하는 모습만 봐도 눈에 눈물이 고이지 않을까 걱정

97) 르 말라코프(LE MALAKOFF)
add 6, place du trocadero 75116 paris
tel 01-45-53-75-27
metro M6 · 9 Trocadéro

했는데 막상 이렇게 마주하니, 의외로 아무렇지도 않다. 스스로 생
각해도 신기할 정도로 마음의 동요가 없다. 거리상 너무 멀리 있어
서 그런지 실제로 존재하는지조차 가물가물하다. 며칠 만에 10년을
함께 산 가족이 멀게 느껴지다니, 여행은 참 신비한 힘을 가졌다.

04.
라발레에서 빼먹지 말고
봐야 할 BEST 3

가족은 점차 멀게 느껴진다지만, 절대 잊을 수 없는 가족들이 있다. 바로 시댁 식구들. 결혼을 한 사람이라면 알겠지만 남편의 가족은 영 편해지지가 않는다. 벌써 결혼한 지 10년이나 되었으니 조금 편해질 법도 한데, 싹싹하지 못한 내 성격 때문인지 아직도 여전히 내 가족 같지 않고 부자연스러운 웃음을 짓게 된다. 여행을 떠나면서 마음에 걸렸던 부분도 역시 시댁 식구들. 너무 좋으시고 잘해주시지만, 남편과 딸을 두고 떡하니 혼자 여행을 간다는 게 못내 죄스러운 마음이 든 것도 사실이다. 그런 마음의 짐을 덜고자, 여행을 오면 시댁 식구들 선물부터 먼저 사놔야지 하고 미리부터 생각해두고 있었다. 그래도 구체적으로 뭘 사야 할지까지는 차마 정해놓지를 못해 무작정 '98) 라발레(La Vallee Village)'에 가서 해결하기로 마음먹고 RER A를 탔다.

라발레는 Val d'Europe 역에 내려 10분 정도 걸으면 되는데 혹시라도 일주일 내내 쓸 수 있는 정액권인 나비고(Le Passe Navigo Decouverte)로 갈 수 있을까 싶어 표를 끊지 않으면 큰 낭패를 보게 되니 꼭 잊지 말고 따로 표를 구매해야 한다. 역에 내려 얼마 걷지 않았는데 입구가 보인다. 이제는 우리나라에도 들어온 첼시 아웃렛의 프랑스 지점이라, 여주 아웃렛과 겉모습은 매우 흡사하다. 역에 내려 아웃렛으로 가는 중간에 큰 쇼핑몰이 하나 있는데 여기는 아웃렛은 아니지만 온갖 브랜드들이 들어와 있어서 짧은 시간 파리에 들른 사람들이라면 굳이 시내에서 쇼핑할 필요 없이 라발레에서 하루 안에 모든 쇼핑을 끝낼 수 있다. 난 시간이 많은 여행자니까, 오늘 목적에 맞게 쇼핑몰을 통과해 아웃렛으로 직행.

크기가 그렇게 크지는 않아, 둘러보는 데 많은 시간이 들지는 않지만 그래도 하나씩 꼼꼼히 가격 비교해 가며 제대로 보려면 꽤 많은 품이 든다. 사람에 따라, 취향에 따라 마음에 드는 매장은 천차만별. 그래도 개인적으로 뽑은 베스트 3은 페레가모와 CK 이너웨어, 그리고 폴 스미스. 날짜만 잘 맞춰 가면 페레가모의 클래식 라인 슈즈를 아주 저렴한 가격에 구할 수 있다고 하던데, 오늘은 신발이 별로 없다. 235mm라는 표준 발 사이즈 때문인지 예쁘다 싶은 건 이미 품절. 대신 평소에 열심히 모으는 아이템 중 하나인 스카프로 눈을 돌리니 우아함이 넘치는 스카프들이 서로 사 달라고 아우성이다. 특히 작은 사이즈의 귀여운 쁘티 스카프는 25유로라는 말도 안 되게 저렴한 가격표를 달고 있어서 더 눈이 갔다. 검은색 바탕에 테두리는 엷은 분홍색으로 깔끔하게 마무리되어 있고 속에서는 사슴과 코끼리, 얼룩말과 사자가 사이좋게 뛰어놀고 있다. 이건 더 이상 망설일 것도 없이 나를 위한 물건이다 싶어 얼른 손에 들었다. 식구들 선물을 사러 기껏 여기까지 와놓고는 막상 내 것부터 사고 말다니, 역시 쇼핑은 계획대로 되지 않는다. 겨우 다시 원래의 목적을 기억해낸 나는 어머님의 선물로 내 것보다 훨씬 큰 사이즈의 스카프를 골랐다. 55유로 정도였으니 단순히 생각하면 적은 돈은 아니지만, 그래도 일반 매장에서 사는 것보다 훨씬 저렴해서 마음이 다 뿌듯해졌다.

항상 하는 생각이지만, 여자들을 위한 선물은 어렵지 않게 고르는데 남자를 위한 선물은 영 고르기가 힘들다. 특히 아버님 같은 경우, 그 나이의 남자에게 필요한 물건이 뭔지는 정말 알 수가 없어서 매년 어버이날이나 생신 때는 너무나 고민스러웠다. 결혼하고 처음 몇 년간은 그래도 이것저것 시도해보았지만 시간이 흐를수록 목록이 바닥나 지금은 언제고 선물할 만한 물건을 발견하면 미리 사둔다. 남편과 함께 여행을 할 때에는 주로 그 지방의 특산물처럼 먹을거리를 선물하곤 했었는데 오늘은 대체 뭘 골라야 할지 감도 잡히지 않는다.

아웃렛을 몇 바퀴 돌고 고민에 고민을 더한 결과, 이번 여행의 선물은 잠옷으로 결정했다. 가끔 시댁에 가서 자고 올 때면 나는 아무렇지도 않게 잠옷으로 갈아입고 편하게 집 안을 활보하는 데 비해, 딸이 없으신 아버님은 평소에는 - 보지는 않았지만 남편을 보면 상상할 수 있다 - 아주 가볍게 입고 지내실 것 같은데 내가 있어서 그런지 두꺼운 트레이닝복을 억지로 입고 계셔서 항상 불편해 보였다. 우리나라에서는 10만 원에 가까운 가격이지만 여기에서는 20유로 안팎이면 훌륭한 잠옷 바지를 구입할 수 있다. 사람을 좀 더 젊어 보이게 만드는 블루 컬러가 들어간 체크 패턴의 바지를 골라 계산대로 가져가니 신기하게 1유로만 더 내면 같은 옷을 하나 더 가져갈 수 있단다. 세상에, 이런 신기한 일이. 덕분에 예정에도 없던 남편의 잠옷 바지까지 사게 생겼다.

어머님, 아버님 선물은 해결했고, 이제 남은 건 시동생 부부. 결혼한 지는 꽤 됐지만 아직 풋풋한 신혼 냄새를 풍기는 그들에게는 커플다운 선물이 어울린다. 우리 부부는 차마 부끄러워 아직 한 번도 시도해보지 못했지만 그들은 커플룩도 곧잘 입는다. 신기한 건 그렇게 입어도 전혀 촌스럽거나 볼썽사나워 보이지 않는다는 점. 그럼 어디서 고를까가 최대의 관건인데 막상 깔끔하게 마음에 드는 물선이 없다. 그러다가 마지막에 발견한 **Paul Smith**. 톡톡 튀는 컬러감이 매력적인 이 브랜드는 원래 시동생 부부가 좋아하는 데다가 반팔 티셔츠 하나에 25유로라는 깜짝 놀랄 가격도 한몫 보태어져서 보라색의 유머러스한 커플 티셔츠를 구입했다.

드디어 오늘의 임무를 모두 끝내고 홀가분한 마음으로 스타벅스에 앉아, 얼음을 갈아 만든 커피 맛의 시원한 음료 한 잔을 입 속

으로 꿀꺽꿀꺽 들이켰다. 아무리 즐거운 쇼핑이라 할지라도 의무가
되면 역시 피곤한 일이다. 모름지기 뭐든 해도 그만, 안 해도 그만인
일이라야 진정 즐길 수 있는 법.

05.
발랄한 커플과 함께한
부활절의 몽마르트 풍경

오늘은 부활절이다. 우리나라에서는 빨간 날에 문을 닫는 가게는 극히 드물고 기껏해야 한 달에 한 번 쉴까 말까 한 백화점 휴무일만 체크하면 그만인데, 여기서는 빨간 날 문을 여는 곳이 드물다. 주인 커플이 말해주지 않았다면 아마 아무 생각 없이 집을 나섰다가 허탈해하며 돌아왔을 텐데, 다행히 그들이 미리 슬쩍 말해준 덕분에 낭패는 면했다.

"그럼 오늘 같은 날은 어디를 가야 할까요? 그래도 카페나 레스토랑은 문을 열겠죠?"

내가 체념한 듯 묻자, 그들은 눈을 동그랗게 뜨며 말했다.

"문을 연 곳이 거의 없죠. 정말 유명한 관광지가 아니라면요!"

대답을 들은 나는 갑자기 막막해져서 표정이 흐려졌다. 그 순간을 포착했는지 아직 잠옷 바람의 남자 쪽에서 "오늘 별다른 계획이 없으시다면 저희랑 나가 보시는 건 어때요?" 하고 친절한 목소리로 말을 꺼내자, 여학생도 마치 기다렸다는 듯 반가운 목소리로 "그래요, 오늘 저희가 파리를 제대로 안내해 드릴게요!”라고 덧붙이며 나의 답변을 기다렸다.

잘 알지도 못하는, 게다가 집주인인 어린 커플과 함께 외출이라니 사실 완전히 내키는 일은 아니다. 그래도 먼저 말을 꺼내준 그들의 제안을 거절하기도 미안하다. 이러지도 저러지도 못하는 나의 마음을 아는지 모르는지 그들은 나의 대답을 듣기도 전에 “잠시만요, 저희 얼른 준비하고 나올게요!”라며 크게 외치고는 한 명은 욕실로, 한 명은 방으로 사라졌다.

낯선 사람과 어딘가를 함께 간다는 사실이 나에게는 아직 전혀 준비되어 있지 않은 상황이라 당황스러우면서도 한편으로는 은근히 기대도 된다. 애써 여기까지 혼자 왔으니 지금까지 해보지 않았던 여러 가지 일들을 겪어 보는 것도 나쁘지 않다. 그들의 발랄하고 경쾌한 기분이 나에게도 전달되어 나도 모르게 콧노래가 흘러나왔다.

커플이 안내한 곳은 ‘몽마르트’였다. 이름이야 지금껏 많이 들었지만 - 내가 사는 동네에도 몽마르트라는 이름의 이탈리안 레스토랑이 있다 - 딱히 구체적인 이미지는 전혀 가지고 있지 않아, 지하철역에 내려서도 여전히 어벙한 상태였다.

“다른 곳도 많지만, 그래도 부활절이니까 사크레쾨르 대성당도 구경하면 좋겠다 싶어서요.”

‘성당? 여기에 성당도 있었나?’ 하고 속으로 생각하면서 일단 골목을 따라 걸어 들어갔다. 지하철에서 내리자마자 아이, 어른 할 것 없이 사람들로 넘쳐난다. 골목 입구에는 어른과 아이가 손을 잡고 있는 모양의 안내판이 마치 교통 표지판처럼 서 있었는데 아마도

99) 라 퀴흐 구흐멍드(LA CURE GOURMANDE)
add 8 Rue de Steinkerque 75018 Paris
tel 01-42-23-42-02
open 월~일 10:00~20:00
metro M2 anvers
url www.la-cure-gourmande.com

이렇게 사람이 많은 곳에서는 꼭 아이의 손을 잡고 다니라는 뜻인 것 같다. 자칫 잘못하면 금세 아이를 잃어버리기에 최적의 장소니까.

골목을 꽉 채운 사람들은 최종 목적지에 앞서 길 양옆으로 늘어선 가게들을 먼저 들러 쇼핑을 즐기고 있었다. 관광지답게 열쇠고리나 어설픈 스카프같이 저렴한 물건들이 흩날리고 있었는데, 그런 것에는 일절 관심을 갖지 않던 내가 홀리듯 들어간 곳이 있었으니, 바로 과자 가게. 예쁜 소녀 얼굴이 그려진 케이스에 고소한 버터향이 솔솔 풍기는 '99) 라 퀴흐 구흐멍드(LA CURE GOURMANDE)'는 이미 벨기에나 스페인 등에 매장을 가지고 있을 정도로 잘 알려진 가게다. 기분이 나쁘다가도 버터 과자만 내밀면 언제 그랬느냐는 듯 기분이 좋아지는 딸이 생각나, 일단 안으로 들어갔다. 여자아이라면 좋아하지 않고는 못 배길 정도로 케이스가 예쁘다. 아이들뿐만 아니라 40대인 나소차노 반해 버릴 지경이니, 딸 신물을 핑게 삼아 뭐라고 사야겠다고 단 1초 만에 마음을 먹었다. 남매처럼 보이는 세 명의 아이가 테이블에 앉아 사이좋게 과자를 나눠 먹는 그림이 그려진 종이 박스가 제일 마음에 들기는 했지만 긴 여행에 종이로 만들어진 건 부서지기가 쉽다는 판단에, 마을 축제 때 온 마을 사람들이 나와 손에 손을 잡고 춤추고 있는 그림의 메탈로 된 케이스를 선택했다.

민트와 올리브색의 중간 같은 컬러를 바탕으로 그 위에 빨간색 리본까지 묶인 케이스는 보는 것만으로도 배가 불렀다. 정신없이 과자를 고르다 보니 그제야 함께 나온 집주인 커플이 생각났다. 그들은 그들 나름대로 과자를 두고 뭔가 토의라도 하는 것처럼 심각하게 얘기를 주고받고 있다.

"미안해요. 워낙에 예쁜 걸 좋아하는 터라 이런 귀여운 것들을 보면 정신을 잃어요."

내가 웃으며 말하자, 그들은 "그럼 또 좋아하실 만한 가게가 있어요. 거기부터 가보실래요?" 하며 나를 새로운 곳으로 안내했다.

그곳은 나를 더욱 흥분시키는 물건들로 가득했다. 예쁜 물건을 보고 막상 사지는 못하는 결정적인 이유가 바로 실용성인데, 여기는 나의 쇼핑을 막을 그 어떤 이유도 없었다. 프랑스 브랜드인 '100) 필론(PYLONES)'은 주방용품을 시작으로 각종 생활소품을 아우르며 다양한 물건들을 만들어내고 있었다. 단순히 예쁜 것에서 그치지 않고 실생활에서 활용할 수 있다는 점이 가장 흥미로웠다. 특히 보는 순간 눈과 마음을 빼앗겨 버린 물건은 단연코 나나라는 이름의 강판.

'이렇게 아름다운 강판이 세상에 또 있을까?' 하는 생각이 들

100) 필론(PYLONES)
add 7 rue Tardieu 75018 paris
tel 01-46-06-37-00
open 월~일 10:30~19:30
metro M2 anvers
url www.pylones.com

정도로, 위쪽은 올림머리를 한 여자의 모양이고 아래쪽 치마 부분이 강판이다. 치마를 돌아가며 세 종류의 강판이 있어 쓰임에 따라 골라 쓸 수 있다는 활용도 면에서도 최고고, 여덟 종류나 되는 컬러 중에 고를 수 있다는 점 또한 취향을 극대화시킨다. 그것 말고도 뻗은 머리 모양의 설거지 솔이나 천사날개를 단 머그컵, 구두를 신은 젓가락 등 눈을 뗄 수 없는 것들로 가득했다. 뭘 살까, 고민이 되어 한참을 망설이자 나를 지켜보던 커플이 그래도 강판이 제일 많이 쓸 것 같다며 나를 대신해 결정을 내려줬다. 나중에 안 사실이지만 우리나라 명동에도 매장이 있었다. 그래 봤자 우리나라보다는 파리에서 사는 게 당연히 저렴하다. 계산을 치르고 나오면서 강판 하나에 뭐가 이렇게 신이 나는지 스스로도 웃기다는 생각이 들었다.

"이제 진짜 몽마르트를 보러 가도 될까요?" 남학생이 정중하게 묻는다.

나는 "네, 이제 준비됐습니다."라고 평소보다 두 배는 큰 목소리로 대답하고는 성큼성큼 앞장서서 걸었다. '저기 보이는 게 성당이겠지.' 싶어 한 치의 망설임도 없이 계단을 오르려던 찰나, "잠깐만요!" 하고 여학생이 나를 불러 세웠다.

"지난번에 일주일 동안 사용힐 수 있는 니비고(Navigo) 사셨죠? 그러면 굳이 걸어서 계단을 오를 필요가 없어요."

역시 함께 나오길 잘했다. 나 혼자 왔으면 그런 것도 모르고 저 많은 계단을 그냥 걸어서 올라갔을 텐데, 패스가 있으면 옆에 있는 케이블카를 무료로 탈 수 있다. 물론 이런 기회에 운동을 좀 하는 것도 나쁘지 않지만, 아직 걸을 일은 많이 남아 있다.

케이블카에서 내려 계단 몇 개만 올라가니 바로 '101) 사크레쾨르 대성당(Basilique de Sacré Coeur)'이다. 딱히 성당을 다니는 것도 아니고 특별한 믿음이 있는 것도 아니지만, 성당은 보는 것 자체만으로도 성스러운 기운을 느끼게 한다.

"성모의 마음이라는 뜻이에요. 성당의 이름치고는 딱이죠?"

남학생은 마치 오늘 하루 가이드라도 된 것처럼 성당의 역사에 대해 설명하기 시작했다. 당연히 그런 설명은 한 귀로 듣는 순간, 다른 귀로 흘러나가기 마련이라 나는 고개만 열심히 끄덕였다. 성당 안에 들어서자 눈이 부실 정도로 화려한 모자이크로 장식된 천장이 제일 먼저 눈에 들어왔다. 천천히 한 바퀴를 돌고 성물이 모셔져 있다는 지하 예배당으로 내려가는 동안에도 남학생의 설명은 계속되었다. 그러나 모든 설명을 뒤로한 채 입에서 탄성을 자아낸 장소는 따로 있었는데, 바로 돔에 올라서는 순간이었다. 돔에 오르자, 거미줄처럼 얽혀 있는 파리의 낮은 건물들이 파란 하늘 아래 펼쳐졌다. 정신이 아늑해질 정도로 또렷하고 멋스러운 풍경이었다. 고층빌딩 때문에 100m 앞도 제대로 보기 어려운 우리나라와는 확연히 다르게 시야가 뻥 뚫렸다. 속이 다 뚫리는 기분이랄까. 한동안 그 자리에서 꼼짝하지 않고 풍경을 내려다보았다. 자연이 주는 아름다움이 아

닌 오래된 건축물들이 내뿜는 인공적이면서도 자연스러운 광경은
내 마음을 빼앗아 버리기에 충분했다.

"이제 데르트르 광장도 보셔야죠?"

여학생의 목소리에 빼앗긴 정신을 다시 찾았다. 그들을 따라 돔
을 내려가 성당 뒤편으로 조금 걸어가자 카페들과 거리의 화가들로
가득찬 광장이 나왔다. 날이 좋은 데다가 부활절까지 겹쳐 걷기가
힘들 정도로 사람들이 많다.

"이 정도면, 광장보다 사람 구경을 하는 게 더 낫겠어!"

내가 나도 모르게 볼멘소리를 건네자 "그래도 이게 또 재미예
요" 하고, 아직 젊은 둘은 쌩쌩하게 얘기한다.

한 손은 엄마를 잡고, 다른 손에는 크레페를 든 아이와 발갛게
달아오른 얼굴로 화가 앞에 앉아 자신의 얼굴이 그림으로 완성되길
기다리는 관광객, 그리고 맥주 한 캔을 들고 어설픈 어깨춤을 추는
할아버지. 이런 걸 두고 축제 분위기라고 하는 건가?

정신이 흐려지면서 몸 안쪽에서는 엔도르핀이 마구 솟는 기분,
좋다. 이럴 때는 아이스크림을 먹어야 한다. 기분이 좋으면 아이스
크림, 기분이 나빠도 아이스크림. 어릴 적부터 아이스크림은 만병통
치약이었나. 오늘 이렇게 힘께해준 어린 키플이 고마워 괜찮다고 하
는데도 나는 억지로 아이스크림 하나씩을 손에 쥐어줬다. 광장에서
실컷 분위기에 취한 후, 아이스크림을 들고 여러 갈림길 중에서 가
장 큰길로 걸어 내려갔다. 한참 올라왔으니 이제 내려가는 것이 순
리. 쭉 내려가니 케이블카를 타기 전, 쇼핑을 즐기던 길이 이어졌다.

여행에서는 지금껏 내가 가지고 있던 가치관이나 생각이 조금

102) 리브레리 데 아베스(librairie des Abbesses)
add 30 rue Yvonne le tac 75018 paris
tel 01-46-06-84-30
metro M12 abbesses

씩 흔들리고 뒤틀리기도 하는데, 책이 그렇다. 평소에 그렇게 책을 즐겨 읽는 편도 아니고 필요한 정보는 대부분 인터넷에서 얻는 편이라 서점에 가도 딸을 위한 도서 코너에 주로 머무는데, 여기에서는 알 수 없는 글자로 쓰여 그런지 모든 책들이 다 그림책 같다. 특히 요리책이라면 글자를 몰라도 전혀 문제가 되지 않는다.

Abbesses 역 근처에 거의 다다랐을 때 발견한 '102) 리브레리 데 아베스(librairie des Abbesses)'에는 관심을 끄는 책들이 많았다. 일반 책들도 물론 있었겠지만 내 눈에는 뭐 알아볼 수 없는 그림이었고, 대신 요리책이나 육아책들도 많은데 그런 것들은 그림만 봐도 대충 짐작하여 알 수 있어서 평소에는 별로 보지도 않던 책을 몇 개 집어 들고 열심히 읽었다. 그리고는 결국 프랑스까지 왔으니까 하며 케이크 만드는 책 한 권을 계산하고 가방 속에 넣었다.

처음에 내린 2호선 Anvers 역에서 12호선 Abbesses 역에 이르는 거리에는 옷집들과 재미있는 액세서리 가게들이 쭉 늘어서 있는데, 다른 곳은 모두 문을 닫는 주말에도 여기는 대부분 오픈하기 때문에 주말에 쇼핑을 하려고 나온 사람들로 항상 북적거린다. 나도 커플과 함께 몇몇 곳을 들어가 구경했는데, 신기한 건 대부분 프랑스 브랜드는 아기 옷도 함께 판다는 점이다. 우리나라에는 아직 그

런 브랜드가 거의 없는데, 여기는 항상 남녀 성인 옷과 함께 아이들 옷도 같이 팔아서 가족끼리 함께 쇼핑하기도 좋고 때로 가족 커플룩을 골라 입기도 좋다. 그중 '103) 로프트(LOFT)'는 튀지 않으면서도 깔끔하고, 유행에 휘둘릴 것 같지 않은 디자인이라 딸과 남편을 위한 티셔츠를 하나씩 사서 담았다.

우리나라에는 아이들 라인만 백화점에서 찾아볼 수 있는 '104) 쁘띠 바또(petit-bateau)'도 파리에서는 여성복, 남성복까지 모두 만나볼 수 있고 당연히 우리나라보다 저렴하다. 천연 소재를 사용해 만졌을 때 보들보들한 느낌이 손에서 떠나질 않는다. 세상에서 아무 조건 없이 보기만 해도 기분이 좋아지는 것 중의 하나가 아기

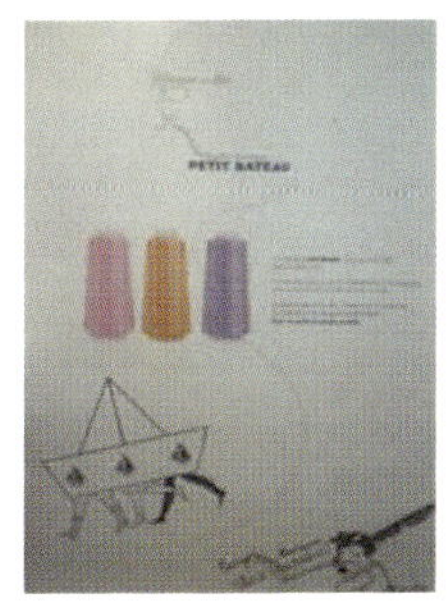

인 만큼, 아기 옷 또한 언제 봐도 마음이 푸근해지면서 기분이 좋아
진다. 필요도 없는데 자꾸만 뭔가 사고 싶어 가게 안을 몇 번이나
서성거리다가 단호하게 스스로 마음을 다잡은 후에야 가게에서 나
올 수 있었다. 조카라도 있었으면 정말 사주고 싶었는데 이제 이렇
게 어린 아기가 주위에 아무도 없다. 그만큼 내가 나이를 먹은 거겠
지. 결국 모든 생각의 끝은 나이로 이어진다.

우리나라에도 최근에는 아기들을 위한 용품을 파는 가게가 눈
에 띄게 늘어나고 있고 소비도 그만큼 늘어나고 있는 추세. 파리에
서는 예전부터 그랬던 듯 어디를 가나 아기들 제품이 한 자리를 차
지하고 있다. 파리에만 7개의 매장이 있고 프랑스에 31개의 매장을
가진 국민 주방용품 브랜드인 '105) 라 셰즈 롱그(La Chaise Longue)'
도 예외는 아니다. 가격부터 저렴한 이곳에는 아기들을 위한 주방용품
이 한쪽 벽면을 가득 채우고 있어서 유모차를 끌고 아기 물건을 사러
나온 가족들로 붐볐다. 딸을 낳았던 10년 전만 해도 우리나라에는
아직 이런 분위기가 아니었고 유모차를 끌고 갈 만한 곳도 별로 없
어서 어디를 가나 힘들게 안고 다녔었는데 10년 사이에 모든 것이
정말 많이 달라졌다. 요즘은 중고차 가격만큼이나 비싼 유모차도 심

심찮게 보이고 엄마의 편의를 위한 용품들도 다양하게 나와서 예전에 비하면 아기 키우기가 훨씬 쉬워 보인다. 물론 지금 막 육아에 발을 담근 엄마들에게는 모든 게 힘들겠지만 말이다.

주부라는 이름으로 이 매장을 그냥 지나치기에는 아쉬워서 결국 또 2유로의 빨간색 머그컵 하나를 집어 들었다. 가벼웠던 가방은 온종일 한 쇼핑으로 가득 찼다. 가방이 무거워서 더 이상 산책도 무리다.

집으로 돌아오는 길, 이제는 한층 더 편안해진 우리 셋은 중국 마트에 들러 저녁 때 먹을 떡볶이 재료를 샀다. 역시 한국을 떠나오면 가장 생각나는 음식이 떡볶이 아니겠는가? 오늘 열심히 안내해 준 보답으로 나는 엄마표 떡볶이를 아주 맛나게 해줄 생각이다.

06.
고요한 물길을 힘차게 가르는
생마르탱 운하

106) 르페르(Le Repère)
add 29 rue Beaurepaire 75010 paris
tel 06-63-60-29-38
metro M5 Jacques Bonsergent

몇 번이나 말했지만 이 계절의 파리는 고개를 돌리는 곳마다 푸르른 녹음으로 눈이 부시다. 건물들이 밀집해 있는 시내도 이러하니, 비록 시내이기는 하지만 그래도 아주 고요한 동네인 생마르탱 운하 근처는 말할 것도 없다. 운하를 중간에 두고 양옆으로 건물보다 높은 나무들이 마치 수호신처럼 쭉 솟아 있다. 물기를 머금은 바람은 유독 시원해서 이마에 구슬땀이 조금 맺혔던 나는 벤치에서 잠시 쉬어가기로 했다. 벤치에 앉아 조금 전 동네 슈퍼마켓으로 보이는 '106) 르페르(Le Repère)'에서 사 온 아이스크림을 먹고 있는데 - 아직 4월 말인데도 낮에는 반팔 셔츠만 입어도 될 정도로 더워서 매일 아이스크림 하나씩을 먹어 치우고 있다 – 조금 멀리 배 한 척이 보인다. 이렇게 작은 운하에도 유람선이 있단 말인가. 궁금증을 이기지 못해 벤치에서 일어나 배가 보이는 쪽으로 슬슬 걸어가 보니, 정말 유람선이다. 배에는 관광객들이 조금 상기된 얼굴로 카운트다운을 외치고 있었다.

‘유람선이 있다는 사실도 신기한데 생뚱맞게 웬 카운트다운이람?’ 하고 생각하는 찰나, 갑자기 닫혀 있던 운하의 문이 열리고 배가 움직이기 시작한다. 아, 이렇게 작고 사소한 일까지도 이벤트로 완성시키다니, 역시 파리는 놀랍다. 사람들은 환호성을 지르며 난리가 났고, 안면도 없는 나에게도 손을 흔들며 기쁨을 금치 못한다. 나 또한 그저 보는 것만으로도 흥이 나서 있는 힘껏 손을 흔들어 주었다. 생마르탱 운하 근처는 사는 사람만 다를 뿐, 마치 우리나라 시골 동네를 보는 것 같다. 조금 전 아이스크림을 산 가게도 어느 동네에나 있을 법한 시골 슈퍼마켓으로, 학교를 마친 아이들이 줄지어 아이스크림을 사 먹고 동네 아줌마들이 가게 앞에 의자 몇 개를 가져다 놓고 앉아 수다를 떨고 있었다. 그 푸근함에 반해 이 동네가 무작정 좋아질 것 같다는 예감이 스치고 지나간다.

조용한 동네에도 빼먹지 말고 가볼 만한 곳이 몇 군데 있는데, 그중 하나가 ‘107) 바자 에틱(bazar ethic)’. 세계 곳곳 – 아시아, 아프리카, 유럽 등 – 에서 환경을 생각해서 만든 친환경 제품들만 골라 파는 가게다. 그렇다고 해서 그저 환경적이기만 한 건 절대 아니고, 디자인도 가격도 모두 만족스럽다. 사장님이 직접 돌아다니며 모은 물건이 대부분이라 오직 이곳에서만 만나볼 수 있는 독특함 또한 매

107) 바자 에틱(bazar ethic)
add 25 rue Beaurepaire 75010 paris
tel 01-42-00-15-73
open 화~토 11:00~19:30, 일 14:30~19:00
metro M5 Jacques Bonsergent

력적. 접시나 옷, 액세서리, 향초 등 팔고 있는 품목도 가지각색이다. 앞에서도 말한 적 있는 나의 테이블 매트에 대한 사랑이 오늘도 결국 나의 지갑을 열게 만들어, 폭신폭신한 우레탄 재질에 나비와 꽃들이 깔끔하게 프린팅된 매트 두 장을 사고 말았다.

'집에 돌아가면 요일마다 다른 테이블 매트로 식탁을 장식할 수 있겠군.'

새로운 테이블 매트를 사는 것에 반감을 가지고 있는 남편 - 이미 너무 많이 사서 놔둘 곳이 없다는 게 그의 반대 이유이다 - 의 잔소리가 벌써부터 들려온다. 그래도 사고 싶은 걸 어떻게 하리오? 값비싼 가방이나 보석 대신 이런 소소한 쇼핑을 즐기는 것만으로도 남편은 나에게 고마워해야 한다.

그리고 마지막으로 소개할 장소는 '108) 이데코(ideco)'. 레고 블록으로 실제 어린아이만큼 크게 만들어놓은 쇼윈도의 레고 인형을 보고 그냥 지나칠 수가 없어서 무작정 가게 문을 열고 들어가 보니, 레고만큼이나 흥미로운 것들이 가득하다. 튈르리 공원 앞에서 발견한 'Marechal'에 이어 어른들을 위한 장난감 가게 2탄이랄까. 겉으로 보면 전혀 특별할 것 없는 물건이 손을 갖다 대거나 작은 버튼 하나를 누르면 재미난 장난감으로 변신한다. 이런 곳에 오면 뭐라도 하나 사지 않고는 못 배기는 성격이라 두 팔과 다리를 우스꽝스럽게 모으고 있는 원숭이 모양의 마그네틱 하나를 집었다. 냉장고에 붙여두면 볼 때마다 웃음이 나올 것 같다.

여행을 온 지 벌써 일주일이 지났다. 점점 가족과 떨어져 혼자 지내는 시간에 익숙해지고 있다. 아직 돌아갈 날은 꽤 남았고, 얼른 다시 가족들 품으로 돌아가고 싶은 마음과 여기에 영원히 머물고 싶은 마음이 교차하며 오늘도 서서히 지나가고 있다.

07.
노트르담 대성당을 관람하는
올바른 방법

　오후에 슬슬 노트르담이나 보러 갈까 생각하고 커피 한 잔으로 여유롭게 아침을 시작하고 있었는데, 수업이 오후에 시작하는 집주인 여학생이 학교 가기 전에 소개해주고 싶은 곳이 있다며 얼른 준비하라고 보챈다. 며칠 전, 함께 몽마르트에 다녀온 이후 부쩍 친해져서 이제 어딘가 함께 나서는 일에 거부감은 완전히 사라지고 도리어 말할 상대가 생겨 즐겁다. 여행 내내 함께해야 하는 동행은 불편하고 혹시라도 뭔가 감정이 상하게 될까 걱정스럽지만 이렇게 잠시 같이하는 동행은 이제 두 팔 벌려 환영.

　여학생이 나를 잡아 이끈 곳은 '109) 이슬람 사원(Mosquee de Paris)'이었다. 영화 <사랑해, 파리>의 배경이기도 했다는 이곳은 입구부터 묘한 공기가 흐르고 있는데, 30미터가 넘는 아찔한 첨탑을 중심으로 바깥은 하얀색과 녹색으로 깔끔하게 칠해져 있고, 내부는 이슬람 문화를 상징하는 여러 문양들로 장식되어 있었다. 내부도 역시 하얀색을 기본 바탕으로 벽면에는 녹색과 파란색 그리고 살구색으

109) 이슬람 사원(Mosquee de Paris)
add 39 rue Geoffroy Saint-Hilaire 75005 paris
tel 01-43-31-38-20
open 월~일 9:00~24:00, 레스토랑은 점심,
     저녁에만 운영
metro M7 Place Monge
url www.mosquee-de-paris.org

로 꾸며졌다. 다른 색은 그렇다 해도 살구색은 정말 독특하다. 1926년에 처음 생겼으며 예배당 안으로 들어가려면 반드시 신발을 벗어야 한다. 처음 느껴본 이슬람 사원은 낯설고 막연했다. 사원의 이러한 무거움을 뒤로하고 우리는 바로 옆에 있는 모스께 찻집에서 좀 더 익숙한 모습의 이슬람 문화를 즐겨 보기로 했다. 찻집에 들어서자 검은색 옷을 입은 웨이터가 우리를 야외테이블로 안내했다. 뭘 주문해야 할지 두리번거리는 나를 두고 여학생은 앉자마자 테이블 위에 4유로를 꺼내 놓는다. 알고 보니, 여기서는 무조건 한 명당 2유로를 내고 민트 티를 마셔야 한다는 규칙이 있었다. 민트의 향은 그다지 강하지 않고 대신 달콤하고 따뜻한 맛이 나는 민트 티. 이 한 잔만으로도 마치 이슬람 나라에 와 있는 것 같은 착각에 빠졌다. 야외 데이블을 지나 실내로 들어가는 입구에는 차와 함께 하면 좋을 전통과자들도 팔고 있는데 그냥 보기에도 엄청 달 것 같아 건너뛰고 대신 민트 티 한 잔을 더 마셨다. 은근 중독성이 강한 맛이다. 이렇게 가벼운 차 한 잔을 마시러 오는 사람들도 있지만 레스토랑도 꽤 인기가 있어서 이슬람 전통음식을 즐기러 오는 사람들도 많다. 그래서인지 식사를 하기 위해서는 꼭 예약을 해야 하며 아랍 고유의 음

식인 쿠스쿠스가 유독 인기라고 한다. 가격도 적당해서 1인당 15유
로 정도면 배부르게 즐길 수 있다. 좋은 곳을 소개해준 보답으로 밥
이라도 사려고 했는데, 어차피 예약도 안 했고 아침을 든든하게 먹
고 나와서 그런지 둘 다 배도 별로 안 고파서 이왕 나온 김에 한
군데 더 들르기로 했다.

'110) 몽쥬 약국(PHARMACIE MONGE)'은 여행책자마다 소
개가 빠지지 않은 유명한 약국이다. 우리나라에서는 화장품으로 분
류되는 많은 제품들이 파리에서는 약국에서 취급하는 탓에 백화점
이 아닌 약국에 가야 살 수 있는 것들이 많은데, 이곳에서는 그 대
부분의 것들을 모두 만나볼 수 있다. 게다가 다른 곳보다 유달리 저
렴한 가격이 한국 관광객이라면 빼놓지 않고 들려야 할 필수 코스로
만들었다. 때마침 이슬람 사원에서 별로 멀지도 않고 여학생도 살
게 있다고 해서 함께 들렀는데 역시 소문처럼 한국에서 온 여행객들
이 가게 안을 가득 채웠다. 그에 걸맞게 프랑스어 옆에 한국어로 된
제품 설명서까지 붙여놓아서 복잡한 불어를 번역하지 않아도 원하
는 제품을 쉽게 찾을 수 있다. 약국이다 보니 당연히 색조화장품은

없고 에센스나 로션 등 기초 제품들이 많은데 평소에 화장품에 크게 관심이 없는 나는 꼭 필요한 물건들을 미리 적어 왔다. 같은 브랜드의 제품이라도 해도 비슷한 케이스에 이름만 조금 다른 경우가 많아 은근히 헷갈린다는 얘기를 익히 들었던지라, 정확한 이름을 알아왔는데 최근 내가 한 일 중에 가장 잘한 일이 아닐까 싶다. 분명 내가 평소에 쓰는 제품인데도 막상 실제로 보니 내가 쓰던 게 이건지 저건지 확신이 서질 않는다. 다행히 미리 적어온 리스트를 보고 글자 하나하나를 꼼꼼하게 확인한 후에야 바구니에 제품들을 담을 수 있었다. 들던 대로 가격은 정말 저렴해서 필요한 것 이상으로 바구니에 마구 담고 싶은 충동을 억제하느라 여학생과 나는 서로 뭐라도 사려고 하면 말리느라 바빴다. 마음을 진정하고 겨우 리스트에 있는 것들만 계산을 마치고 나왔는데, 웃기게도 결국 며칠 뒤에 다시 들러 망설이던 것들을 모조리 사 버렸다. 내 것들도 물론 샀지만 지인들에게 선물할 것들을 사기에 여기만큼 마땅한 곳이 없다. 겨울이면 누구나 하나씩은 사용한다는 유리아주 립밤이 고작 3유로라니 ─ 우리나라에서는 1만 2,000원가량 한다 ─ 선물로 돌리기에는 정말 제격이다.

약국을 나와 여학생과는 헤어지고 ─ 그래 봤자 저녁때 집에서 다시 볼 거지만 ─ 원래 계획한 대로 노드르담 성당을 보기 위해 지하철을 탔다. 그제야 슬슬 허기가 진다는 사실이 느껴져, 노트르담 성당을 보기 전에 먼저 배부터 채우기로 마음먹고 생 미셸 거리에 있는 기로 집을 찾았다. 기로는 언뜻 보면 케밥과 비슷한 그리스 음식인데 ─ 아주 예전에 그리스를 갔을 때 그 저렴한 가격과 푸짐한 양에 반해 매일 사 먹었었다 ─ 이 거리에만 몇 군데나 가게가 있다. 그중 인심 좋

111) 메종 드 기로(maison de Gyros)
add 26 rue Saint-Severin 75005 paris
metro M4 saint michel, RER B·C Saint Michel Notre Dame

게 생긴 그리스 아저씨가 고기를 쓱쓱 잘라 기로를 만드는 힘찬 모습에 반해 '111) 메종 드 기로(maison de Gyros)'에 들어섰다. 날이 좋아 테이크아웃으로 포장해서 갈까도 생각했지만 배가 너무 고파 그 자리에서 탁 쏘는 시원한 코카콜라와 함께 기로 한 개를 뚝딱 해치웠다. 그리스에서는 하나에 2유로 정도인 기로지만, 파리 시내에 들어서면 4~4.5유로 정도로 가격이 올라간다. 그래도 햄버거보다도 저렴한 탓에 여행객들의 주요 먹을거리로 인기가 높다. 배낭을 메고 씩씩하게 거리를 걸어가는 여행객들은 어김없이 기로 하나씩을 입에 문 걸 보면, 기로는 여행자의 음식이라 해도 손색이 없을 것 같다.

이제 배도 든든하게 채웠고 노트르담 성당을 볼 준비도 끝났다. 유럽을 여행하는 사람들에게 성당은 빼먹지 말아야 할 관광코스로, 그 빼어난 건축물을 보면 종교는 일단 제쳐두고 그 자체의 아름다움에 넋이 나간다. 특히 역사가 깊을수록 일차원적인 아름다움이 아닌 오묘한 기운을 느끼게 되는데 그건 아마도 건축물 안에 이야기가 숨어 있기 때문이 아닐까 한다. 노트르담도 자그마치 800년의 역사를 가지고 있고, 성당의 이름으로는 너무나 잘 어울리게 '성모 마리아'

를 뜻한다. 모든 역사적 건축이 그렇듯 모르고 보면 단순히 '짓는 데 꽤 오랜 시간이 걸렸겠군' 혹은 '저 건물 하나를 지으려고 얼마나 많은 사람들이 희생되었을까?'라는 생각이 드는 게 고작이지만 그 안에 숨겨진 이야기를 알게 되면 마치 건물이 살아 있는 것처럼 생명력이 느껴진다.

'112) 노트르담(Cathédrale Notre Dame de Paris)'을 관람하는 올바른 방법은 우선 노트르담에서 조금 떨어진 다리 위에서 다른 풍경들 속의 노트르담을 보는 것. 큰 나무들에 둘러싸여 보일 듯 말 듯한 모습이 동화 속의 한 장면 같다. 그 다음은 다리를 건너 카메라 LCD화면에 노트르담이 거의 찰랑 말랑할 정도의 거리에서 본다. 전체적인 모양새와 형태가 눈에 들어오고, 관조적으로 건축물을 감상할 수 있는 거리이다. 그리고 그때부터는 한 걸음씩 노트르담 쪽으로 걸어가며 눈에 담기에 점점 버거워지는 크기의 노트르담을 보는 게 마지막 순서. 1m 남짓한 거리를 남겨두고 서면, 그 웅장함에 내가 압도된다.

드디어 앞에 다다르자, 중앙의 '최후의 심판 문'과 왼쪽의 '성

112) 노트르담(Cathédrale Notre Dame de Paris)
add place du Parvis Notre Dame
tel 01-42-34-56-10
open 월~일 08:00~18:45
metro RER B·C Saint Michel Notre Dame, M4 Cité
url www.cathedraledeparis.com

모 마리아 문', 그리고 오른쪽의 '성 안나의 문'이 보이고 고개를 뒤로 젖혀 위를 바라보니, 그 위로 28개의 유대 왕을 의미하는 석상이 한 줄로 나란히 서 있다. 중앙의 문을 지나 안으로 들어섰다. 때마침 미사 시간인 듯 웅대한 오르골 소리와 함께 미사를 보는 사람들로 성당은 가득 차 있었다. 그 고요하면서도 웅장한 분위기의 무게를 이기지 못한 나는 유명하다는 '장미의 창'만 대강 둘러보고 성당을 나왔다. 역시 뭐든 너무 과하면 도망가고 싶어지는 게 사람 마음이다. 아닌 사람도 있겠지만 적어도 나는 그런 성격의 소유자.

오늘 오후의 일정이라고는 노트르담을 제대로, 찬찬히 보는 것이 전부였던지라 정말로 시간을 들여 꼼꼼하게 성당을 구경 – 이라기보다는 관찰 수준으로 관람 – 하고 나니 벌써 시간이 꽤 지나 있었다. 이미 낮에 먹은 기로는 배 속에서 기척도 느껴지지 않고 또다시 먹을 것을 달라고 아우성이다. 메뉴는 정하지 못했지만 오늘은 이 동네에서 점심, 저녁을 모두 해결하자고 마음먹었던 터라 다시 온 길을 돌아 생 미셸 거리로 향했다.

골목에는 빼곡하게 레스토랑들이 들어서 있는데 호객행위를 하는 사람들도 많아 혹여나 눈이라도 마주치면 무조건 그 가게로 들어가야 할 것 같아 고개를 숙이고 빨리 걷다 보니 골목을 몇 바퀴나 돌았는데도 결정을 못했다. 점점 배는 고파오고 어떻게 해야 할지 고민하다가 어차피 같은 동네이고 가격도 비슷하니 맛도 비슷하겠다는 생각이 들어 그냥 눈앞에 보이는 레스토랑으로 무작정 들어갔다. 때로는 너무 많은 시간을 들여 내린 결정보다 순식간에 직감적으로 내린 것이 더 만족스러울 때가 있다. 오늘이 그런 경우.

113) 마라통(Le Marathon)
add 14 rue Saint-Severin 75005 paris
tel 01-44-07-11-11
metro M4 saint michel, RER B·C Saint Michel Notre Dame

레스토랑 입구에는 우리나라에서 국도를 달리다 보면 흔히 발견되는 훈제구이와 흡사하게, 큰 막대에 끼워진 닭과 어린 돼지들이 기름기를 뚝뚝 흘리며 구워지고 있었다. 그 광경만으로도 군침을 삼키기에 충분한데 냄새는 또 어찌나 훈훈한지, 멀리서도 침샘을 자극하는 냄새에 이끌려 들어간 '113) 마라통(Le Marathon)'.

혼자 밥을 먹을 일이 있으면 의례히 창가 자리를 선호하는데, 식사를 하는 동안 심심하지 않게 창밖의 사람들을 구경하기 위함이다. 마침 가게에는 문 옆으로 탐이 나는 테라스석이 마련되어 있어서 거기에 앉으려는 찰나, 아뿔싸 한발 늦었다. 연인 사이로 보이는 남자 두 명이 그 자리를 차지해 버린 것. 어쩔 수 없이 그 뒤쪽 테이블에 자리를 잡고 앉았더니 웨이터가 여기는 단체석이라고 자리를 옮겨 달란다. 한숨을 쉬며 막 내려놓은 가방과 재킷을 주섬주섬 챙기자 매니저로 보이는 사람이 다가오더니 친절하게 그냥 앉아 있으라며 씩 웃는다. 괜히 둘 사이의 알력 싸움에 나만 휘말리는 게 아닌가 싶어 이러지도 못하고 저러지도 못하는 사이, 매니저가 메뉴판을 들고 왔다.

메뉴는 종이 몇 장을 채울 정도로 다양했지만 이왕 훈제고기 냄새를 맡고 들어온 만큼 그 메뉴를 주문하는 것이 현명한 선택이다. 뭐가 되었든 메인 디시는 훈제 돼지고기로 정하고 애피타이저와 디저트가 포함된 15유로 세트를 주문했다. 애피타이저는 언젠가 프랑스에서 유학을 하고 왔다는 지인이 직접 만들어준 것을 먹어 보고는 프랑스에 가면 꼭 먹어 봐야겠다고 다짐했던 어니언수프. 햄버거를 먹을 때도 꼭 감자 대신 양파로 바꿔서 먹을 정도로 양파라면 자다가도 벌떡 일어나는 데다가 너무나도 사랑하는 블루치즈까지 들어 있다니 더 이상 고민할 필요도 없다. 저녁 8시에도 아직 환한 4월의 파리에서는 저녁식사가 다들 늦다. 내가 들어오고 나서야 레스토랑에 사람들이 속속들이 모여든다. 나를 제외한 다른 손님들은 대부분 애피타이저로 홍합을 시키는 모양이다. 우리나라에서는 포장마차에 가면 무한대로 먹을 수 있는 홍합이라서 그런지 선뜻 손이 가지 않는데, 여기에서는 꽤 인기다.

뜨끈한 국물이 매력적인 어니언수프를 깨끗하게 해치우고 드디어 메인 메뉴의 등장이다. 숯불 향이 솔솔 풍기는 돼지고기와 앙증맞은 크기의 감자조림, 그리고 보기만 해도 건강해질 것 같은 푸른색의 샐러드. 얼른 크게 한 조각 잘라 입에 넣으니 살살 녹는다. 역시 맛있는 음식을 먹는 것보다 즐거운 일은 없다. 테라스에 앉은 커플은 서로의 손을 잡고 애정을 과시하기에 여념이 없어 보이고 우리나라에서라면 상상도 하지 못할 남자들의 과감한 스킨십. 겉으로는 아무렇지 않은 척했지만 사실 아직 나에게는 버거운 문화적 충격이다. 고개를 돌려 멀리 보이는 노부부의 식탁을 관찰한다. 일부러 보는 건 아니지만, 음식은 입으로만 먹으면 되니까 그동안 눈은 할 일이 없다. 허리춤에 작은 가방을 찬 할머니와 임신부만큼 불룩 나온 배를 가진 할아버지. 굳이 물어보지 않아도 긴 시간 함께 했으리라는 사실을 알 수 있다.

'곱게도 늙었네.' 마음속으로 할 말이지만 지금 이 레스토랑에 동양인이라고는 나 하나가 전부이니 입 밖으로 꺼내어 말해도 괜찮다. 혼자 여행을 다니면 종일 한마디도 하지 않는 날도 있어서 이렇게 가끔은 혼잣말이라도 해줘야 말하는 법을 잊어버리지 않는다. 그제야 두고 온 남편이 슬쩍 생각난다.

'나에게도 남편이라는 존재가 있었지.'라는 생각과 함께 '우리도 과연 저렇게 곱게 늙을 수 있을까?' 하는 생각이 자연스럽게 머리에서 스쳐 지나갔다. 지금대로라면 별 탈 없이 저 나이를 맞을 테고 누군가 먼저 죽거나 바람이라도 피워 관계가 흐트러지지 않는 이상 우리도 손을 잡고 어딘가 여행을 다니기도 하겠지. 그런데 이상하게 그 모습이 상상이 되질 않는다. 이제 겨우 40대에 접어들었으니 적어도 몇 십 년은 더 지나야 한다. 그렇다고 해도 과연 그때까지 아무 문제도 없이 온화하게 저 나이를 맞이할 수 있을지는 왠지 모르게 자신이 없다. 신기하게도 남편과 결혼한 후의 모습은 잘 기억이 나는데 연애하던 때의 기억은 흐릿하다. 에쿠니 가오리의 ≪빨간 장화≫라는 책에 등장하는 히와코의 마음이 이해가 간다. 어느 순간 너무 익숙해져 버려서 태어날 때부터 남편이라는 이름을 달고 나온 듯, 오로지 그 모습으로만 나에게 존재한다. 가령 회사에서의 그의 모습이라든가 슈퍼마켓에서 뭔가를 사는 그의 모습은 전혀 모르겠고 알고 싶지도 않다. 어쩌면 애정이 식은 것인지도 모르겠다. 그렇다고 남편에 대한 사랑이 식었느냐고 하면, 그건 또 별개의 문제이다. 나 나름대로의 형태로 나는 여전히 남편을 사랑한다. 다만 손으로 건드리면 깨질 것같이 안타깝고 애달픈 모양이 아닐 뿐이다. 아마 남편도 비슷하리라. 나에게 친절하지만 그 이상의 애정을 느낄 수는 없다. 아마 그것이 내 우울함의 첫 번째 이유가 아닐까 싶은 생각이 불현듯 떠오른다. 머릿속으로는 꼬리에 꼬리를 물고 별별 생각들이 다 떠올랐다가 사라지는 사이, 접시의 음식들은 대부분 끝이 나 있었다. 고기를 씹는 행위가 지겨울 정도로 배가 부르다. 아줌마의 정서상, 음식을 남기지 못하는 성격인데도 불구하고 귀여운 감자들은 도저히 배 속으로 넣을 수가 없어 살포시 접시의 한 귀퉁이로 몰아놓고 앉아 웃기게도 디저트를 기다린다. 훤칠한 웨이터가 "본 아페티(Bon Appetit)"를 외치며, 테이블 위에 크렘브륄레를 내려놓는다. 그 당찬 한마디를 듣는 순간, 예전에 본 영화 <줄리 앤 줄리아>가 떠올랐다. 어느 영화에서나 매력적인 메릴 스트립이 음식을 만들 때마다 외쳤던 '본 아페티.' 그 영화를 보고 한동안 베이킹에 빠져들어서 딱히 몸에 좋을 것도 없는 음식들을 거침없이 찍어냈었지.

오늘 디저트로 크렘브륄레를 주문한 이유는, 이것만은 도저히 집에서 흉내 내기가 힘들었기 때문이다. 대부분의 케이크나 파이는 레시피를 보고 만들면 대강 비슷하게나마 모양이 나오는데, 크렘브륄레는 어떤 이유에서인지 도무지 제대로 되지가 않는다. 몇 번을 해봤는데도 잘 되지 않아 굳이 안 되는 것까지 해내려고 낑낑댈 필요가 없다는 마음이 들어, 대신 밖에서 사 먹으면 된다는 생각을 내내 했었다. 우리나라에도 물론 크렘브륄레를 먹을 수 있는 곳들이 많지만 파리에 오면 꼭 한 번은 먹어봐야겠다고 벼르고 있다가 오늘 드디어 먹게 되었다. 이 음식의 매력이라면 무엇보다도 숟가락으로 그을린 설탕을 톡하고 깨는 재미이다. 어릴 때 많이 먹는다는- 난 어릴 때 한 번도 먹어 보지 못한 건 물론, 그런 게 있는지도 몰랐다. 아마 우리 동네에는 팔지 않았던 모양이다- 뽑기에서 풍기는 것과 비슷한, 설탕을 불에 구운 냄새가 솔솔 풍기고 딱딱해진 설탕을 깨 뜨리면 그 안에 부드러운 바닐라 맛 속살이 드디어 그 모습을 드러 낸다. 푸딩처럼 말랑하고 입 안에 넣으면 순식간에 사라지는 속살.

메인 디시에 나온 감자는 남긴 주제에 디저트는 달달 긁어서 마치 설거지라도 한 것처럼 깨끗하게 다 먹어 버렸다. 살이 북북 올라오는 소리가 들린다. 그래도 여행에서는 많이 걸으니까 괜찮다며 스스로를 위로하는 중. 몇 년을 빼먹지 않고 운동을 하던 습관 때문에 하루라도 운동을 거르면 몸이 무겁다. 걷는 것만으로는 사실 별로 운동이 되지 않아 아침에 살짝 스트레칭을 해준다.

디저트를 마치고도 부른 배의 숨을 고르느라 잠시 앉아 있다가 친절하게 오늘 식사를 책임져 준 웨이디에게 고미움의 팁과 함께 음식 값을 치른 후 가게에서 나왔다. 아직도 해는 완전히 지지 않았고 서서히 노을이 들면서 이제 곧 해가 질 거라고 알려준다. 낮부터 같은 거리를 서성여서인지 이제 이 동네도 낯이 익는다. 낮보다 저녁때가 되니 사람들은 더 많아져서 이제야 가게 앞에 서서 손님들을 끌려고 노력하는 종업원들과 눈 마주칠 염려 없이 편한 마음으로 걸을 수 있었다.

천천히 살피면서 걷다 보니, 낮에는 발견하지 못한 곳들도 새롭게 눈에 띈다. 지난번 퐁피두센터 근처에서도 삭은 극장을 본 적이 있는데, 오늘은 그곳보다 더 오랜 시간의 흔적이 느껴지는 아주 조그맣고 빈티지한 극장, '114) 스튜디오 갈랑드(Studio Galande)'를 발견했다.

조용한 주택가의 1층에, 자세히 보지 않으면 영화관인지도 모를 정도로 숨을 죽이고 가만히 자리하고 있다. 그 모습이 더 고풍스러운 분위기를 자아낸다. 입구에는 때가 묻은 나무 기둥 세 개가 있는데 거기에 붙은 영화 포스터가 아니었으면 나도 그냥 지나쳤을 곳이다. 큰 극장에서 상영 중인 상업 영화보다는 이미 상영했었어도 다시 한 번쯤 보고 싶은 영화들을 상영하는 게 이 극장의 특징. 원래 스케일이 큰 상업 영화에는 별 관심이 없고 꼭 서울 시내 한두 군데에서나 상영할까 말까 한 영화들에 더 끌리는 나로서는, 이런 곳에 오면 꼭 무슨 영화라도 하나 보고 싶은 충동에 빠진다. 영화관 안에는 아주 조그마한 ─ 영화관이 작으니 당연한 일이겠지만 ─ 매표소가 있고 할아버지 한 분이 앉아 계셨다. 나는 별로 둘러볼 것도 없는 작은 극장 안에서 두리번거리며 영화 시간표를 찾고 있었다. 그 모습을 보던 할아버지는 내 속마음이라도 읽으셨는지 손짓으로 나를 부르며 종이 한 장으로 된 시간표를 건넨다. 때마침 예전에 보고 싶었던 영화 <블랙 스완>이 10분 후면 시작이다. 망설일 것 없이 일단 표를 끊고 극장 안으로 들어섰다. 아직 영화 시작 전인데도 조금 어두컴컴하다. 관객은 나를 포함해서 고작 5명. 어차피 대사를 알아들을 수는 없지만 영상만으로도 충분히 아름다울 것 같기도 하고, 다행히 줄거리를 대강 알고 있기도 해서 조금 편한 마음으로 영화가 시작하기만을 기다렸다. 드디어 암전이 되고 다들 느긋하게 앉아 스크린에 눈을 고정한다. 듣던 대로 충격적이고 중간 중간 간담을 서늘하게 하는 장면이 튀어나왔다. 소리를 알아들을 수 없으니 영상에 더 집중하게 된다. 보는 내내 우리나라에 돌아가면 다시 제대로 봐야지 하는 마음이 들었는데 과연 돌아가면 볼 수 있을까 하는 생각도 동시에 들었다.

요즘은 카페다 뭐다 다양한 데이트 장소들이 많지만 예전 내가 연애를 할 때만 해도 영화관은 데이트에 빠질 수 없는 필수 장소였다. 그런 이유로 영화를 좋아하든 아니든 영화를 많이 볼 수밖에 없었는데 아기를 낳고 키우면서 같이 영화관에 갈 일은 현저하게 줄어들었고 가끔 남편이 딸을 데리고 가는 것 정도가 전부이다. 이제 딸도 많이 커서 혼사 두고 남편과 몇 시긴 데이트쯤은 즐길 수도 있게 되었지만 막상 이제 와서 둘만 외출을 하려니 왠지 모르게 부끄럽고 낯설다. 치음 아기가 태어났을 때에는 둘이서 데이트를 하고 싶어 그렇게 발을 동동 굴렸었는데 말이다. 집으로 돌아간다면, 한 번쯤 남편과 영화를 보러 가면 좋겠다는 생각이 든다. 영화관에서 나오니 이미 어둑어둑한 밤. 이제 파리의 밤도 별로 무섭지 않다.

08.
젊은 기운이 바닥에서부터 느껴지는 에티엔 마르셀

유럽에서는 어느 도시를 여행하더라도 꼭 빼먹지 않고 책자에 등장하는 장소가 있는데 바로 '115) 시청사(Hôtel de Ville)'. 우리나라 시청을 생각하면 언뜻 이해가 되지 않지만 어찌 되었든 유명하다고 하니, 일단은 가보는 게 여행자의 기본 법칙이다. 노란색 1호선 Hotel de Ville 역에 내려 지상으로 올라가면 바로 시청사를 마주할 수 있는데, 역시 1300년대에 세워진 건물답게 원숙미가 느껴진다. 여름이면 야자나무와 오아시스, 비치발리볼 코트와 탈의실까지 설치해서 바캉스를 떠나지 못한 사람들에게 마치 해변에 온 듯한 기분

을 만끽하게 하고, 겨울이면 은은한 조명과 함께 스케이트장을 설치해서 제대로 겨울을 즐기게 한단다. 추위를 많이 타서 우리나라 시청 앞 광장에 설치된 스케이트장도 아직 한 번도 가보지 않은 나로서는 스케이트장은 영 별로지만 도심 한복판에 세워놓은 야자나무는 사뭇 궁금하다. 뜨거운 햇볕 아래 발에 감기는 모래사장도 겨울의 스케이트장만큼이나 좋아하지 않는 터라, 이렇게 도시 안에서 아주 살짝만 즐길 수 있는 해변은 꽤 매혹적인 제안이다.

비록 지금은 여름도, 겨울도 아니라 시청 앞 광장에는 회전목마만이 덩그러니 놓여 있을 뿐이지만 머릿속으로 곧 다가올 여름의 광장을 상상하니 여름에 오지 못한 것이 괜히 분하다. 아무튼 봄의 시청은 그 역사적 깊이와 더불어 단순한 건축적 아름다움이 전부인지라, 시청사 앞에 서서 잠시 건물을 훑어본 다음, 길 건너를 지배하고 있는 SPA브랜드들의 매장으로 걸음을 돌렸다.

H&M이니, ZARA니 하는 소위 SPA매장들의 특징은 분명 어느 동네에 있는 매장을 가나 물건은 똑같은데도, 눈에 보일 때마다 들어가게 되는 것이라고 하겠다. 그렇다고 딱히 뭘 사는 건 아니다. 항상 같은 물건을 들었다 놨다 하다가 결국 어차피 '다음에 또 오면 되지' 하는 생각에 결국은 그냥 두고 나온다. 분명 오늘도 마찬가지일 텐데 그래도 참새가 방앗간을 그냥 지나치지 못하는 것처럼 내 발길은 또다시 매장 안으로 향한다. 결론은 여전히 빈손. 대신 옆에 있는 '116) 록씨땅(L'OCCITANE)' 매장에 들어가서 쇼핑을 했다. 어제 'PHARMACIE MONGE'에서 지인들의 선물은 다 샀다고 생각했는데 막상 집에 들어가서 체크해보니 빼먹은 것들이 몇 개 있다.

둘째아이를 임신해서 이제 슬슬 배가 불러오는 아는 동생을 위해 시어버터 크림을 사고, 딸의 학부모 모임에서 알게 된 몇몇 여자들을 위해 핸드크림과 풋크림을 묶어서 저렴하게 팔고 있는 세트를 몇 개 구입했다. 록시땅은 유독 우리나라 여자들이 좋아하는 브랜드이기도 하고, 이렇게 세트로 묶어서 파는 제품들은 가격도 마음에 드는 데다가 포장도 귀여워서 선물하기에 더할 나위 없이 좋다.

어제부터 내 것이 아닌 남을 위한 쇼핑만 했더니 영 기분이 나질 않는다. 여행을 오기 전에 조금씩 챙겨준 분들이 많아서 그냥 돌아가기도 애매하지만, 그렇다고 남을 위한 쇼핑만 할 수는 없는 일. 막상 옷이나 신발 같은 물건을 사려고 하면 묘하게 가슴에 뭔가 찔리는 기분을 느껴서 선뜻 손이 가지 않는데, 그럴 때 마음 편히 쇼핑할 수 있는 품목이 있다면 바로 주방에 관계된 물건이다. 나를 위한다기보다 우리 집을 위한다는 명목 아래 떳떳하게 쇼핑할 수 있기 때문에 쇼핑의 욕구가 나를 사로잡을 땐 이왕이면 실용적인 걸로 사야겠다는 마음으로 그릇이나 냄비 같은 물건을 사곤 했었다. 이런 얘기를 며칠 전, 식사를 하다가 우연히 집주인 커플에게 말했더니, 그런 나에게 꼭 알맞은 가게를 알려줬었다. 이렇게 뭔가 사고 싶은 마음이 치솟을 때 찾기에 딱 알맞은 곳이 아닐 수 없다.

'에티엔 마르셀'은 젊은 사람들이 자주 찾는 동네이다. 그렇다고 무조건 방방 뜨는 분위기는 아니고, 고요한 가운데 역동적인 기운이 바닥에서부터 조금씩 느껴진다. 들은 대로 찾아갔더니, 정말 파리에서는 처음 보는 주방용품 가게, '117) 아시몽(a.simon)'이 떡하니 있다. 내가 가는 곳이 대부분 관광지라서 그런지 생활용품을 파는 곳은 아주 드물었는데 이렇게 시내 한가운데 이런 가게가 있다는 사실만으로도 신기한데, 가게 규모도 꽤 크다. 컵이나 접시, 냄비, 커피포트, 수저, 와인잔 등 부엌에 필요한 제품이라면 거의 갖추고 있다고 해도 과언이 아닐 정도. 한참을 구경하느라 시간 가는 줄도 몰랐다. 사고 싶은 건 트렁크 3개를 다 채워도 모자랄 만큼 많았지만 현실적으로는 당연히 말도 안 되는 일. 그래도 보는 순간 마음을 빼앗긴 하늘색 주물냄비 하나는 꼭 사서 가고 싶었는데, 한 번이라도 손에 들어 본 사람은 말하지 않아도 그 무게를 알 테지. 도저히 불가능한 일이다. 고민한 끝에, 들고 가기에도 적당하고 마침 필요하기도 했던 세라믹 재질의 하얀색 샐러드 볼을 구입했다.

117) 아시몽(a.simon)
add 48 rue Montmartre 75002 paris
tel 01-42-33-71-65
metro M4 Etienne Marcel

가게 안에서 구경할 때만 해도, 그릇 하나를 포장해서 나올 때까지만 해도 꽤 만족스러운 기분이었는데, 막상 가게 밖으로 나오니 갑자기 우울함이 밀려온다. 조금씩 떨어지기 시작한 작은 빗방울 때문인지도 모르겠다. 아니다, 날씨 때문이라고 하기에는 평소에도 늘 느껴왔던 익숙한 우울함이다. 원인이 뭔지 생각하며 손에 든 종이가방을 보는 순간 그 이유를 알아차렸다. 대체 언제부터 나의 쇼핑 목록이 이런 생활용품들로 가득 차게 된 걸까? 요즘 평균 수명은 100세 가까이 된다는데, 그럼 아직 내 나이는 한참 어린 나이가 아닌가? 그런데 왜 자꾸만 나는 이미 너무 늙었다는 생각이 들고, 당연히 새로운 일을 시작하기에도 희망이 없다는 생각만 든다. 그렇다. 그게 바로 내 우울함의 핵심이었다. 지금까지는 이런 사실을 애써 외면하고 아이를 위해서, 가정을 위해서 나를 희생하는 것이라고 여기며 살았다. 스스로 그렇게 합리화하며 보낸 세월에 대해 내 탓이 아닌, 남 탓을 하고 있었다. 하지만 주위를 둘러보면 일과 가정을 모두 꾸려 나가는 여자들이 허다하다. 물론 말로 하지 못할 고충들이 있었겠지만 그렇기 때문에 더욱 대단해 보인다. 난 그러한 험난한 과정을 헤치고 나갈 용기가 없어 10년 전, 지레 겁을 먹은 것이다. 이런 생각을 하며 무작정 걷다가 문득 옆을 보니, 커리어우먼 하면 가장 먼저 떠오르는 킬힐이 쇼윈도 안에서 나를 또렷하게 쳐다보고 있다. 그것도 새빨간 색 킬힐. TV나 영화에 나오는 커리어우먼들은 항상 높고 뾰족한 킬힐을 신고 있었다. 볼 때마다 저런 걸 신고 용케도 다니는구나 하고 감탄했었는데 말이다. 평소라면 절대 들어가지 않았을 슈즈 숍을 오늘은 웬일인지 들어가고 싶어졌다. 진열된 물건들

은 바쁜 걸음으로 지하철을 타는 출근시간의 여자를 떠올리게 하면서 이름은 '118) 프리 랑스(FREE LANCE)', 프랑스 말로 프리랜서를 의미하다니 뭔가 뒤죽박죽이다.

실내에는 검은색 송치로 된 러그가 바닥을 덮고 있었고, 킬힐 말고도 다양한 높이의 구두들과 아이들을 위한 신발, 남성화까지 골고루 펼쳐져 있었다. 난 들어오기 전, 나를 빤히 쳐다보았던 구두에 수줍게 발을 밀어넣어 보았다. 이런 신발은 분명 관상용이 될 게 뻔하다. 킬힐만 신는다고 하루아침에 주부인 내가 커리어우먼이 되는 건 아니지만, 대리만족으로라도 과감하게 질러 보고 싶었으나 소심한 나는 한 번 신어 보는 걸로 만족하기로 했다. 대신 매장에 전시된 높은 굽의 신발은 모조리 꺼내서 신어 봤는데 착한 점원은 얼굴 한 번 찌푸리지 않고 말하는 족족 꺼내어 보여 준다. 쁘렝땅 백화점과 이곳, 이렇게 두 군데밖에 매장이 없어서 마음에 드는 신발을 발견한다면, 그리고 평소에도 신을 수 있다는 확신만 있다면 하나쯤 사두는 것도 희소가치는 충분하다. 슈즈 숍에서 나오자 조금씩 떨어지던 비는 말끔하게 그쳤다. 잠시 지나가는 비였나 보다. 값비싼 구두는 차마 사지 못하고 돌아 나왔지만 조금 비싼 커피 한 잔쯤은 사치가 아니

119) 카페 에티엔 마르셀(Cafe Etienne Marcel)
add 34 rue Etienne Marcel
tel 01-45-08-01-03
open 월~일 09:00~02:00
metro M4 Etienne Marcel

지 않을까 하는 생각으로 에티엔 마르셀에서 가장 멋스러운 사람들만 모인다는 '119) 카페 에티엔 마르셀(Cafe Etienne Marcel)'로 들어섰다.

예전에는 정육점이었던 곳이 파리에서 가장 트렌디한 카페로 변신했다는 사실만으로도 유명할 이유는 충분한데, 거기에 파리의 능력 있는 디자이너들이 인테리어를 맡아 더욱 유명해졌다. 비도 그쳐 실내보다 야외 테라스에 앉은 사람들이 훨씬 많다. 나도 사람구경도 할 겸 테라스에 앉았지만, 그토록 실내 인테리어가 유명하다니 화장실이라도 가는 척하며 실내구경에 나섰다. 마치 돼지코를 거꾸로 뒤집어 축 늘어지게 매달아놓은 것 같은 조명, 겉은 하얀색이나 속은 빨간 의자, 그리고 중간 중간에 아무렇지 않게 서 있는 기둥. 대강 모아 놓은 것 같은데 가만히 보면 하나하나 세심하게 계산된 인테리어라는 것을 알 수 있다.

다시 자리로 돌아와 주문을 위해 메뉴판을 펼치고 뭘 먹을지 꼼꼼하게 탐독 중. 이름은 카페라도 사실 여기는 음식 맛도 좋기로 유명한 레스토랑이다. 베이컨과 소시지냐, 아니면 연어냐의 기로에 서 있는 브런치 메뉴도 인기가 높아서 주말이면 많은 사람들이 찾는다고 한다. 내가 찾은 시간은 이미 브런치를 훨씬 지나서, 일품요리로 토마토소스의 펜네를, 음료는 카푸치노를 주문했다. 단순한 게 최고라는 건 이런 걸 두고 말하는 게 아닐까. 토마토소스가 전부였다면 조금 밋밋할 수도 있었을 펜네에 바실리코를 함께 넣어 상큼하면서도 개운하다. 거기에 입가에 보기 좋을 정도로 거품이 묻어나는 카푸치노도 만족스럽다. 포만감을 느끼자 오후에 나를 괴롭혔던 이름 모를 우울함도 어느 정도 물러났다. 멋진 남자들이 넘치는 레스토랑에서 즐기는 맛있는 음식. 나이가 들어도 잘생긴 남자들을 보면 기분이 좋아지는 건 젊을 때나 지금이나 마찬가지이다. 그들이 대부분 게이라는 점만 빼면 완벽할 텐데 말이다.

09.
드가만을 위한 오르세 미술관

120) 오르세 미술관(Musée d'Orsay)
add 62 rue de Lille, 75007 Paris
tel 01-45-49-47-03
open 화~일 09:30~18:00,
　　　목 ~21:45, 월요일 휴무
metro RER C Musée d'Orsay
url www.musee-orsay.fr

그림에는 영 흥미가 없어서 오랑주리 미술관도 건너뛰고 루브르는 아예 갈 생각조차 하지 않았지만 예전부터 '120) 오르세 미술관(Musée d'Orsay)'만은 꼭 가보고 싶었다. 언제부터인지 우리가 어릴 때 취향이나 흥미와 전혀 상관없이 피아노 학원을 다녔던 것처럼 요즘 아이들은 발레 학원을 다닌다. 어린 나이에 발레를 하면 몸이 예뻐진다는 말에 현혹되어 나 또한 딸을 발레 학원에 밀어넣었었다. 석 달쯤 배웠을까? 학원에 갈 때마다 딸의 표정이 어두워지는 바람에 결국 비싸게 산 발레복과 슈즈는 상자에 담겨 옷장 구석으로 밀려났다. 그래도 석 달 동안 엄마의 본분을 다하고자 부지런히 학원에 따라다녔는데 그때 연습실 벽에 붙어 있던 그림 한 점이 꽤 마음에 들어 작가와 제목을 기억하고 있었다. 어린 소녀들이 발레복을 입고 무대 뒤에서 준비하고 있는 모습을 담은 에드가 드가(Edgar Degas)의 작품이었다. 들뜬 마음으로 오르세 미술관 앞에 도착. 오전인데도 벌써부터 줄이 길다. 그래도 물러날 수 없어 일단 줄을 서서 기다리는데 갑자기 비가 후두두 떨어진다. 어제도 이렇더니 봄에 소나기가 내리는 날이 많네. 다행히 입구에 거의 다 왔을 때 비가 내려 많이 젖지는 않았지만 그래도 살짝 젖은 옷이 마르면서 한기가 더해진다. 제대로 그림을 보기 전에 따뜻한 커피 한 잔이 더 절실하다.

입장권을 보여 주고 미술관에 들어서자 바로 앞쪽으로 반 층 정도 내려가는 계단이 있고 그 옆으로 카페, '121) 카페 뒤 리옹(cafe du Lion)'이 보인다. 뜨거운 커피를 마실 수 있겠다는 들뜬 마음으로 단숨에 계단을 내려갔는데 아뿔싸, 나와 같은 마음인 사람들이 이렇게 많을 줄이야. 카페에는 미술관에 들어오기 위해 섰던 줄만큼이나 긴 줄이 나를 기다리고 있었다. 게다가 음료를 들고 그림을 볼 수도 없으니 앞에 줄을 선 사람들이 모두 테이블에 앉아 음료를 마시고 나갈 때

121) 카페 뒤 리옹(cafe du Lion)
add 62 rue de Lille, 75007 Paris
metro RER C Musée d'Orsay

까지 기다려야 하는데 도저히 가능성이 없어 보인다. 그때쯤이면 내 옷도 이미 말라 보송보송해졌을 테지. 오르세 안에는 다른 카페도 있다고 들었지만 이미 마음을 정한 나는 그냥 그대로 그림을 보기로 결정하고 인상파 화가들의 그림부터 보기로 했다. 1900년대 초반에는 역이었던 오르세. 이제는 입구 쪽에 걸린 커다란 벽시계만이 그 시절의 흔적을 나타내고 나머지 부분은 온전히 미술관으로 탈바꿈했다. 책자에서 보기로는 인상파 화가들의 작품은 거의 3층에 있다고 해서 무작정 꼭대기 층으로 올라왔더니 지금은 공사 중이라 그림의 위치들이 많이 바뀌어져 있었다. 앞에서 말한 것처럼 나의 목적은 오로지 에드가 드가의 그림이라, 다른 그림들은 흥미 밖이다. 그래도 이왕 왔으니 모네와 고흐 정도는 봐야지. 다시 입구로 돌아와 안내문을 손에 들고 차근차근 되짚어 작품들의 위치를 살펴본다. 이런 일조차 사실 만만하지는 않아 겨우 인상파 그림의 위치를 찾고 나자 이마에 땀이 송골송골 맺혔다.

드가와 모네, 고흐는 모두 1층으로 옮겨져 있었다. 다른 유명한 작품들보다도 유난히 많은 사람들이 모여 있어 이럴 줄 알았으면 굳이 힘들게 위치를 찾을 필요도 없다는 생각까지 들 정도였다. 사람들이 워낙 북적거려 그림 하나하나를 제대로 음미하며 보기에는 무리가 있어, 쭉 훑어보다가 마음에 드는 그림 앞에서만 시간을 들였다. 예상했던 대로 드가의 그림은 만지면 사라질 듯 부드럽고 수줍었다. 그러면서도 막상 가까이서 보면 힘이 느껴지는 터치감이다. 고흐에 비할 바는 못 되지만 이것 또한 나름의 강한 터치다. 인상주의 미술의 특징을 고스란히 담아 많은 작가들의 그림에서 빛의 움직임이 포착되고 강렬한 색채는 한 번 보면 깊이 빠져들어 장삿속인지 알면서도 결국 그림이 프린트된 엽서 몇 장을 살 수밖에 없게 만든다. 내가 좋아하던 발레리나의 그림 말고도 드가는 여러 장의 발레를 하는 소녀들을 작품으로 남겼고 청동 조각으로도 만들었다. 언뜻 보면 비슷해 보이지만 그림마다 시점이 달라서 자세히 보면 숨은 그림 놀이처럼 숨겨진 모습들이 엿보였다. 인상파 그림들은 하나같이 매력덩어리였다. 분명 미술관의 다른 작품들도 막상 보면 놀랍고 흥미로울 테지. 문제는 보지 못한 그림에 대한 흥미보다 이미 몸이 알고 있는 커피 한 잔의 만족감이 더 크다는 것. '정 오고 싶으면 나중에 다시 오면 되지.' 여행 날짜가 여유로우니 항상 이렇게 생각하고 만다. 결국에는 다시 오지 않을 걸 알면서도 말이다.

몸에서 커피든 뭐든 따뜻한 걸 내놓으라고 난리다. 멀리 갈 것도 없이 미술관 앞에 있는 카페 몇 개 중에 대강 골라 들어가기로 하고 몇 초간 망설이다가 노란색의 천막이 눈에 띄는 '122) 로얄 오르세(Le Royal Orsay)'로 결정. 입구에 들어서자 생각보다 공간이 작다는 생각에 다시 나갈까 하던 찰나, 내 생각을 눈치 챘는지 웨이터가 눈으로 뒤쪽을 가리킨다. 웨이터가 가리키는 대로 고개를 돌리니 아

122) 로얄 오르세(Le Royal Orsay)
add 75 rue de Lille 75007 paris
tel 01-45-48-82-88
metro RER C Musée d'Orsay

래쪽으로 훨씬 더 넓은 공간이 눈에 들어왔다. 관광객들을 많이 상대해서 그런지 파리의 웨이터들은 아무런 말이 없어도 사람의 마음을 훤히 꿰뚫는 것 같다.

미술관에 들어설 때부터 먹고 싶었던 따뜻한 커피 한 잔을 주문하고 그것만으로도 부족하겠다 싶어 누텔라가 발린 크레페도 덧붙였다. 일단 한번 맛에 익숙해지면 그 달콤하면서도 끈적끈적한 맛에서 벗어날 수 없다는 것을 알기에 차마 가까이하지 못했던 누텔라. 그래도 커피와 함께라면 괜찮지 않을까? 게다가 여기는 파리니까 그렇게 쉬이 길들여지지 않을 거라는 생각에 오늘은 과감히 누텔라에 도전한다. 뭐, 살찔 테면 쪄 보라지. 그래봤자 1~2kg 아닌가? 벗어날 수 없는 우울함을 생각하면 몸무게 몇 kg 정도는 내가 조절할 수 있는 범위 안에 있다. 카페의 아래층은 지하라서 바깥이 보이지는 않지만 그만큼 아늑하고 포근하다. 그림을 보는 동안 옷은 거의 말랐음에도 불구하고 옷이 아직 마르지 않았다는 핑계로 한참을 카페에 앉아 커피와 시간을 보냈다. 파리에 와서 지금까지 찍은 사진들이 고스란히 담겨 있는 카메라의 사진들을 처음부터 하나씩 돌려보고, 두고 온 가족을 생각한다. 하지만 이미 지금의 나와는 너무 멀리 떨어져 있다는 생각밖에 들지 않는다. 점점 현실감이 옅어지고 나 자신에게만 온전히 집중할 수 있다. 내가 하고 싶은 일, 하고 싶었던 일이 무엇이었는지, 돌아가면 앞으로 어떻게 살아야 할 것인지에 대해 조금씩이지만 생각하려고 노력한다. 10년 동안 미뤄왔던 생각을 이렇게 먼 곳까지 와서야 제대로 마주하기 시작했다. 결론을 얻지 못하더라도 생각하기 시작했다는 것 자체가 이미 앞으로 나아가고 있다는 증거. 차분히, 천천히 생각해보면 정답은 아니라도 몇 개의 답 정도는 얻을 수 있지 않을까?

카페에서 나오자 비 온 뒤, 특유의 맑은 날씨가 온몸으로 느껴진다. 바람은 가볍고 상쾌하다. 오르세 미술관이 오늘 계획의 전부였으니 앞으로 남은 시간은 뭘 해도 괜찮다. 자유롭고 아무에게도 간섭받지 않는 여행이지만 스스로 세운 계획은 완수했다는 점에서 꽤 만족스럽다. 이제 슬슬 걸으며 마음에 드는 가게에 들어가 신기한 물건들을 구경하고 나와서는 또 걸으면 된다. 오르세 미술관에서 나와 걷는 길은 대부분 주택가. 퐁피두센터에서도 본 적이 있는 '123) 아빠흐뜨몽(L.APPARTEMENT)'을 제외하고는 특별히 눈길을 끄는 곳은 없었다. 가보지는 않았지만 루브르에도 있는 이 매장은 한마디로 재미있으면서도 실용적인 디자인의 물건들을 파는 곳이다. 야채를 썰어 냄비에 넣을 때 음식을 흘리지 않도록 양옆을 접을 수 있는 도마나 책으로 종이접기를 할 수 있는 책 따위의, 있으면 좋지만 없어도 사는 데는 지장이 없는 물건들을 팔고 있었다. 이제는 이런 물건에 어느 정도 익숙해진 나는 구경하는 것으로 만족하고 대신, 가죽으로 된 4.5유로짜리 엽서 한 장을 집어 들었다. 돌아

123) 아빠흐뜨몽(L.APPARTEMENT)
add 16 rue de bellechasse 75007 paris
tel 01-45-51-88-88
metro M12 Solférino

가서도 이 기분을 잊지 않도록 나에게 엽서를 쓰기 위함이다. 날도 좋고, 배도 든든하고 이제 슬슬 걷기만 하면 된다. 이미 비도 한 차례 지나갔으니 날씨 염려는 하지 않아도 되겠지.

10.
방브에서 만난 두 개의 컵

124) 방브 벼룩시장(Marché aux Vanves)
metro M13 Porte de Vanves

주인 커플은 굳이 거기까지 가서 볼 게 없다며 말렸지만, 난 한 번쯤 꼭 가보고 싶었던 터라 그들의 만류에도 불구하고 일요일 아침, 혼자 집을 나섰다. 메트로를 타고 13호선 Porte de Vanves 역에 내려 조금만 걸으면 나오는 '124) 방브 벼룩시장(Marché aux Vanves)'. 크기로만 치면, 방브보다는 생 투앙 벼룩시장(메트로 4호선 Porte de Clignancourt)이 훨씬 크지만 볼 게 많으면 도리어 아무것도 볼

수가 없다. 차라리 적당한 크기의 한두 시간이면 충분히 볼 수 있을
만한 정도가 벼룩시장에게는 딱 알맞다. 그런 의미에서 방브는 꽤
효율적이고 적당한 크기.

평소 하던 대로 느지막이 일어나 나왔더니, 방브에 도착했을 때
는 이미 정오에 가까운 시간이었다. 어차피 나오는 물건이야 매주
비슷할 테니 조금 늦게 간다고 해서 꼭 사야 할 물건을 놓칠 일은
없지만 왠지 벼룩시장은 아침 일찍 서둘러 나와야 할 것 같은 기분
이 든다. 머리를 감거나 샤워 같은 과정은 건너뛰고 손으로 대강 빗
은 머리에 모자 하나 눌러 쓰고 나와 쓱 한 번 둘러본 후, 가볍게
샌드위치로 아침 겸 점심을 해결하는 것, 그게 내가 생각하는 벼룩
시장의 모습이다. 그런데 오늘 나는 평소처럼 아침에 일어나 샤워도
했고, 기본적인 메이크업도 했고, 오는 길에 이미 빵도 하나 샀다.
그나마 벼룩시장을 돌아다니며 먹기에는 바게트가 제격이지 하며
혼자서 다 먹지도 못할 커다란 바게트를 손으로 뜯어 먹는 중이다.

방브는 크기는 작은 대신, 하나하나 볼거리가 많아서 이것저것
만져 보고 직접 손에 들어 보고 하는 동안 어느새 2시간이나 지나
있었다. 원래 이런 곳에 오면 평소에 절대 사용할 일이 없는 물건인
걸 알면서도 그 순간 너무 예뻐 보여서 무턱대고 사놓고는 집에 돌
아가서는 봉투도 뜯어 보지 않는 일이 허다하다. 오늘은 그런 실수
를 방지하고자 주머니에 50유로짜리 지폐 한 장만 꼬깃꼬깃 접어넣
어 왔다. 그 이상은 절대 사지 않겠다는 나의 의지와 더불어 정말 사
고 싶은 게 있으면 다음 주에 또 오면 된다는 안일한 장기 여행자의
마음이랄까. 작게는 엄지손가락만 한 빈티지 단추부터 아주 오래된

벽걸이 시계나 무거워서 들고 다닐 수는 없지만 소유욕을 자극하는 커다란 여행가방까지 세월이 묻어나는 물건들. 그런 물건들은 보는 것만으로도 아련함이 밀려온다. 흑백영화에 흔히 등장하는, 역에서 눈물을 흘리며 헤어지는 연인들이 들었을 법한 여행가방은 예전부터 꼭 사고 싶었었는데 모던하게 꾸며놓은 우리 집과는 전혀 어울리지 않는다. 게다가 50유로로 살 수도 없는 가격이라 미련을 버리고 돌아가서도 꾸준히 사용할 수 있는지 없는지를 꼭 생각하며 시장의 입구에서 끝까지 한 바퀴를 돌았다. 입구에서 끝, 다시 끝에서 입구 이렇게 왕복해서 걸으며 곰곰이 생각한 결과, 빈티지한 컵 두 개를 샀다. 최근 우리나라에서 유행하는 북유럽풍의 깔끔한 스타일은 아니지만, 하얀 도자기 위에 화사하게 그려진 꽃이 세월을 따라 조금씩 흐려진 모습이 내 마음을 끌었다. 아줌마들은 누구나 잘 한다고 생각하는 가격 흥정에 별 재능이 없는 나는 25유로를 부르는 주인에게 기껏 5유로만 깎아 달라고 모기만 한 소리로 말했다. 용기를 내어 말한 내가 민망하게, 주인은 흔쾌히 20유로만 달란다. 그러고 나니 왠지 내가 너무 비싸게 산건가 하는 생각이 들어 뭔가 마음이 찜찜했지만 이미 흥정은 끝났다. 어차피 우리나라에서는 구할 수도 없는 물건이니 정해진 가격노 있을 수 없는 터. 지나간 일에 아쉬워해봤자 머리만 아프다. 신문지에 둘둘 말아 비닐 봉투에 담아 준 컵 두 개를 손에 건네받자 얼른 집에 가서 커피를 끓여 먹고 싶은 충동이 생긴다.

후문이지만 결국 이 두 개의 컵은 우리 집으로 함께 가지 못하고 주인 커플의 손에 들어갔다. 진짜 우리 집에 갈 때까지 기다리기에는 마음이 너무 급해 그날 돌아가자마자 신문지에서 꺼내 깨끗이

씻은 다음 고운 커피를 내려 마셨는데 그 모습을 보던 여학생의 눈
이 반짝거리는 걸 보고 그대로 선물해 버렸다. 그래도 돌아올 때까
지 매일 그 컵에 커피를 마셨으니 그 정도면 값어치는 충분히 했을
뿐더러 아마 집에 가지고 갔으면 모든 물건에 금방 질려하는 내 성
격상 싱크대 안에서 한 번도 나와 보지 못한 채 생을 마감했을지도
모른다.

# 11. 빵에 대한 무한한 애정, 포숑

125) 포숑(FAUCHON)
add 26 Place de la Madeleine, 75008 Paris
tel 01-70-39-38-00
metro M8 · 12 · 14 Madeleine
url www.fauchon.com

보통의 여자들은 대부분 빵을 좋아한다. 나 또한 보통의 여자이므로 빵에 푹 빠져 산다. 그래서 여행을 올 때 고추장이니 뭐니 하는 것들은 전혀 가져올 필요도 없었고 실제로도 그런 것들이 먹고 싶지도 않다. 이런 사람들한테는 파리에 있는 한국 식당보다 몇 배는 더 흥미로운 곳이 있는데, 바로 '125) 포숑(FAUCHON)'.

우리나라에는 단순하게 베이커리로 알려져 있지만 사실 FAUCHON 은 프랑스의 대표적인 식료품 매장이다. 마들렌 역 1번 출구로 나가자, 한 눈에 포숑을 알아볼 수 있는 핫핑크 컬러의 철제의자와 테이블이 제 일 먼저 눈에 들어온다. 그리고 그 뒤로, 글자 자체로 하나의 멋진 디자인을 완성한 FAUCHON 매장의 천막이 보이고, 아직 오전인데 도 가게로 들어가는 사람과 손에 뭔가를 잔뜩 들고 나오는 사람들로 북적인다. 백화점이 여자의 로망이라면, 식료품점은 여자의 현실이다. 그런데 여기는 현실과 로망, 모두를 채워주는 아주 효율적인 곳이다. 백화점에서 쇼핑을 하면 그건 온전히 나만을 위한 일임과 동시에 남 편의 잔소리가 따르지만, 식료품점에서 하는 쇼핑은 가족 혹은 시댁 을 위해서라는 핑계를 댈 수 있어 잔소리뿐만 아니라 죄의식도 없 다. 다만 백화점 쇼핑보다 우아하지 않고, 사는 물건들이 앙증맞거 나 예쁘지 않아 미적인 만족을 주지 않는다는 사실이 슬프지만 말이 다. 그래서 식료품점에서 뭔가를 사도 쇼핑에 대한 욕구는 완벽하게 해소되지 않는데 오늘 여기에 들어선 순간, 백화점 쇼핑보다 더 큰 만족을 줄 거라는 확신이 내 머리를 스쳐갔다.

파는 물건은 모두 식료품, 그런데 마치 보석이나 값비싼 액세서 리를 파는 것처럼 예쁘게 포장되어 있다. 이미 나에게는 안에 든 내 용물은 관심 밖이고 오로지 나의 미의식을 자극하는 컬러풀하고 과 감한 패키징에 온통 신경이 집중되었다. 이미 집에도 몇 종류나 있 지만 막상 잘 마시지는 않아서 결국 베이킹을 할 때 알싸한 향을 내 기 위한 용도로 전락한 홍차. 그런데 눈앞에 10종류가 넘는 홍차가 제각각 다른 옷을 입고 나를 사 달라며 아우성치고 있다. 내 가슴은 두근두근, 이 중에서 뭘 사야 할지가 지금 나에게는 세상에서 가장 큰 고민거리. 홍차의 이름을 하나씩 읽고 또 읽고, 한 손으로 들었다 놓기를 반복하고 나서야 겨우 하나를 고를 수 있었다. 고민과 선택의 과정은 그 후에도 몇 차례나 나를 괴롭히고 1시간 정도가 지났을 때, 나는 이미 식료품 왕국인 FAUCHON의 노예가 되어 있었다. 살면서 머리의 겉만 쓰고, 깊게 생각하는 속머리는 쓸 일이 거의 없어 텅텅 비어 간다고 느끼던 나에게 오늘은 오랜만에 머리의 안쪽까지 박박 긁어 사용한 날이다. 남들은 다들 회사에 가서 돈을 버느라 머리를 쓰는데 난 돈을 쓰느라 머리를 쓰고 있다니, 남이 보면 웃겨 넘어갈 일이지만 지금 나에겐 결과야 어찌 되었든 머리를 놀리지 않고 굴리는 것만으로도 충분히 의미는 있다.

완전히 주관적인 평가와 비교 끝에 나에게 선택된 건, 제일 처음 고른 홍차와 아몬드가 팍팍 박힌 초콜릿, 유자 맛이 나는 잼, 그리고 리본 모양의 귀여운 파르펠레-파스타의 한 종류-이다. 아몬드가 든 초콜릿은 씹으면 아몬드 조각이 이 사이에 껴서 불편하다는 사실을 알면서도 자꾸만 씹고 싶게 만드는 묘한 능력이 있다. 모두 한국까지 가져가고 싶을 만큼 예쁘지만 오늘 여기서 구입한 물건들은 보소리 파리에서 깨끗이 다 소진하고 갈 생각이다. 초콜릿은 지금 묵고 있는 집의 현관문 앞에 두고 들락날락할 때마다 하나씩 꺼내 먹을 예정이고 잼은 아침에 동네 빵집에서 사온 바게트에 듬뿍 발라 먹을 예정. 그리고 홍차는 지난번에 유학생 커플에서 선물한 빈티지 커피잔에 끓여 마시고, 마지막 파르펠레는 오늘 돌아가는 길에 마트에 들러 크림소스와 브로콜리, 베이컨을 사서 저녁 메뉴로

카르보나라를 만들어 먹어야지. 뭐 결국 다 먹을 거라는 얘기다. 10년 동안 내 가족만 생각하며 장을 봤다. 남편이 일찍 퇴근하는 날에는 남편이 좋아하는 메뉴를 준비했고, 딸이 시험을 잘 친 날에는 또 딸을 위한 메뉴를 만들었다. 가끔 나를 위해 음식을 만들기도 했지만-내 생일에도 미역국은 내 손으로 끓여야 한다-가족이 아닌 남을 위해 음식을 해본 일은 거의 없다. 엄마이자 와이프인 내가 음식을 하는 건 해가 동쪽에서 뜨는 것만큼이나 당연한 일이고 아무도 거기에 대해 칭찬이나 감사의 말을 전하지 않는다. 물론 딸과 남편이 잘 먹겠다는 인사를 하긴 하지만 그건 알다시피 너무나 의례적인 말이라 어떤 기쁨도 느껴지지 않는다. 그런데 유학생 커플은 내가 뭐라도 만들어 주면 가짜가 아닌 진심이 묻어나는 얼굴로 정말 고마워한다. 음식을 하는 게 하나의 능력처럼 생각되고 나는 전문요리사가 된 듯 착각에 빠진다. 당연한 말이지만, 그런 반응을 보면 자꾸만 뭐라도 해주고 싶어진다. 그래서 다 같이 일찍 들어오는 날에는 마치 가족처럼 함께 음식을 만들고 같이 앉아서 저녁을 먹는다. 혼자 외로울까 걱정했던 파리 여행이 전혀 외롭지 않은 건 아마 그들 덕분인지도 모르겠다. 파리에 와서 제대로 만난 한국인도 거의 없고 낮에는 홀로 시간을 보낼 때가 대부분이라 어떤 날은 말 한마디 하지 않고 하루가 다 지나가기도 하는데, 저녁 때 집에 들어오면 낮에 있었던 일을 말할 사람들이 있으니 낮의 외로움을 도리어 즐기고 있다.

계산을 마치고 나와 옆에 있는 베이커리 매장으로 자리를 옮겼다. FAUCHON은 식료품과 베이커리로 크게 나뉘어져 있는데 아무리 식료품 매장이 좋다고 해도 여기까지 와서 포숑의 빵 맛을 보지 않을 수 없다. 배는 크게 고프지 않고, 조금 있다가 혼자만의 티타임도 가질 예정이라 가볍게 맛만 보자는 마음으로 빵을 구경했다. 매장을 채우는 달달한 빵 냄새는 이미 내 코를 마비시켰고, 먹는 것을 고르는 데 영 소질이 없는 나는 도무지 뭘 먹을지 정하지 못해 곤혹을 치르고 있었다. 그러다가 눈에 딱 들어온 마들렌.

'여기가 마들렌이니까, 기념으로 나도 마들렌을 먹어야지.' 내가 생각해도 유치하기 짝이 없는 발상이지만 누가 뭐랄 사람은 아무도 없다. 속으로 혼자 생각했으니까, 또 말로 한다고 해도 어차피 여기에서 내 말을 알아들을 사람도 없으니까 괜찮다. 마들렌은 파리에와서 새롭게 발견한 맛이다. 우리나라에서 가끔 사 먹어 본 적은 있지만 그냥 조금 부드럽고 계란 맛이 나는 조개 모양일 뿐이었던 마들렌. 그런데 파리에서 먹어본 마들렌은 알싸한 맛이 정말 매력적이었다. 빵집에서 직접 구운 것이야 말할 것도 없고 그냥 마트에 파는 마들렌조차도 놀랄 정도로 맛있다. 아침에 식탁에 앉아 커피와 함께 먹으면 몇 개를 먹었는지도 모를 정도로 계속해서 입에 들어간다. 마트에서 산 건 몇 개를 먹으면 마치 양파링을 먹었을 때처럼 입 안이 조금 텁텁해지는 단점이 있긴 하지만 그래야 먹는 걸 멈출 수 있으니 뭐 그만 먹으라는 신호로 알아들으면 된다. 포숑에는 흔히 파는 노란색 마들렌 말고도 짙은 갈색이 나는 것과 보랏빛이 나는 것, 이렇게 세 종류가 있어서 두 개씩 총 여섯 개를 쟁반에 담았다. 평소 먹던 걸 생각하면 여섯 개쯤이야 금세 먹어 치울 양이다.

베이커리에서 나와 처음 식료품점에 들어갈 때부터 봐온 핫핑크색의 철제의자에 앉아 방금 계산을 마친 사랑스러운 마들렌을 천천히 하나씩 먹어 치웠다. 예상했던 대로 여섯 개는 많지도 적지도 않은 딱 맞는 개수였다. 먹으면서 주변에 뭐가 있는지 살펴보는 건 옛날부터 나의 취미다. 혼자 먹는다고 괜히 책에 코를 박고 있거나 고개를 숙이는 건 질색이라, 자연스럽게 다른 테이블의 사람이나 길 가는 사람, 그리고 주변을 탐색하는 버릇이 있는데 여행에서는 더더욱 이런 나의 습관이 빛을 발하고 있다.

오늘 여기에 온 건 순전히 FAUCHON 때문이지만 이왕 여기까지 왔으니 주변을 둘러보는 것도 좋겠다는 생각이 들었다. 문제는 어디에 뭐가 있는지는 둘째치고, 도대체 뭘 봐야 할지조차 모른다는 사실. 주변에는 온통 가게들만 보이고 책에 나올 만한 관광지는 없는 것 같다고 판단한 순간, 매장을 등지고 앉은 내 눈에 광장 가운데 우뚝 서 있는 건물 하나가 보인다. 하나 남은 마들렌을 들고 자리에서 일어났다. 길거리에서 음식 먹는 걸 즐기는 것도 오래된 나의 습관이다. 집에서는 가루가 날리는 음식이나 부스러기가 떨어지는 음식은 먹고 나면 바로 청소를 해야 한다는 부담감 때문에 먹으면서도 신경이 쓰이는데 밖에서는 아무리 가루가 날리고 부스러기가 떨어져도 문제없다. 그런 마음 때문인지 밖에 나오기만 하면 과자가 먹고 싶고 층층이 레이어드된 밀가루 사이에 가루가 뚝뚝 떨어지는 크루아상이 그렇게 먹고 싶어진다.

이미 다섯 개나 먹었는데도 아쉬운 듯 마지막 마들렌을 입으로 넣으며 몇 걸음 걷자, 멀리서 볼 때보다 몇 배는 더 웅장한 로마풍의 기둥들이 나타났다. 그제야 어젯밤 가이드북에서 읽은 '126) 마들렌 성당(Paroisse de la Madeleine)'이 이거구나 하는 생각이 직감적으

126) 마들렌 성당(Paroisse de la Madeleine)
add 2 rue Tronchet 75008 paris
tel 01-44-51-69-00
open 월~일 09:30~19:00
metro M8 · 12 · 14 Madeleine
url www.eglise-lamadeleine.com

로 들었다. 겉으로 보기에는 별로 감흥이 없어서 들어가 볼까 말까 고민하는 내 옆으로 같은 옷을 맞춰 입은 여학생과 남학생들이 줄지어 성당 안으로 들어간다. 우리나라에서라면 교복 입은 학생들이겠거니 싶었겠지만 파리에서는 교복을 입은 학생들을 아직 한 번도 본 적이 없다.

　'이런 대낮에 뭐 하러 다들 무리를 지어 여기에 온 거지?' 하는 의문과 '남색 재킷과 붉은색이 섞인 체크 스커트는 왜 또 맞춰 입은 거야?' 하는 궁금증이 나도 모르게 성당 안으로 나를 이끌었다. 나보다 한발 앞서 성당으로 들어선 학생들이 문을 들어서자마자 노래를 부르기 시작한다. 잠시 들린 관광객이 대부분이었던 성당 안 사람들은 노래 소리가 들리자 모두들 학생들에게로 시선을 집중하고 하나둘씩 자리에 앉았다. 학생들 무리의 끝을 잡고 따라 들어서던 나도 의자 하나를 차지하고 있어 천천히 감상해보기로 했다. 머무는 여행의 묘미는 바로 이런 것. 시계를 볼 필요도 없고 그냥 내가 좋은 곳에서 내가 원하는 만큼 있을 수 있다. 머리에 똑같이 빨간색 리본을 맞춰 꽂은 여학생들은 천진한 웃음을 지으며 선생님의 지휘에 따라 노래를 한다. 키는 다들 멀끔하게 큰데 얼굴은 아직 완연한 아이들이다. 금방 나갈 것 같던 관광객들도 노래를 듣다 보니 어느새 한 시간 가까이 한자리에 앉아 있었다. 무리 지어 들어온 단체손님들은 아쉬운 듯 성당을 나가면서도 고개를 돌려 노래 부르는 아이들을 바라봤다. 한 시간 정도 지났을까. 노래를 마친 학생들은 들어올 때처럼 가지런히 줄을 지어 천천히 사라졌다. 나도 그 뒤를 따라 성당을 나오자 아직 환한 햇살에 눈이 부시다. 여행을 와서 지금까지 매일 아침마다 오늘은 뭘 할지 계획을 세우기는 했지만 막상 그 계획이 흐트러진다 해도 크게 염려할 정도로 거창한 것은 없었다. 오늘도 마찬가지. 오늘은 단순하게 먹고 걷고 또 먹는 게 유일한 계획이다. 그래도 목표는 확실하다. 포숑과 마리아쥬 프레르.

'127) 마리아쥬 프레르(MARIAGE FRERES)'는 파리에 총 다섯 개의 매장이 있는데, 그중 세 군데는 차를 마실 수 있는 티 살롱을 가지고 있고 나머지 두 군데는 Tea, 그리고 관련된 제품들을 팔고 있다. '이왕 갈 거면 그래도 본점이 낫지'라는 단순한 생각으로—여행을 와서 느끼는 거지만 나의 생각구조는 참으로 단순, 명쾌하다—마레에 있는 본점을 찾았다. 어차피 집에 가는 길이기도 했고, 매일 커피만 마셨더니 홍차의 그 쌉싸래한 향이 그립기도 하던 터라 마리아쥬 프레르는 오늘을 마감하기에 완벽한 장소.

127) 마리아쥬 프레르(MARIAGE FRERES)
add 30 rue Bourg Tibourg 75004 Paris
tel 01-42-72-28-11
open Tea salon 15:00~19:00, Restaurant
     12:00~15:00, Tea emporium &
     museum 13:30~19:30
metro M1 · 11 Hôtel de Ville
url www.mariagefreres.com

살롱은 어렵지 않게 찾을 수 있었다. 특유의 나무로 된 외관이 멀리서도 눈에 번쩍 띄고, 요즘 브랜드들의 깔끔하고 군더더기 없는 타이포와는 전혀 다른, 그림과 글자가 어우러진 오래된 간판이 더욱 매력적이다. 가게로 들어가 혼자 왔다고 하자, 2층으로 안내해주었다. 이제는 혼자서 밥을 먹고 차를 마시는 데에 너무 익숙해져 버렸다. 이러다가 누군가와 함께 밥을 먹는 게 도리어 어색하지 않을까 걱정될 정도로 혼자인 게 편하고 자연스럽다. 홍차 전문점인 만큼, 메뉴판에 적힌 홍차의 종류는 무궁무진. 이름만 보고는 뭘 마셔야 할지 도저히 고를 수가 없어서 직접 향을 맡아보고 정하기로 했다. '마르코 폴로(marco polo)'는 우리나라 사람들에게도 워낙 유명해서 그냥 그걸로 할까도 했지만 내 코에는 별로라, 몇 종류를 맡아본 후에 '볼레로(bolero)'를 마시기로 했다.

프랑스는 물론이고, 세계 여러 나라에 마리아쥬 프레르의 마니아를 만들 수 있었던 이유는 바로 향과 맛이 정확하게 일치하기 때문이 아닐까 싶다. 보통 다른 Tea는 향을 맡을 때 각각이 전혀 달라도 막상 마시면 그 맛이 다 엇비슷하다. 그런데 신기하게도 이곳의 Tea는 향을 맡으며 상상했던 맛이 그대로 입 안에 전해져서 마실수록 그 향에 빠져든다. 어디선가 읽은 현명하게 쇼핑하는 법에서 물선을 살 때 절대 케이스에 현혹되지 말라고 경고하고 있지만, 오늘만은 그 경고를 무시해도 괜찮을 것 같다. 주문한 볼레로가 담겨 나온 히안 잔 - 깨끗한 하얀색에 간판에 그려져 있는 이곳의 라벨이 똑같이 찍혀 있다 - 을 비롯해 온갖 Tea들이 담겨져서 보관되는 검은색의 철제 케이스도 황홀할 정도로 예쁘다. 오전에 포숑에서 억눌렀던 쇼핑의 욕구가 불붙듯 넘쳐나고 결국 나는 두 손을 들었다.

집에 손님이 올 때 내놓으면 좋겠다는 생각에 티백으로 된 몇 종류의 홍차를 고르고, 새로 나왔다는 투명한 티팟까지 손에 넣고야 말았다. 홍차만 마시기에는 뭔가 조금 아쉬워서 함께 주문한 그린 티 밀푀유를 한 입 잘라 먹으며 테이블 맞은편에 사람 대신 앉아 있는 나의 쇼핑백들을 흐뭇한 마음으로 쳐다보았다. 어차피 쇼핑은 하라고 있는 거고, 돈은 쓰라고 있는 거지. 정말이지 나는, 내가 한 일들을 합리화시키는 데 무궁무진한 능력을 가지고 있다. 아마 모르긴 몰라도 세계에서 상위 1%에 들 수 있을 것 같다.

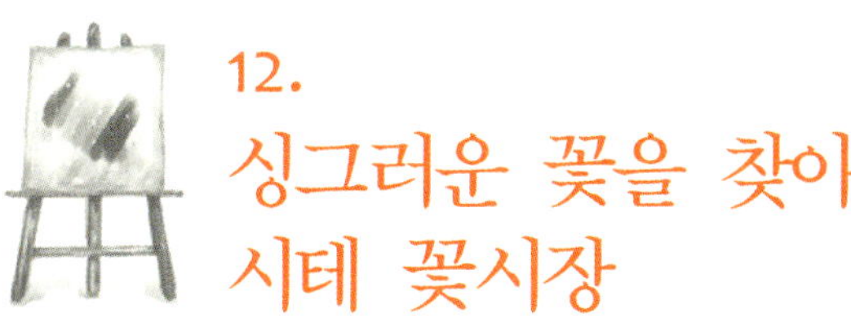

12.
싱그러운 꽃을 찾아,
시테 꽃시장

눈에 보이는 대부분이 백 년이 훨씬 넘은 고풍스러운 건물들과 그냥 대충 찍어도 마치 잡지에서나 본 듯한 화보 같은 풍경들 속에서 나를 가장 자극하는 건 의외로 싱싱한 꽃과 나무들이다. 오늘은 특별히 방울 모양처럼 생긴 은방울꽃, 프랑스 말로는 뮈게(muguet)라고 하는 꽃이 신호등마다, 길모퉁이를 돌 때마다 눈에 띈다. 알고 보니 5월 1일인 오늘은 노동절이고, 노동절에는 서로 격려하는 마음으로 이 꽃을 선물한다고 한다. 굳이 일부러 심지 않아도 어디서든 잘 자라기도 하고, 향기도 좋다. 하나의 큰 잎사귀 안에 살짝 건드리면 정말 땡 하고 맑은 종소리가 들릴 것 같은 은방울 모양의 꽃이 가득 들어 있다. 화려하지는 않지만 근본적으로 경쾌함과 강인함을 간직한 모습이라 함께 나눌 사람은 없지만 나를 위해 한 송이를 샀다. 그리고 내내 꽃을 보며 걸었다. 며칠이면 금세 시들해지겠지만 하루만이라도 싱싱하게 있어 준다면 그걸로 자기의 몫은 이미 충분히 하는 셈이다.

알록달록한 꽃들 사이에서 이렇게 수수한 모습의 뭐게가 도리어 매력을 과시하듯, 화려한 것들에 둘러싸여 있을수록 소소하지만 생명력 넘치는 것들에서 더 큰 매력을 느끼게 된다. 분명 한국의 봄도 이렇게 화사했을 텐데, 왜 유독 파리에서만 이 꽃과 나무들이 내 눈을 사로잡는 걸까? 아마 봄이 이토록 반갑게 느껴지지 않아서가 아니었을까? 봄이 온다고 무엇 하나 기대되거나 설렐 만한 일이 없었다. 봄이 와도 나의 생활은 겨울과 똑같고 그 사실은 여름이 되어도, 가을이 되어도 마찬가지였다. 아주 예전 – 막 결혼했을 무렵 – 에는 봄이면 벚꽃을 보러 갈 생각에 들떴었고 여름이면 남편의 휴가에 맞춰 어디를 갈지 여름이 오기도 전에 한참을 고민하며 기다렸었다. 그런데 언제부터인지 그런 기다림이 싹 사라졌다. 반복적인 집안일은 하루 하지 않는다고 크게 문제될 건 없지만, 막상 하지 않으면 내가 꼭 해야 할 일을 빼먹은 것 같아 의무감으로 꾸역꾸역 매일 반복했다. 제대로 하든, 하지 않든 아무도 뭐라고 할 사람이 없다는 사실이 도리어 나를 더 지치게 했다. 적당한 긴장감은 살아가는 데 생각보다 큰 힘이 된다. 아주 큰일을 무사히 마치고 나서 느끼는 극도의 안도감이나 꿀맛 같은 휴식을 나도 한번 느껴 보고 싶었다. 하지만 그런 감정을 느끼려면 그전에 먼저 너무 무거워서 땅으로 꺼질 것 같은 무거운 책임을 이겨내야 한다. 그럴 만한 용기도 계기도 없던 나는 극도의 피곤함도 느끼지 않았지만 그 후에 따라오는 안락한 휴식도 느껴보지 못했다.

여행을 오기 전 1년 정도는 밤에 잠을 이루지 못해 불면증까지 겪고 있었다. 언제나 시간에 쫓기고 피곤한 남편과 딸은 침대에 눕기만 하면 잠에 곯아떨어지는데, 그 옆에서 난 자고 싶은데 도무지 잠이 들지 않아 괴로운 밤을 보내야 했다. 이런 이야기를 몇 번이나 남편에게 했더니, 불면증은 시간이 많이 남아도는 사람들이나 겪는 거라며 운동을 더 열심히 하면 나아지지 않겠느냐고 그는 말했었다. 어처구니가 없으면서 그렇다고 반문할 말 또한 없었다. 난 그 정도로 안일하게 살아가고 있었다. 그런 내 삶에 대한 예의로, 그렇지만 나도 나름대로 열심히 살려고 노력한다는 증거를 남기기 위해 다닌 곳이 바로 문화센터였다. 대형마트나 백화점에는 빠짐없이 다양한 종류의 강의가 이어지고 있는데, 아이가 어느 정도 커서 혼자만의 시간이 생긴 주부들이 가장 자주 찾는 곳이기도 하다. 그곳에는 항상 배울 거리가 넘쳐나고 많은 주부들의 사교장소로 기능하기도 한다. 문제는 처음에는 배움이 목적이다가도 사람들끼리 조금만 친해지면 클래스 후의 수다가 더 큰 목적이 되기도 한다는 점이다. 그런 걸 보면, 아마 주부들은 절실하게 대화의 상대가 필요한 걸지도 모르겠다. 회사에 다니는 사람들은 좋든 싫든 이런저런 이야기를 나눌 동료가 있고 아이들은 학교에 가면 친구가 있다. 그런데 집에만 있는 주부들은 대화를 나눌 사람이 아무도 없다. 온종일 밖에 있다가 집으로 돌아온 가족들은 밖에서 너무 지친 나머지 엄마 혹은 아내와 이야기 나누는 걸 피곤해한다. 그들이 집에 돌아오는 시간은 하루를 마무리하는 때이고 주부에게 그 시간은 하루를 다시 시작하는 때이기 때문에 같은 공간에 있지만 서로 기대하는 모습은 너무나 다르다. 지친 남편과 잔소리하는 아내. 너무 뻔한 그림이다. 아마 신혼부부라면 누구나 나라면 절대 저렇게 살지는 않을 거야 하고 큰소리를 치겠지만 막상 살아보면 많은 부부들이 실로 그런 모습이 되리라는 걸 아마 10년 이상 결혼생활을 해본 사람이라면 누구나 알 테지. 나로 말할 것 같으면 잔소리는 크게 많이 하지 않는 편이지만 남편은 언제나 피곤한 얼굴이었다. 내가 잔소리가 많든 적든 이미 집 안은 경쾌하기보다 조용한 분위기를 타기 시작했고 나로서는 어떻게 할 도리가 없었다. 우리 집이 썩 밝은 분위기가 아니라는 사실을 스스로 인지했을 때쯤에는 이미 뭔가 많이 진행된 상태였으니 말이다.

지금 여기서 가만히 생각해보면 모든 것이 명확하게 보인다. 무엇이 문제였고 어디서부터 바로잡아야 하는지 조금은 알 것 같다. 하지만 돌아가면 또다시 아무것도 해결하지 못한 채 두리번거릴지도 모른다. 여기는 뭐든 긍정적으로 볼 수밖에 없는 파리니까. 아무튼 나 또한 대화에 목마른 사람이었으니, 시도 때도 없이 문화센터에 들락거렸었다. 베이킹이나 요리 수업은 기본이었고 뜨개질과 수묵화 같은, 관심이 전혀 없는 분야도 서슴지 않았다. 건드리지 않은 수업이 없을 정도로 다양한 것들에 도전했었는데 그중 하나가 플로리스트 과정이었다. 3개월 동안 1주일에 한 번씩 진행되던 클래스에서 나는, 최고로 잘 만들지는 못해도 제일 빨리 끝내는 학생이었다. 겨울에서 봄으로 넘어가는 동안 진행된 강습이라 크리스마스나 새해맞이, 또 밸런타인까지 다양한 기념일을 주제로 매주 하나씩 만들었었다. 일단 선생님의 설명이 끝나면 눈앞에 놓인 초록 오아시스를 화병 모양에 맞게 쓱쓱 썰고 날마다 다르게 주어진 꽃들로 빈 곳이 보이지 않도록 마음껏 꽂는다. 전문가가 보면 누가 잘했고 누가 못했는지 금세 알 테지만 나 같은 사람의 눈에는 이거나 저거나 다들 비슷하게 보여 대강 꽂아도 잘 알지 못한다. 남들은 마음에 들지 않으면 꽂아놓은 꽃을 빼서 다시 하나씩 꽂기도 하는데 난 한 번 꽂은 꽃은 웬만해서는 뽑지 않는다. 뽑으면 일단 가위로 자른 줄기 부분이 허물해져 다시 꽂기 힘든 꽃들도 많고, 굳이 오아시스에 구멍을 송송 내고 싶지도 않기 때문인데 그래서 그런지 난 언제나 1등으로 교실을 나왔었다. 혼자 들기 무거울 정도로 큰 작품들을 만들기도 해서 때로는 집에 들고 가는 것조차 힘들 때도 있었지만 꽃을 들고 있으면 언제나 기분이 좋았다. 버스에 앉아 무릎 위에 꽃을 올리고 가다 보면 막 수영을 마친 아주머니들이 한가득 같은 버스를 타기도 하는데, 내가 만든 꽃을 보며 나보다 더 행복한 얼굴로 꽃의 종류를 묻기도 하고 어디서 배우는지 궁금해하기도 했다. 역시 여자들에게 꽃은 실용적이지는 못해도, 가장 짧은 시간에 행복감을 느끼게 해주는 몇 되지 않는 것 중에 하나다.

　파리에서 만난 꽃들은 내가 배웠던 것보다 훨씬 수수한 모습이었다. 우리나라처럼 겉포장에 공을 들이기보다 자연스러운 꽃의 모습 그대로를 유지하려 애쓰고 꽃 자체에서 발산하는 싱싱함을 표현하려는 듯했다. 실제로 만든 사람은 분명 자신만의 철학이 있을 테지만, 내 눈에는 더없이 자유스럽고 어떠한 규칙에도 얽매일 것 같지 않았다. 나도 모르게 가는 곳마다 그 장소가 아닌 장식된 꽃들에 유독 눈이 간다. 어젯밤, 함께 커피를 마시며 지나가는 소리로 이런 이야기를 했더니, 귀여운 커플이 또 좋은 장소를 알려주었다. 섬 모양을 하고 있지만 이미 섬의 고립된 기분을 느끼기는 어려운 시테에 가면 꽃 시장이 있단다. 우리나라에서도 한 번도 가본 적이 없는 꽃

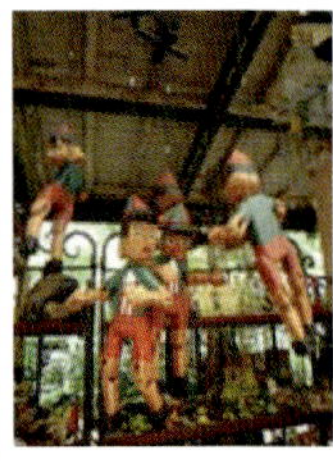

128) 시테 꽃 시장(Le marché aux Fleurs de l'Ile de la Cité)
metro M4 Cité

시장을 파리에 와서야 가보다니, 사람 일은 정말 한 치 앞도 알 수 없다.

시테 역에 내려 밖으로 나가자 어딘지 찾을 것도 없이 바로 앞에 '128) 시테 꽃 시장(Le marché aux Fleurs de l'Ile de la Cité)'이 펼쳐졌다. 기대했던 것보다 규모는 크지 않았지만 구석구석에 재미난 것들이 많이 보였다. 비닐하우스 같은 것들이 몇 개 붙어 있어 차례대로 돌아다니며 마치 전문가라도 된 듯한 기분으로 하나씩 꼼꼼하게 구경했다. 5월의 프랑스 곳곳에서 재배된 장미들이 컬러풀하게 줄 지어져 있어 보는 것만으로도 더없이 행복하다. 신기한 건 우리나라보다 송이의 크기가 훨씬 크다는 점인데 조금 과장하면 정말 어른 얼굴만 한 크기다. 장미 한 송이가 주는 의미도 우리나라와는 다르겠다는 생각으로 둘러보다가 모종을 파는 곳을 발견했다. 집에서 키우는 것은 족족 시들어 버리는 나의 행적을 돌이켜봤을 때 직접 심어 재배하는 건 욕심인 걸 알면서도 이렇게 마주하게 되면 또 욕심이 난다. 이왕이면 보는 것에서 나아가 입으로 느낄 수 있는 것이면 좋겠다 싶어 식용채소 모종을 몇 종류 샀다. '돌아가면 얼른

심어야지.' 이런 일은 오늘 집으로 돌아가 당장 하는 게 제일 좋은
데 아마 집에 돌아가서는 또 귀찮아서 서랍에 넣어둘지도 모른다.
아무튼 지금 기분 같아서는 온갖 정성을 다해 키워서 식탁에 꼭 올
릴 수 있을 것 같다.

　한창 꽃구경을 하며 이리저리 돌아다니다 어느 지점에 이르자,
꽃은 점점 줄어들고 가드닝에 필요한 도구부터 집 안을 꾸미는 소품
들이 눈에 띄기 시작한다. 나무로 만든 피노키오와 닭, 그리고 이상
하게 마음이 가는 부엉이 인형까지 빈티지한 물건들이 구경하는 재
미를 더한다. 한창 집중해서 구경하다 보니, 파리에서만 살 수 있는
DIY 재료가 있지 않을까 하는 생각에 내친김에 '129) BHV' 백화점
에 가보기로 했다. 여행을 오기 며칠 전, 방문 손잡이 하나가 고장
난 사실이 문득 떠올랐기 때문이다.

　파리도 조금 외곽으로 나가면 드문드문하게 아파트들이 보이기
도 하지만 우리나라처럼 무섭게 위로 치솟은 것들은 드물다. 아파트
라도 자기만의 정원이 딸려 있거나, 또 그것도 안 되면 티테이블을
놓을 테라스라도 있는 경우가 대부분. 시내에는 모든 건물들이 나지
막하고 지은 지 꽤 된 곳이 많아, 삐걱거리는 곳은 조금씩 손도 보

고 사는 사람에 따라 자기의 취향을 더해 가면서 살기 때문에 DIY 제품들은 꼭 필요하다. 그리고 의외로 집을 고치는 재미를 느끼는 사람들이 많다는 사실을 BHV 백화점에 가서 깨달았다.

날씨도 화창하고 조금 걸어도 좋겠다 싶어, 바람도 쐬고 경치도 구경할 겸 시테에서 걸어서 BHV까지 가기로 했다. 파리는 생각보다 작은 도시라 지하철 한 정거장의 거리도 얼마 되지 않기 때문에 몇 정거장 정도 걸어도 금세다. 아마 10분쯤 걸었을까, 정말 얼마 걷지도 않았는데 시청이 보이고 바로 그 앞에 BHV가 있다. 여기서는 지하 1층이지만 우리나라에서는 1층으로 불리는 곳으로 들어가자 백화점이라는 이름의 구색이라도 맞추려는 듯 여성 패션 매장들과 화장품 매장이 눈에 들어왔다. 하지만 그것은 조금밖에 되지 않고 그 뒤로 엄청난 양의 부자재와 테이프, 접착제 같은 생활용품들이 기다리고 있었다. 우리나라에서는 쉽게 구할 수 있는 잡다한 물건들이 파리에서는 구하기 힘든 것들이 많은데 여기 오면 그런 걱정 없이 모든 것을 다 구할 수 있다. 사람들은 다들 오늘 사지 않으면 큰일이라도 벌어질 듯 비장한 얼굴로 조그만 부품들 앞에 서서 자세히 살펴보고 있었다. 나도 문에 달 손잡이 몇 개를 앞에 두고 고민하다가, 생각해보니 방 하나만 다른 방과는 전혀 다른 손잡이를 붙이는 것도 웃기겠다 싶어 일단은 사는 걸 미루고 한 층 위로 올라갔다. 2층은 내가 파리에서 본 곳 중 가장 큰 문방구. 노트부터 필기류, 학용품들이 그 큰 공간을 가득 채우고 있었다. 어린 딸이 보면 아마 여기가 천국이 아닐까? 그런데 다른 건 몰라도 이런 학용품들은 우리나라가 훨씬 더 예쁘고 질 좋은 것들이 많다. '프랑스의 학생들이 우리나라에 가면 정말 깜짝 놀랄 텐데.' 하는 생각이 머리를

130) 브리콜로(Bricolo)
add 36 rue de la Verrerie, 75004 Paris
tel 01-42-74-96-72
open 월~토 10:00~20:00, 일요일 휴무
metro M1 · 11 Hôtel de Ville

스쳤다. 문득 딸과 함께 뉴질랜드에 간 같은 아파트의 학부모가 했던 얘기가 기억났다. 그곳에서는 우리나라에서 흔히 볼 수 있는 캐릭터가 그려진 연필 한 자루만 들고 가도 그렇게 아이들이 부러워한단다.

결국 이런저런 핑계를 대다 보니, 손에 넣은 건 아무것도 없고 허탈한 마음에 배만 고프다. BHV 백화점 지하에는 중세시대의 목공소를 콘셉트로 한 독특한 카페인 '130) 브리콜로(Bricolo)'가 있어서 그곳에서 대강 간단하게 늦은 점심을 해결할 마음으로 내려갔다. 카페라는 이름과는 너무나 거리가 먼 목공소의 모습에 당황한 나는 벽에 걸린 메뉴를 알아차리는 데만도 한참이 걸렸다. 테이블도 의자도 모두 아주 예전의 모습이라 마치 나도 중세의 한 귀퉁이에 와 있는 착각이 일었지만 손에 든 디지털카메라와 가벼운 팬츠 차림의 내 모습을 내려다보고는 금세 다시 현실로 돌아왔다. 신기하고 낯선 인테리어와는 별개로 테이블 위의 음식들은 별다른 것이 없어 보여 이왕 먹을 거, 신선하고 건강한 음식들이 먹고 싶어졌다. 백화점에서 내가 묵고 있는 집까지는 마음만 여유롭게 먹으면 충분히 걸어갈 수 있는 거리라 몇 번 그 길을 걷다가 한 번은 꼭 가봐야지 하고 생각했던 곳이 있었는데 드디어 오늘이 그날이다.

131) 르 팽 쿼티디앵(Le Pain Quotidien)
add 18-20 rue des Archives 75004 paris
tel 01-44-54-03-07
open 월~일 08:00~22:00
metro M1 · 11 Hôtel de Ville
url www.lepainquotidien.fr

BHV 백화점 옆 골목으로 들어서면 스타벅스가 보이고 그 맞은편에 '131) 르 팽 쿼티디앵(Le Pain Quotidien)'이 있다. 파리에 몇 군데나 지점을 가진 작은 체인인데 유기농 빵을 구워내는 것이 특징. 그리고 다른 곳보다 유난히 양이 많다. 그 앞을 지나다 보면 보기만 해도 배가 부를 정도로 수북하게 쌓인 빵과 그릇의 끝 부분까지 찰랑거리며 채워진 수프를 보고 한눈에 반했다. 이제는 야외라고 유난스럽게 생각할 것도 없는 테이블에 앉아 - 날이 좋아서 그런지 가게마다 실내에 앉은 사람이 드물다 - 메뉴판을 펼쳤다. 세트도 있긴 하지만 평일에는 낮 12시까지만 가능해서 - 주말에는 오후 5시까지 가능 - 그냥 먹고 싶은 것들을 따로 주문했다. 반쪽짜리 바게트와 머핀 그리고 신선한 주스. 생각보다 가격도 저렴해서 유기농 사과주스 한 잔에 3.8유로. 고소한 버터 냄새가 솔솔 풍기는 크루아상이나, 한 입 베어 물면 입 안으로 달달한 초콜릿이 슥 하고 퍼지는 빵오쇼콜라도 주문하고 싶은 마음이 굴뚝같았지만 이미 내가 주문한 것도 혼자 먹기에는 버거운 양이라 욕심은 버리기로 했다. 따로 시간이 필요하지 않은 메뉴라 그런지 주문하자마자 금세 나오는 신선한 식사. 유기농 빵이라고 특별히 다른 맛이 나는 건 아니라도 왠지 먹으면서 점점 더 건강한 기분이 든다. 마치 아플 때 약을 먹는다고 실제로 낫는지 아닌지 알 수 없으면서도 마음의 평화를 얻고자 약을 먹는 것과 비슷한 이치랄까.

바로 앞을 지나가는 사람들도 내가 그랬던 것처럼 테이블 위의 내 사랑스러운 음식들을 먹고 싶어 죽겠다는 표정으로 바라본다. 나는 아주 여유롭고 한가한 자세로 조금씩 먹어 치웠다. 정직한 배는 점점 더 불러왔고 이윽고 마지막 한 조각을 입에 넣었을 때는 더 이상 아무것도 먹지 못할 정도로 배가 불렀다.

포만감으로 만족스러운 기분이 든 나는, 슬슬 걸어 산책하는 기분으로 집으로 향한다. 가면서 조금이라도 소화를 시켜야겠다는 일념 하나로 눈에 보이는 가게는 무조건 들어가 구경했다. 몇몇 재미있는 가게도 발견했는데, 우선은 '132) 무스타쉬(moustaches)'라는 이름의 애완용품 전문점. 이렇게 크고 톡톡 튀는 분위기의 애완용품점은 처음이다. 개나 고양이를 키우는 사람은 아기를 가진 사람이 아기용품을 사는 데는 돈을 아끼지 않듯 자신의 동물을 위한 것에는 지갑을 쉽게 연다. 아마 반려동물이 있는 사람이 왔다면 눈이 휘둥그레질 게 확실한 이곳에는 별로 동물을 좋아하지 않는 내 눈에도

132) 무스타쉬(moustaches)
add 32 rue des Archives, 75004 Paris
tel 01-42-71-05-21
open 월~일 09:30~19:30
metro M11 Rambuteau
url www.moustaches.fr

충분히 구매 욕구를 자극하는 물건들로 가득 차 있었다. 컬러풀한 개 밥그릇과 핑크색의 체인이라니, 정말 반하지 않을 수 없다. 물건을 살 때에는 항상 그에 상응하는 합당한 이유가 필요하다. 나에게는 애완동물이 없다. 그러니 이곳에서 살 것은 아무것도 없다. 하지만 다행히 나에게는 아직 결혼도 하지 않고 강아지 2마리와 함께 행복하고 살고 있는 동네 친구가 있다. 평소에 음식도 나눠 먹을 정도로 가까운 사이니까 이런 선물 정도는 충분히 할 만하다. 그러니까 난 여기서 뭐든 사도 괜찮다는 결론에 이르자 갑자기 온몸에서 엔도르핀이 솟아난다. 신중하게 하나씩 물건을 들고 살펴가며 온 힘을 다해 쇼핑에 집중한 결과, 레오퍼드 무늬의 개 줄을 선택. 8유로 정도니까 그리 과하지도 부족하지도 않은 선물이다. 받는 사람은 분명 기뻐할 테고 선물을 고르는 나도 즐거웠으니 그만큼 의미 있는 지출인 셈.

두 번째로 만난 재미난 가게는 빨간색의 망사모자가 눈에 띄어 들어간 '133) 아쿠아 레베(Acqua Reves)'였다. 파리에서는 쉽게 만나기 어려운 저렴한 보세 옷이나 슈즈, 액세서리를 팔고 있다. 우리나라에서 한참 인기가 있는 옥스퍼드 슈즈나 아이보리 컬러의 레이스

133) 아쿠아 레베(Acqua Reves)
add 16 rue rambuteau 75003 paris
tel 01-42-72-45-05
metro M11 Rambuteau

원피스를 팔고 있기에 '이제 정말 나라 간에 유행은 비슷하구나.' 하고 감탄하고 있었는데 우리나라와는 다른 점을 바로 발견했다. 바로 그 물건들을 소비하는 고객들. 우리는 어리거나 젊은 여자들이 그런 물건을 사는 대부분인 반면, 파리에서는 어린 여자들부터 할머니까지 나이와는 상관없이 다양한 연령층의 사람들이 같은 물건을 소비한다. 파리에 온 첫날부터 느낀 거지만 여기에는 멋쟁이 할머니들이 참 많다. 할머니라도 촌스럽거나 유행에 뒤처지지 않는다. 도리어 젊은 여자들보다 훨씬 멋들어지고 자기만의 스타일이 확실하다. 나이가 들면서 점점 자신에게 가장 잘 어울리는 것들을 깨닫는 것 같다. 나에게 가장 잘 어울리는 것이 뭔지 알게 되면 일단 그때부터는 시간을 낭비할 필요가 전혀 없다. 딱 보면 자신의 물건인지 아닌지 금방 알기 때문이다. 흐뭇한 마음으로 레이스 원피스를 입어 보는 할머니들을 구경하다가 하마터면 나도 그 원피스를 입어볼 뻔했다. 나에게는 전혀 어울리지 않는데 말이다. 아직은 내가 저런 나이가 된다는 사실을 믿기도, 인정하기도 싫지만 언젠가 내가 할머니가 된다면 저렇게 멋지게 늙고 싶다. 그런 생각을 하며 가게를 나오니 시원한 바람이 다리를 스치고 간다. 건강한 음식으로 가득 찬 배는 이제 깔끔한 커피 한 잔을 날란다. 어니 커피 가게가 없나 두리번거리다가 아주 작은 카페를 발견했다.

　1층에는 벽에 붙은 테이블 하나와 의자 3개가 전부인 소박한 카페 '¹³⁴⁾ 테레 드 카페(Terres De Cafe)'는 카페인 동시에 커피를 파는 곳이기도 하다. 2층에는 다양한 커피머신들도 팔고 있는데, 그래서 커피를 파는 건 서비스 차원에서인지도 모르겠다. 에스프레소

134) 테레 드 카페(Terres De Cafe)
add 32 rue des Blancs Manteaux
     75004 Paris
tel 01-42-72-33-29
open 화~토 10:00~19:30,
      수 13:30~, 일·월 휴무
metro M11 Rambuteau
url ww.terresdecafe.com

한 잔에 1유로밖에 하지 않고, 카푸치노도 2.7유로라니, 내가 파리에서 만난 카페 중에 제일 저렴한 가격이다. 게다가 귀엽게도 작은 사이즈의 쁘띠 쇼콜라쇼도 팔고 있다. 이곳을 발견한 관광객은 내가 처음이 아닐까 하는, 조금은 과장된 마음으로 일하는 아가씨와 인사를 나누며 카푸치노 한 잔을 받아 들고 혹여나 입천장이 댈까 한 모금씩 천천히 마시면서 집으로 돌아왔다.

　날이 갈수록 파리가 더 친근하다. 거리낄 것도 없고 그렇다고 함부로 행동하지도 않는다. 그러면서도 더할 나위 없이 자유롭다. 파리에서 나는 누구의 엄마도, 누구의 와이프도 아닌 온전한 내 자신일 뿐이다.

13.
모르는 사람이 건네준 종이 한 장

이제 열 살인 딸은 한창 멋 부리는 재미에 빠져 있다. 하긴 돌이켜 생각해보면 딸의 멋 부리는 재미는 이미 한참 전부터 시작된 것 같다. 쇼핑은 좋아하지만 한 시간이 넘도록 거울 앞에 앉아 얼굴을 치장하는 일이나 집에서 혼자 머리 모양을 이렇게 저렇게 바꾸며 꾸미는 일에는 큰 흥미가 없는 나에 비해 딸은 어릴 때부터 그런 일들에 관심을 보였다. 장난감 중에서도 소꿉놀이보다 화장놀이─플라스틱으로 만들어진 화장대에 희미한 알루미늄 거울이 달려 있고 가짜 립스틱과 파우더 케이스 같은 것들이 들어 있다─를 제일 아꼈고 몇 개밖에 없는 내 화장품도 어느새 장난감 속에 묻혀 있기가 일쑤. 한번은 갑자기 나갈 일이 생겨 세수만 하고 립스틱 하나만 대강 바르고 나가려고 화장대 앞에 앉았는데 항상 같은 곳에 두던 립스틱이 아무리 찾아도 없기에 혹시나 하는 마음으로 딸의 장난감 화장대를 열었더니 그 안에 나의 유일한 립스틱이 떡하니 들어 있던 적도 있었다. 내가 그만한 나이에 그런 일을 했다면 어릴 때부터 꾸미는 것만 좋아한다고 핀잔을 들었을 만도 한데 요즘은 사람들의 생각이 많이 바뀌어서 자신을 잘 가꾸고 꾸미는 일도 어른이 되면 꼭 필요한 능력이라고 여기기 때문에 혼을 내거나 하지 말라고 하는 일은 없다. 지금은 도리어 딸이 나보다 화장품에 대해 더 많이 아는 것 같다. 난생처음 들어보는 종류의 물건들도 딸은 능수능란하게 잘 사용한다. 고작해야 선크림에 파우더만 간단히 바르는 나는 딸이 말하는 별별 것들을 도저히 따라잡을 수 없어 원치 않는데도 그냥 흘려듣게 된다. 내가 낳은 내 딸인데도 나와는 이토록 정반대의 성향을 가질 수 있다는 사실이 놀랍다. 아마 시간이 흐르고 자신만의 주관과 생각들이 더 커지게 되면 나와 다른 면이 점점 더 많아질 테지. 그런 사실들을 인정하게 되는 것 또한 내가 나이가 들면서 맞이하게 될 새로운 경험이다. 그래서 사람은 죽을 때까지 작든 크든 계속해서 새로운 일들을 받아들여야 하나 보다.

내가 잘하지 못하는 일을 딸이 잘한다는 건 어떻게 보면 신기하면서 또 의외의 일이다. 누가 가르쳐준 적도 없고 알려준 적도 없는 일인데도 혼자서 찾아내서 좋아하다니, 그런 게 어쩌면 자신의 길이 아닐까 하고 막연하게 생각한다. 그런 딸이 있으니 예쁜 것을 볼 때마다 딸 생각이 난다, 아주 자연스럽게. 얼마 전 생 제르망 근처를 걷다가 발견한 ‘[135] 아가타(AGATHA)’ 매장을 봤을 때도 그랬다. 과하지도, 요란하지도 않은 귀여운 은색의 귀걸이와 팔찌 그리고 목걸이들이 주렁주렁 매달려 있었다. 돌아가기 전에 여기서 딸의 선물을 사야지 하고 마음먹고 있었는데 이제 돌아갈 날도 정말 며칠 남지 않아 잊어버리기 전에 사러 왔다.

135) 아가타(AGATHA)

add 45 rue Bonaparte 75006 paris
tel 01-46-33-20-00
open 월~토 10:00~19:00 일요일 휴무
metro M4 Saint Germain des-Prés
url www.agatha.fr

우리나라에서는 이십대 아가씨들이 즐겨 하는 브랜드이지만 여기서는 신기하게 내 또래의 아줌마들이나 백발이 섞인 할머니들도 은근히 좋아한다. 바쁘거나, 굳이 여기까지 올 일이 없으면 시내의 어느 백화점에 가도 쉽게 찾을 수 있긴 한데, 그래도 이왕이면 물건의 종류가 훨씬 다양해서 고르는 재미가 있는 생 제르맹의 매장에 오는 게 좋다. 초록색의 12호선 'St-Germain des Pres' 역에 내려 쭉 걷다 보면 4호선 'Saint Sulpice' 역 근처 큰길에도 아가타 매장이 보인다. 하지만 내가 말하는 매장은 'St-Germain des Pres' 역에 내려 신호등을 건너면 바로 보이는 골목 안에 있는 곳.

가게에 들어서니 점원이 환한 미소로 인사를 한다. 이미 할머니-아줌마라고 부르기에는 조금 애매해서 할머니라고 불렀지만 흔히 생각하는 주름이 자글자글한 할머니는 전혀 아니다-두 분이 자신의 목에 목걸이를 한 개씩 걸치고 거울을 보며 서로 평을 해주고 있었다. 알아듣지는 못해도 보나마나 서로 잘 어울린다는 얘기를 하고 있는 것 같다. 그들을 뻔히 쳐다보는 나에게 하얀 셔츠에 대강 올려 묶은 머리의 점원이 생글거리는 얼굴로 다가와 뭘 찾는지 묻기에 나는 서툰 영어로 딸에게 줄 선물을 찾고 있다고 말했다. 열 살이라는 말도 함께 덧붙였다. 어쩌면 그렇게 앙증맞을 수 있는지, 작은 하트 모양이 이어진 은색의 목걸이와 알록달록한 참이 달린 팔찌, 그리고 이 브랜드를 대표하는 캐릭터인 강아지가 대롱대롱 달린 얇은 은반지가 내 눈앞에 좌르륵 펼쳐졌다. 내가 하기에는 어느 것 하나 어울릴 것이 없는데 난 그만 설레고 말았다.

'보석이라고 할 것까진 없지만 보석을 좋아하는 여자의 마음은 이런 것이겠구나.' 나는 혼자 상상한다. 매일 보던 딸인데도 딸의 손가락 사이즈는 평소에는 전혀 알 필요가 없는 부분이라 짐작도 되지 않는다. 나랑 비슷했는지, 나보다 얇았는지 아니면 조금 굵었는지 지금으로서는 알 길이 없어서 결국 반지는 포기했다. 이제 겨우 열 살인데 조금만 있으면 키가 나를 능가할 기세인 딸이니, 아마 손도 더 굵지 않을까 생각되지만 실제로 보지 않으면 절대 확신할 수 없는 문제이다. 요즘 아이들의 발육이란 우리가 상상했던 것보다 훨씬 더 대단하다. 결국 반지 대신 하트가 끝없이 이어진 목걸이와 팔찌를 세트로 사고 예쁘게 포장을 부탁했다. 딸이 마음에 들어 해야 할 텐데, 아직 어린 딸에게도 취향이라는 건 분명하게 존재해서 아무 물건이나 안겨준다고 기뻐하지는 않는다. 그래도 꽤 고심해서 골랐으니 이왕이면 뛸 듯이 기뻐해주면 좋겠다. 이건 뭐 선물을 사고도 마음을 졸여야 하다니, 취향이 뚜렷한 딸을 키우는 건 쉬운 일이 아니다.

가게에서 나와 골목을 조금 걷다가 다시 큰길로 합류했다. '생 제르맹 데 프레'에서 몽파르나스로 이어지는 Rennees 거리에는 길의 양쪽으로 특이한 가게들이 가득하다. 물건보다 가격표를 먼저 볼 수밖에 없는 명품 브랜드보다 예쁘다고 생각되면 계산대로 바로 직행할 수 있는 물건들을 파는 곳이 더 많아서 구경하는 재미와 사는 재미를 둘 다 누릴 수 있다. 딸의 선물을 손에 들고 이리저리 흔들며 길을 걷다가 며칠 전에 디자인 숍에서 보고는 가격이 비싸 한 번 만져보고만 나왔던 컵들이 길가에 마구잡이로 쌓여 있는 광경을 목격했다.

'그렇게 비싼 컵을 어떻게 이렇게 길바닥에 그냥 두고 팔 수 있지?'

놀란 마음에 바닥에 쭈그리고 앉아 손에 들고 이리저리 살펴본다. 그런데 더 놀라운 건 가격이다. 마치 손으로 찌그러뜨린 듯 구겨진 모양의 컵인데 하나에 4유로밖에 하지 않는다.

'이 정도 가격이면 몇 개라도 사겠다!'

노란색과 오렌지색, 그리고 조금 탁한 느낌의 아이보리색 중에 뭘 살지 하나씩 들고 내려놓고를 반복하며 고민하다 결국 아이보리색 두 개를 집었다. 아마 며칠 전에 본 컵이 진짜 디자이너가 만든 거라면 이건 그걸 보고 대강 만들었을 확률이 크다. 그래도 '뭐 어때?'라는 생각으로 컵을 들고 '136) 베셀르리(La Vaissellerie)'라는 이름의 가게 안으로 들어서자 사람들이 복작복작거린다. 컵이나 그

136) 베셀르리(La Vaissellerie)
add 85 rue de Rennes 75006 paris
tel 01-42-22-61-49
open 월~토 10:00~19:00
metro M4 saint sulpice
url www.lavaissellerie.fr

릇 말고도 쉽게 과일을 깎는 기계나 손잡이가 특이하게 생긴 숟가락과 포크, 다양한 기념품들이 작은 공간 안에 빼곡하게 쌓여 있다. 알루미늄으로 된 트레이에 컬러별로 차곡차곡 겹쳐진 에스프레소 잔이 내 마음을 또 빼앗으려 준비 중. 20유로라는 착한 가격이 나의 마음을 또 한번 공격한다. 하지만 오늘 내내 그 무거운 걸 들고 다녀야 한다는 부담감과 귀찮음 덕분에 겨우 이성을 되찾고 처음에 집어 온 컵 두 개만 재빨리 계산을 마쳤다. 거기에 더 있다가는 또 어떤 소비충동의 공격을 받을지 몰라 계산이 끝나자마자 밖으로 나왔는데, 이건 산 넘어 산. 몇 걸음 걷다가 다시 나의 쇼핑 욕구를 자극하는 재미난 가게, '137) 플라스티크(Plastiques)'를 발견했다.

이름에서 알 수 있듯 플라스틱으로 만든 물건만을 모아 놓은 독특한 콘셉트의 가게. 가볍고 실용적인 대신 고급스러움은 포기하는 게 당연하다고 믿어 왔던 플라스틱 제품들이 이토록 아름답고 예쁜 색을 낼 수도 있다는 사실을 실감나게 보여 주고 있다.

아기가 처음 우유가 아닌 음식을 먹기 시작하면 아기를 위한 그릇이나 접시가 따로 필요한데 - 아기는 쉽게 그릇을 떨어뜨리거나 깰 위험이 있기 때문에 유리로 된 건 사용할 수가 없다 - 옛날에는

137) 플라스티크(Plastiques)
add 103 rue de Rennes 75006 paris
tel 01-45-48-75-88
open 월~토 10:15~19:00
metro M4 saint sulpice, M12 Rennes
url www.plastiques-paris.fr

예쁜 플라스틱 접시를 찾기가 참 어려웠다. 플라스틱으로 된 접시라고는 대개 촌스러운 캐릭터가 그려져 있거나 무늬가 없더라도 죄다 둔탁하고 답답한 컬러뿐이라 항상 마음에 들지 않았었다. 그런 때에 이런 가게를 발견했더라면 딸을 위해 차리는 밥상이 조금은 더 즐거웠을 텐데 아쉽다.

빨강, 노랑, 파랑, 보라, 연두, 핑크까지 마음에 드는 걸 고르기만 하면 뭐든 예쁜 색감이다. 포크도 숟가락도 모두 위험한 요소라고는 최대한 배제한 물건들이라 아기가 있는 엄마라면 아마 한 꾸러미는 어렵지 않게 채울 수 있을 정도로 실용적인 물건들이 많다. 하지만 난 더 이상 그런 물건들이 필요가 없고 워낙 비비드한 컬러에 약한 타입이라 눈으로만 즐기는 것으로 만족하기로 했다.

도리어 나한테는 조금의 모노톤과 튀지 않고 일반적인 물건들로 무장한, 길 건너편의 '138) 오프낭빌(openenville)'이 더 위험한 곳. 아마 주부들이라면 다들 혹할 만한 곳이 아닐까 싶은데 저렴한 가격의 향초부터 테이블매트나 그릇 등의 키친 제품, 그리고 소파와 의자 같은 인테리어 제품들이 가득 나열되어 있다. 붙어 있는 가격표보다는 물건 자체가 더 고급스러워 보이기 때문에 단체로 선물할

138) 오프낭빌(openenville)
add 90 rue de Rennes 75006 paris
tel 01-42-84-40-67
open 월~토 10:30~19:30
metro M4 saint sulpice
url www.openenville.fr

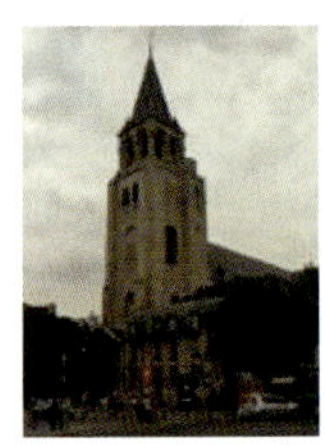

일이 있는 사람은 이곳에서 뭐든 고르면 적어도 중간을 할 수 있다. 선물은 모름지기 실용성보다 그럴듯해 보이는 게 중요하다.

왼쪽 길로 내려와 신호등을 건너 오른쪽 길에 있는 가게들까지 찬찬히 구경하고 다시 처음 내린 'St-Germain des Pres' 역으로 돌아왔다. 역 뒤쪽으로는 파리에서 가장 오래된 '139) 생 제르맹 데 프레 성당(Eglise Saint Germain des Prés)'이 보인다. 크기는 작지만 그 역사는 대단하다. 물론 지금은 몇 번이나 보수를 했지만 처음 지어진 건 500년대. 성가대석 옆에는 철학자인 데카르트의 묘가 있고, 성당 옆에 있는 작은 공원에는 뭔가 미묘하게 왼쪽과 오른쪽이 다른 얼굴을 가진 피카소의 조각상 <아폴리네르에게 바치는 기념물>이 있으니, 시간이 여유로운 사람은 한 번쯤 들러 볼 만하다.

오늘은 예기치 않게 유명한 성당을 두 군데나 발견했다. 하나는 지금 말한 곳이고 나머지 하나는 4호선 'Saint Sulpice' 근처에 있는 '140) 생 실피스 성당(Eglise Saint Sulpice)'. 규모도 꽤 크고 구경 온 사람들도 훨씬 많았다. 나중에 알고 보니, 댄 브라운의 소설 ≪다빈치 코드≫에 등장해 더욱 유명해졌다고 하는데, 성당 쪽에서는 별로 달갑지 않은지 성당 입구에 "이곳은 소설 ≪다빈치 코드≫와 아무 상관이 없습니다."라고 쓰인 종이가 커다랗게 붙어 있었다. 성당

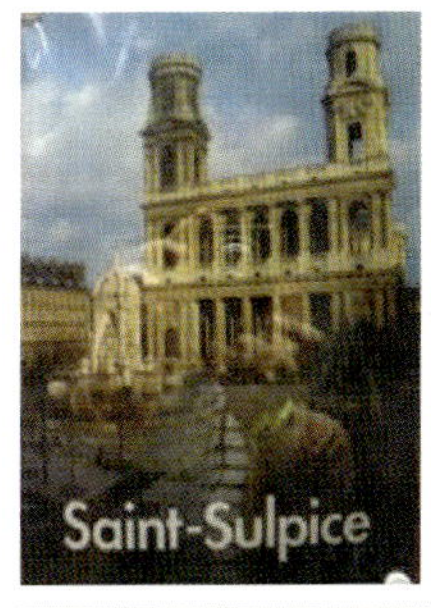

140) 생 실피스 성당(Eglise Saint Sulpice)
add Place Saint-Sulpice, 75006 Paris
tel 01-44-07-29-57
metro M4 saint sulpice
url www.paroisse-saint-sulpice-paris.org

안에 들어서자 굵고 사방으로 퍼져 나가는 파이프오르간 소리가 들린다. 소리의 발산지를 찾으려 고개를 이리저리 돌려봤지만 눈에 들어오지 않아 어리둥절했는데 뒤를 돌아 방금 내가 들어온 정문 위를 보자 거기에 답이 있었다. 자그마치 6,588개의 파이프를 사용해서 만들었다는 파이프오르간의 묵직한 음색은 들어 보지 않은 사람은 상상도 할 수 없을 정도로 온몸에 파고든다. '들라크루아'가 그린 <천사와 싸우는 야곱>이나 나뭇조각으로 만든 예수 그리스도 상, 그리고 광장에 있는 분수까지 유명한 작품들이 많지만 무엇보다 두터운 오르간 소리가 제일 감동적이었다.

처음 내렸던 'St-Germain des Pres' 역에 서서 이번에는 오데옹(Odeon) 쪽으로 걸어 보기로 했다. 관광객으로 보이는 사람은 거의 없는 곳들을 걷다 보면, 나도 어느새 파리에 살고 있는 사람이라도 된 듯 착각에 빠진다. 어디에 뭐가 있는지는 몰라도 새로운 길을 걷는 것에 거부감이 없어졌다. 역에서 오데옹으로 향하는 길이 시작되는 곳에 마치 플리마켓처럼 작은 야외 상점들이 줄지어 서 있다. 다들 자신이 직접 만든 물건들을 들고 나와 진열해놓고 손님들을 불러 모은다. 플리마켓이란 게 그렇듯 꼭 사고 싶을 정도로 특이하거나 진귀한 물건들은 없다. 그래도 구경하는 재미만은 놓칠 수 없어서 천천히 걸으며 하나씩 구경했다. 나한테는 남는 게 시간이니 시간을 보내기에 이것처럼 좋은 것도 없다. 길거리의 상점들을 지나 좌우로 고개를 돌려가며 이 길에는 뭐가 있는지 살핀다.

'조금이라도 흥미로운 것이 눈에 보이면, 무조건 들어가야지!' 하고, 누가 시키지도 않았는데 혼자 속으로 굳게 다짐한다.

큰길에는 딱히 나의 호기심을 자극할 만한 곳이 없어서 심심해하던 찰나, 때마침 길 건너로 '141) 마르셰 생 제르맹(MARCHE SAINT-GERMAIN)'이라는 이름의 쇼핑몰이 보여서 주저 없이 길을 건넜다. 대로에서 한 블록 안쪽으로 들어가 있는 탓에 그냥 그 자체만으로 조금은 신비로운 느낌이 났고, 다른 건물과는 다른 돔 형식의 기둥이 세 개 나란히 있는 모습이 로마에 온 것 같은 기분이었다. 입구까지 한달음에 다가가서 문을 열고 들어서자, 순간 김이 푹 빠졌다. 다른 쇼핑몰과 별 다른 게 전혀 없는, 그냥 조금 오래된 쇼핑몰이 아니겠는가? 그래도 이왕 들어온 거 대강 둘러보기라도 하자 싶어서 걷는데, 보이는 건 ZARA Kids와 GAP을 비롯한 몇몇 상점들. 한 공간 안에 있으면서도 서로 아무 상관도 없다는 얼굴로 각자 자

141) 마르셰 생 제르맹(MARCHE SAINT-GERMAIN)
add 14 rue Lobineau 75006 PARIS
tel 01-43-26-01-44
open 11:00~19:00
metro M10 Mabillon
url www.marche-saint-germain.com

기 가게를 지키고 있었다. 겨울 세일은 끝난 지 오래고, 여름 세일은 아직 시작하지 않은 지금 GAP만이 혼자 생뚱맞게 세일을 하고 있다. 살 게 없으면서도 세일이라는 푯말은 왠지 모르게 한 번쯤 관심을 가지게 만든다. 들어가 봤자, 세일하는 물건 중에는 살 게 아무것도 없을 거라는 사실을 확신하면서 속는 셈 치고 일단 한번 들어가봤는데 나올 땐 결국 들어갈 땐 없었던 남색 카디건 하나를 손에 들고 나왔다. 다른 브랜드에 비해 유난히 변화가 적어서 이런 기본 아이템은 저렴할 때 하나 사둘 만하다. 아마 파리가 좋은 건, 파리가 정말 좋아서이기도 하겠지만 이렇게 깊은 고민 없이 뭐든 소비할 수 있어서가 아닐까? 이렇게 심심하면 걷고, 배가 고프면 아무 곳에나 들어가 배를 채우고, 또 마음에 드는 물건이 보이면 쉽게 척척 살 수 있다면 파리가 아니라 세계 어디에 있다 해도 이 정도의 행복한 기분을 느낄 수 있을지 모른다. 이런 생각을 하자, 갑자기 내 자신이 미워지고 싫어졌다. 결국 나는 돈을 쓰는 재미를 느끼기 위해 여기까지 온 것인가? 더 늦기 전에 발을 돌려 다시 GAP 매장으로 돌아가 방금 산 카디건을 환불했다. 그나마 마음이 아주 조금 편안해지긴 했지만 이미 내 손에는 오늘 산 물건들이 치렁치렁하게 달려 있다. 고작 이런 기쁨을 느끼려고 여기 온 게 아닌데, 이런 상태라면 돌아간다고 해도 여행을 오기 전과 전혀 달라질 게 없다.

갑자기 우울해진 기분으로 무작정 걸었다. 이미 한번 나빠진 기분은 쉽게 돌아오지 않고, 길가에 뭐가 있는지 살펴가며 걸을 여유도 없었다. 돌아갈 날이 얼마 남지 않아서 느껴지는 불안감일까? 여행을 떠나는 날 아침, 공항에서 남편이 말했었다.

"고작 며칠의 여행으로 인생을 바꾸기는 쉽지 않아. 그러니까 굳이 뭔가를 얻어 와야 한다는 부담감 같은 건 전혀 느낄 필요가 없어. 그냥 잘 먹고, 잘 자고, 잘 놀다 오기만 하면 돼."

그 말을 듣고 겉으로는 고개를 끄덕였지만 속으로는 과연 마음 편하게 그럴 수 있을까 싶었다. 난 원래 그렇게 천하태평인 성격은 못 된다. 그런 성격이었다면 이렇게 우울증이라는 병을 얻지도 않았을 테니까. 그래도 처음 파리에 왔을 땐, 돌아갈 날이 아직 까마득했으므로 그런 걱정이나 부담은 전혀 없었다. 그런데 지금까지 파리에 머물렀던 날보다 돌아갈 날이 적어지기 시작하자 슬슬 뭔지 모를 불안감이 스멀스멀 밀려왔다.

'단순히 놀고, 먹으려고 여기까지 온 게 아니야. 난 이곳에서 무지막지하게 큰 변화를 겪어야 하고, 돌아가면 우울증 따위는 처음부터 없었다는 듯 멀쩡해져 있어야 해.'

이런 생각이 나를 더 압박하고 괴롭혔다. 여행을 오기 전과 달라진 거라고는 하나도 없다. 난 그 자리에서 두 손으로 얼굴을 가리고 주저앉아 버렸다. 다행히 여긴 나를 아는 사람이 아무도 없으니 내가 이상하게 보인다고 해도 별 상관이 없다.

얼마나 그러고 있었을까. 문득 고개를 들어 옆을 보자 앉아 있는 내 키만큼이나 큰 화분에 담긴 꽃이 보인다. 화분을 꽉 채우지도 않았고 요란할 것도 없는데 그래도 놀랄 정도로 풍성하다. 꽃을 자세히 보고 싶다는 생각에 나도 모르게 일어나서 쇼윈도 가까이로 다가갔다. 긴 줄기에 아이보리색의 꽃들이 마치 옥수수 알갱이처럼 다닥다닥 붙어 있다. 내가 지금까지 알던 꽃과는 전혀 다른 모습이다.

그래도 얕은 나의 지식으로는 나무가 아니니까 꽃이라고 부를 수밖에 없는 상황. 내가 한참을 유리창에 붙어 꽃을 바라보고 있자, 가게에서 정장을 입은 남자가 문을 열고 나왔다.

'나한테 뭐라고 잔소리라도 할 작정인가? 뭐라고 하면, 그냥 미안하다고 말하고 가 버려야지.' 하는 마음으로 남자를 빤히 보자, 웃으며 들어오라고 손짓한다. 아주 잠시 머뭇거리다가 얌전히 그의 손에 이끌려 가게 안으로 들어서고는 난 깜짝 놀라고 말았다. 당연히 꽃집이라고 생각했던 가게는 알고 보니 현대적인 감각으로 무장한 주방 가전제품 매장이었던 것이다. 쇼윈도 가득 꽃을 진열해놓은 가전매장이라니, 지금껏 한 번도 보지 못했다. 친절한 직원은 따뜻한 커피를 한 잔 내오며 괜찮은지 물어본다. 아마 내가 길바닥에 한참을 쭈그리고 앉아 있는 걸 본 모양이다. 고개를 끄덕이며 괜찮다고, 또 고맙다고 말했다.

"밖에서 봤을 때는 꽃집인 줄 알았어요."

어설픈 영어로 띄엄띄엄 말하자, 직원은 고개를 크게 끄덕이며 충분히 그럴 수 있는 일이라는 표정이다. 그리고 그 또한 능숙하지 않은 영어로 꽃에 관심이 많은지 묻는다.

'내가 꽃에 관심이 많은 건가?' 혼자 갸우뚱하며 몇 초를 생각한 후에, 천천히 "oui!"라고 답했다. 그렇게 말하고 나자, 정말 그렇다는 생각이 들었다. 내가 파리에 와서 본 많은 것들 중 머리에 남는 건 유독 꽃의 이미지가 강하다. 입 밖으로 꺼내면 사실이 된다는 말이 어쩌면 정말인지도 모르겠다. "oui!"라고 답한 순간, 나는 마치 꽃을 위해 파리에 온 것마냥 착각에 빠질 정도였으니 말이다.

점원은 내 답을 듣더니, 어디에선가 수첩을 하나 가져와서는 수첩에 있는 내용을 하얀 종이에 옮겨 적기 시작했다. 분위기로 보아서는 주소 같은데, 처음 본 나한테 대체 뭘 적어주는 건지. 아무튼 일단은 메모가 끝날 때까지 가만히 기다려 보기로 했다. 이윽고 펜이 멈추고 몇 개의 주소가 적힌 종이를 나한테 내민다.

"이게 뭐죠?" 하는 표정으로 내가 눈을 동그랗게 뜨자, 파리에서 제일 유명한 꽃집들이란다. 갑작스러운 친절에 어리둥절한 나에 비해 점원은 마치 나 같은 사람에 대해서는 훤히 다 꿰고 있다는 얼굴이다. 아무튼 고맙다는 인사를 하고 점원에게 받아든 종이 한 장을 물끄러미 보며 가게를 나오자 햇볕이 반짝인다.

'조금 전까지도 이렇게 햇볕이 환했었나?'

짧은 순간에 뭔가 많이 바뀐 느낌이다. 그제야 무작정 걸었던 길을 두리번거리며 여기가 어딘지 살펴보기 시작했다. 신기한 건 이쪽도 저쪽도 다 방금 내가 들어갔던 곳처럼 주방용 전자제품을 파는 곳이 많다는 것. 그와 함께 주방 인테리어 제품들도 군데군데 눈에 띈다. 한마디로, 주방에 관계된 제품들을 주로 파는 동네.

다시 하나씩 되짚으며 걷다 보니, 12호선 'rue de bac' 역에서 생 제르맹 거리를 따라 가전매장들이 밀집해 있다. 회사원에게는 사무실의 자기 자리가 중요하다면, 주부에게는 부엌이 일종의 사무실이기 때문에 주방용품이나 가구에 관심이 가지 않을 수 없다. 평소 같으면 아마 눈이 아플 정도로 자세하게 다 구경했겠지만 손에 꽃집 주소를 받아든 오늘은 조금 예외. 다른 건 다 건너뛰고 예전부터 책에서 보아 왔던 '142) 상투 갤러리(Sentou Galerie)'만 들렀다.

142) 상투 갤러리(Sentou Galerie)

add 26 Boulevard Raspail
tel 01-45-49-00-05
open 화~토 10:00~19:00, 월 14:00~, 일요일 휴무
metro M12 Rue 여 Bac
url www.sentou.fr

1977년에 처음 파리에 문을 연 이 매장은 인테리어에 관심이 있는 사람이라면 이름만 들어도 누군지 알 정도로 유명한 디자이너들의 아이템을 팔기로 유명하다. 거기에 상투 갤러리에 소속된 디자이너들이 만든 작품들도 함께 모아져 있어서 집 안에 필요한 것이라면 어떤 것이라도 모두 살 수 있다. 평일이라 그런지 매장 안에는 손님이 아무도 없었다. 2명의 직원은 내가 뭘 보든 전혀 신경 쓰지 않고 각자 주어진 일을 하는 듯하다. 손님을 일일이 따라 다니며 설명을 해주는 직원도 물론 가끔은 고마울 때가 있지만 대부분은 이렇게 손님을 그냥 내버려두는 점원이 더 고맙다. 재미나면서도 실용적인 물건을 디자인한다는 건 대단히 어렵고 힘든 일이겠지만 이렇게 보는 사람으로 하여금 기쁨을 느끼게 하니, 그보다 더 위대한 일은 별로 없는 것 같다.

지하에는 인테리어와 건축, 또 리빙에 관련된 책도 팔고 있어서 지하와 1층을 오가며 다리가 아플 정도로 많은 시간을 보냈다. 중간에 몇 명인가 손님이 왔다가 또 가기도 한 것 같은데 그들이 나에 대해 신경 쓰지 않듯 나 또한 그들에게 별 관심을 두지 않았다. 꽤 많은 시간을 보내고 밖으로 나오자, 조금 지친 기분이 든다. 5월의 파리는 해가 아주 길기 때문에 시계를 보지 않으면 지금이 오후인지 저녁인지 전혀 알 수 없으므로 아직은 집에 돌아갈 때인지 아닌지도 정할 수 없다. 시계를 보니 어느덧 저녁 6시. 이제 조금만 더 있으면 거리의 이 많은 가게들도 하나씩 문을 닫겠지 하고 생각한 순간 길 건너의 강렬한 레드 컬러로 무장한 한 가게에서 점원이 나와 정리를 하기 시작한다.

이상하게도 저렇게 문을 막 닫으려고 하면, 꼭 가봐야겠다는 욕심이 마구 솟아오른다. 얼른 길을 건너 문 앞에 갔더니 문을 닫기 일보 직전. 난 웃으며 겨우 가게 안으로 들어갔다. 그릇이며 포크, 숟가락 등 주방용품들을 파는 가게인데 어디서 많이 본 듯한 물건들이 눈에 띄어 상표를 확인하자, 우리나라에서도 유명한 '143) 알레시(ALESSI)' 매장이다. 독특하게도 모두 반들반들하게 빛나는 은색의 제품으로만 가게를 가득 채워놓았는데 알고 보니 매장 겸 박물관이란다.

143) 알레시(ALESSI)
add 31 boulevard raspail
     75007 paris
tel 01-42-84-46-38
metro M12 Rue 여 Bac
url www.alessi.com

이제는 더 둘러보고 싶어도 많은 가게들이 슬슬 문을 닫기 시작했고, 나도 많이 지쳤다. 아침부터 얼마나 많은 길을 걸어 다녔는지 발바닥이 욱신거린다. 이제 집에 가야 하는데, 여기가 어딘지도 사실 정확히 모르겠다. 그렇다고 겁을 먹을 필요는 없다. 걷다가 가장 먼저 나오는 역에서 메트로를 타고 몇 번을 갈아타든 집이 있는 목적지까지 가면 된다. 안달 내며 발을 동동 구르기보다 이렇게 편하게 마음을 먹고 있으면, 모든 문제는 예상보다 쉽게 해결된다. 지금도 마찬가지. 몇 걸음 못 걸어 10호선과 12호선이 만나는 'Sevres Babylone' 역이 보인다. 오늘 하루는 정말이지, 길었다.

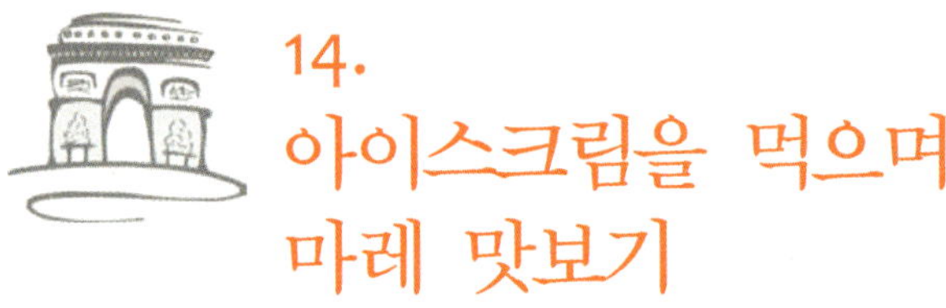

14. 아이스크림을 먹으며 마레 맛보기

　　매일매일 화창한 날들이 이어지고 있다. 며칠 전에 너무 무리한 탓인지 요 며칠은 쉬엄쉬엄 다니고 있다. 오늘은 아이스크림과 함께 시작했는데, 사실 비단 오늘만은 아니다. 최근 며칠 내내 하루에 한 번씩 꼭 '144) 아모리노(Amorino)'에 들려 아이스크림을 사 먹는 재미에 푹 빠져 있다. 3.5유로의 행복이랄까. 몇 년 전에 프랑스에 들어온 이탈리아 브랜드인데, 우리나라 아이스크림처럼 달지도 않고 뒷맛도 깔끔해서 아침에 눈을 뜨면 제일 먼저 아이스크림이 생각날 정도이다. 먹고 싶은 맛 2가지나 3가지를 고를 수 있는데 갈 때마다 뭘 먹을지 고민이다. 날마다 다른 맛을 먹어 보려고 하지만 결국은 피스타치오

로 귀결된다. 파리지앵에게도, 여행객에게도 인기가 높아 매번 줄을 서야 하는 번거로움이 있지만 그 정도의 수고쯤은 감수할 수 있다.

오늘도 지갑 하나 달랑 들고 마치 동네 산책하듯 마레로 나왔다. 일단 아이스크림을 한 손에 들고 혀로 날름거리며 오늘의 미션인 리본테이프를 사러 간다. 며칠 전에 산 딸의 선물을 파리에서 부치려고 했더니 리본테이프가 필요했다. 며칠 후면 돌아가니까 직접 전해줄 수도 있지만 프랑스 도장이 꽉 박힌 소포로 받으면 더 기뻐하지 않을까 하는 마음에서 작은 이벤트 삼아 직접 부치기로 했다. 여긴 우리나라에서 흔히 볼 수 있는 문구점이 잘 없어서 리본테이프를 사려면 마레에 있는 부자재 가게까지 가야 한다.

보쥬 광장을 가로질러 걷다 보면 길가에서 조금 들어간 작은 골목에 건물 외관을 타고 올라간 나뭇잎이 멋스러운 곳이 있는데 거기가 바로 오늘의 목적지인 '145) 앙트레 데 푸흐니세르(Entree des Fournisseurs)'. 골목 안에 있어서 자칫 지나치기가 쉽지만 일단 발견하면 반하지 않을 수 없는 예쁜 가게이다. 실이나 단추, 천과 부자

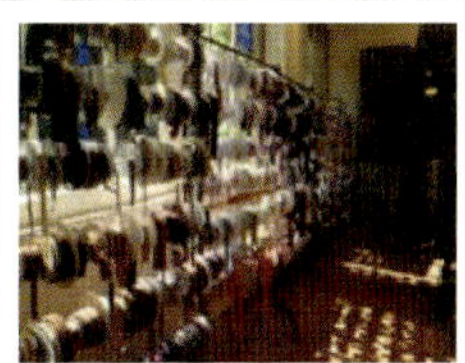

145) 앙트레 데 푸흐니세르(Entree des Fournisseurs)
add 8 rue des Francs-Bourgeois-75003 paris
tel 01-48-87-58-98
open 월~토 10:30~19:00
metro M1 saint paul
url www.entreedesfournisseurs.fr

재, 리본테이프 같은 다양한 재료들을 팔고 있는데 우리나라 동대문
에 있는 재료시장과 비슷한 곳. 다만 그렇게 크지 않고 하나의 가게
안의 다양한 것들을 전부 팔고 있다. 레이스나 깃털, 독특한 단추들
도 많아서 옷을 리폼할 때 들르면 좋다. 레이스 리본테이프는 항상
볼 때마다 가슴이 콩닥거리는 소녀감성의 물건 중 하나. 여기서는
1m에 6~7유로 정도로 동대문시장에 비하면 한참 비싸지만 오늘은
어차피 딸을 위해 제대로 포장하자고 결정한 터라 큰마음 먹고 2m
나 구입했다. 이제는 어느덧 완연한 봄이다. 그래서 아이스크림을 들
고 빨리 먹지 않으면 금세 녹아서 흘러내린다. 이런 날씨와 전혀 어
울리지 않게 내 발은 아직도 부츠를 신고 있다. 무겁기도 하거니와
일단 너무 덥다. 그러던 차에, 프랑스 학생들이 가장 많이 신는다는
'BENSIMON' 매장이 눈에 들어왔다.

　　캐주얼하고 경쾌한 브랜드인 벤시몬의 숍, '146) 오투르 뒤 몽드
(Autour du Monde)'는 파리에만 해도 6개의 매장이 있고 전국에
더 많은 매장을 거느리고 있는데 매장마다 취급하는 물건들이 조금
씩 미묘하게 다르다. 마레의 매장에는 홈 데코 중심이라 그릇이나
컵, 인테리어 소품들이 주를 이루는데 그래도 대표적인 아이템인 신

146) 오투르 뒤 몽드(Autour du Monde)
add 8 rue des Francs-Bourgeois-
　　　75003 paris
tel 01-42-77-06-08
metro M1 saint paul
url www.bensimon.com

발도 한쪽을 차지하고 있었다. 다양한 컬러의 가벼운 스니커즈라 길을 가다 보면 이 신발을 신은 학생들이 꽤 많이 눈에 띈다. 우리나라에도 얼마 전에 들어오기는 한 모양인데 당연한 말이지만, 여기보다 훨씬 비싸다. 파리에서는 27유로 정도면 살 수 있어서 나온 김에 무거운 부츠를 벗고 가벼운 운동화로 바꿔 신었다. 걸음이 가벼워지니 마음도 한결 가볍다.

며칠 전, 전혀 모르는 사람에게 꽃집 주소 리스트가 적힌 메모를 받은 이후에 나의 사고는 정지되었다. 더 깊이 생각하기도 싫고 그냥 단순하게 보내고 싶다는 생각밖에 들지 않아 정말 휴식 여행처럼 배가 고프면 먹고 잠이 오면 잔다. 아침마다 아이스크림을 먹었더니, 아이스크림이 배에 들어가면 이제 본격적으로 밥을 먹을 시간이 되었다고 배가 아는지 갑자기 마구 소리를 내기 시작한다. 레스토랑에 들어가 거창하게 먹고 싶지는 않아, 마레의 명물인 팔라펠로 배를 채우기로 결정.

마레에는 팔라펠 가게가 몇 개 있는데, 그중에서도 '147) 라스 뒤 팔라펠(L'As du Fallafel)'이 가장 유명하다. 팔라펠은 유대인이 예전부터 먹던 전통음식으로 쉽게 말하면 케밥이나 기로와 비슷하다

147) 라스 뒤 팔라펠(L'As du Fallafel)
add 34 rue des Rosiers 75004 Paris
tel 01-48-87-63-60
open 11:00~23:30, 토요일 휴무
metro M1 saint paul

고 할 수도 있지만 만드는 방법을 보면 또 전혀 다르다. 워낙 유명한 가게라 일단 한번 먹으려면 아주아주 긴 줄을 기다리고 참아내야한다. 우리나라에서라면 이렇게 오래 줄을 서야 하는 가게는 애당초갈 일도 없겠지만 여기는 파리가 아닌가? 이 정도 기다림은 이겨낼수 있다. 줄을 서 있으면 손님에게 맞는 메뉴판을 먼저 나눠 주는데한국 손님도 많았는지 나에게는 한국어로 된 메뉴를 쥐어 준다. 정말 완벽하게 준비된 가게이다. 가장 기본메뉴를 선택하고 줄을 서서기다리면서 만드는 모습을 구경했다. 일단 동그랗게 생긴 빵을 반으로 자르고 그 안에 팔라펠의 메인 재료인 콩으로 만든 완자와 양배추와 오이를 비롯한 각종 채소를 빵이 터지기 일보 직전까지 가득넣는다. 그리고 매운 소스와 덜 매운 소스 중에 선택한 걸로 골라위에 뿌려 주고는 포크를 꽂아주는 것으로 마무리. 만드는 것만 봐도 배가 부를 정도로 양이 많고 6유로라는 저렴한 가격 덕분에 기로처럼 여행객에게 인기가 높다. 처음 받아들고는 배가 고파 허겁지겁몇 입 먹었는데 금세 배가 불러 결국은 반이나 먹었을까. 한참을 기다린 게 아까워서라도 억지로 다 먹으려 노력했건만, 이건 웬만큼큰 덩치를 가진 사람도 쉽게 다 먹지 못할 게 분명하다.

오늘도 이렇게 특별한 무언가는 하지 않은 채 마레에서 하루를보낸다. 다리가 뻐근할 정도로 종일 여기저기를 쏘다녀도, 오늘처럼그냥 산책하듯 다녀도 하루는 생각보다 길고 그런데도 불구하고 신기하게 시간은 또 금방 가서 금세 밤이 된다. 일단은 깊이 생각하지 않을것. 다시 우울해지면 아무것도 의미가 없으므로, 그냥 주어진 현재를묵묵히 즐길 것. 그게 우선은 나의 제일 중요한 계획이자 목표이다.

15.
맹목적인 화려함을 간직한
오페라 가르니에

RER A와 Metro 3, 7, 8호선이 만나는 Opera는 그 자체로 교통의 요지이며 시내의 중심이다. 그런 이유로 공항에 내려 시내로 들어올 때도 보통 버스를 타고 Opera까지 온 다음, 메트로로 갈아타고 각자의 목적지로 가는 경우가 많다. 역에 내려 지상으로 올라오면 마치 바다 위에 떠 있는 섬처럼 조그마한 광장이 있고 왕복 몇 차선의 도로가 광장을 감싸고 있다. 그리고 그 도로 너머로 보이는 '148) 오페라 가르니에(Opera Garnier)'.

건축가 '장 루이 샤를 가르니에'의 이름에서 따온 오페라 가르니에는 1800년대의 다른 건축물들과는 다르게 – 대부분 그리스 양식이 주를 이루던 시기 – 바로크와 클래식 양식으로 지어져 더 독특하고 아름답다. 예전에는 오페라 공연이 이어졌지만 이제 오페라는 '바스티유 오페라'에서 주로 공연되고, 이곳에서는 발레 공연을 주로 한다. 가끔 아주 저렴한 가격에 발레 공연을 볼 수도 있다는 얘기도 듣고 내부도 구경할 겸 안으로 들어서자 이미 한 줄로 길게 줄 서 있는 사람들이 보인다. 나도 차례를 기다려 물어 보자, 이미 오늘 티켓은 하나도 없단다.

'그럼 그렇지. 괜찮아, 어차피 발레는 별로 내 취향도 아닌걸.' 이라고 생각했지만 그래도 좀 아쉽긴 하다. 파리에 오자마자 티켓을 사놨다면 여행이 끝나기 전에 공연을 볼 수도 있었을 텐데, 이미 떠날 날짜가 며칠 남지 않은 이 시점에서는 무리다. 만약 파리에 조금 오래 머물 계획이 있거나 이렇게 화려하고 요염한 곳에서 발레를 보고 싶다면, 파리에 온 첫날, 부지런히 티켓을 사놓기를. 공연을 보지 않아도 일정한 금액만 지불하면 내부를 구경할 수 있다. 다른 유럽 국가도 비슷하지만, 만 25세 이하의 학생들은 거의 모든 티켓 가격이 어른의 반값이다. 여기도 어른은 9유로인데 학생들은 5유로. 정말 나이가 드니 좋은 건 하나도 없구나. 그러니 한 살이라도 어릴 때 많은 곳을 여행하는 게 어쩌면 돈을 버는 일일지도.

어쨌거나 티켓을 끊어 안으로 들어서자 천장까지 30m은 족히 되어 보이는 홀과 대리석으로 꾸며진 실내, 그리고 정면으로 버티고 있는 커다란 계단에 압도되어 순간적으로 정신을 잃었다. 내가 아주 작게 쪼그라들어 딸이 어릴 적 항상 가지고 놀던 인형의 집에 와 있는 느낌이랄까. 복도에는 더 이상 화려할 수 없을 정도로 번쩍번쩍 빛나는 - 반짝반짝보다 훨씬 거대하고 중후한 분위기 - 기둥과 샹들리에가 촘촘히 박혀 있고 그 샹들리에 하나에서 수십 개의 불빛이 발산된다. 샹들리에 하나에서 나오는 빛의 양도 엄청난데 그런 샹들리에가 몇십 개나 늘어선 장면을 상상해보라. 직접 보지 않고서는 느낄 수 없는 묘한 흥분감이다. 그런데 왠지 어디선가 본 듯한 기묘한 기분이 불쑥 든다. 여긴 와 본 적도 없거니와, 유럽의 다른 나라들에서 만난 건축물 중에서는 이토록 강한 기운을 느껴본 적이 없다.

'분명 낯이 익은 풍경인데, 어디서 본 거지?'

다른 사람들이 분주하게 다니며 구경하는 동안, 난 꼼짝 없이 그 자리에 서서 기억을 더듬었다.

'맞아, 작년 봄이었어!'

작년 봄, 남편과 나의 결혼기념일이었다. 그런 날이면 곧잘 작은 이벤트를 즐기는 남편이 - 이런 얘기를 들으면 다들 남편이 무척이나 자상하다고 생각하겠지만, 실상 이런 일은 일 년에 한 번 있을까 말까 하고, 무엇보다 자상하고 성실한 남편의 이미지를 추구하는 남편의 의도된 이벤트가 아닐까 하고 난 생각한다 - 작년엔 공연을 예매해 놓았었다. 그때 같이 본 게 바로 <오페라의 유령>. 그 배경이 된 장소가 바로 오페라 가르니에였다. 공연 자체는 내 취향이 아니라 큰 감동은 없었지만 - 남편은 내가 감동하지 않았다는 사실에 좀 화가 났었다 - 그래도 무대 세트는 기억에 남았었는데, 이렇게 실제로 만나게 되다니. 갑자기 <오페라의 유령>의 테마곡이 귓가에 들리는 듯하다. 나 혼자만 들을 수 있는 BGM을 감상하며 오페라 가르니에의 중심부인 공연장에 들어서며 이미 입구와 복도에서 받은 엄청난 기에 눌려 이제 더 이상 놀랄 일은 없겠지 생각했는데, 나의 예상은 아주 쉽게 날아가 버리고 말았다.

1,991석의 좌석들이 질서 정연하게, 또 효율적으로 배치되어 있는 공연장에 들어서자, 그 옛날 자신의 가진 가장 화려한 옷을 차려 입고 이곳에 들어섰을 사람들의 모습이 눈에 선하다. 머리에는 깃털을 꽂고 온몸에 크고 무거운 온갖 액세서리로 휘감은 상태로, 오페라를 감상하는 것 이상으로 사교의 장이 되었을 이곳. 천장에는 샤갈이 그린 프레스코화 <꿈의 꽃다발>과 함께 8톤에 이르는 엄청난 무게의 샹들리에가 장식되어 있다. 이렇게 화려한 곳에 샤갈의 그림이 있다는 사실이 조금 놀라웠는데, 그건 아마 너무 과한 화려함 탓에 도리어 차갑게 느껴지는 건물과는 다르게 샤갈의 그림은 소박하지만 무척 따뜻하게 느껴졌기 때문. 샤갈 덕분에 그나마 마음을 진정시킨 나는 그제야 찬찬히 하나씩 조심스럽게 살펴봤다. 역시 너무 화려하다, 무서울 정도로.

오페라 가르니에에서 밖으로 나오자 순식간에 현실로 돌아왔다. 조금 차갑지만 흥분해서 빨갛게 달아오른 내 얼굴의 열기를 내려주기에는 딱 적당한 바람이 얼굴을 감싼다. 옛날에 비해 지금은 생활하기에 모든 것들이 많이 편리해졌지만 그 맹목적일 정도의 화려함만은 절대 따라잡을 수 없을 것 같다.

파리의 카페들은 어디를 가나 예스러운 분위기가 많이 남아 있어 도리어 모던한 곳을 찾기가 어려울 정도지만 오늘은 오페라 가르니에에서 받은 충격을 벗 삼아 한층 더 고전적인 카페를 찾고 싶어졌다. 무엇보다 근처에 있어서 여기까지 올 일이 있으면 한번 들러

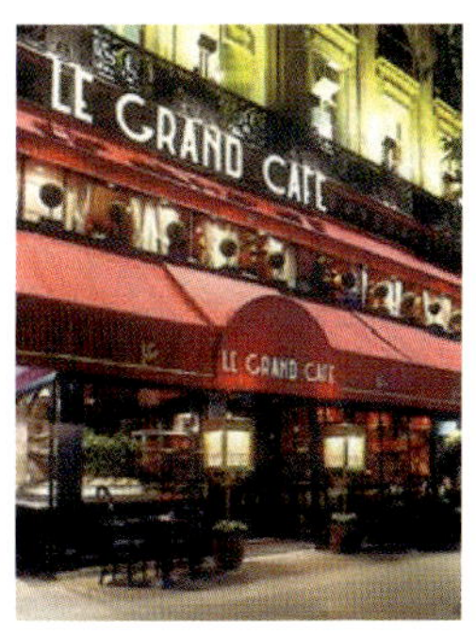

보려고 마음먹었던 '149) 르 그랑 카페(Le Grand Cafe)'.

신선함만은 최고라는 굴 요리와 냄새 없이 깔끔한 생선 요리로 유명한데 그것보다 뤼미에르 형제가 세계에서 제일 처음으로 만들었다는 <열차의 도착>이라는 영화를 상영한 곳으로 더 유명하다. 지금 보면, 영화라고 할 것도 없이 단순하게 열차가 움직이는 장면을 찍어 놓은 것뿐이지만, 그 당시 사람들에게는 기차가 화면 밖으로 튀어나오는 줄 알고 놀라서 뛰어 나갔을 정도로 획기적인 발명품이었다. 마침 배도 고팠던 터라, 느긋하게 식사를 할 요량으로 카페를 찾아 나섰다. 오페라 가르니에를 등지고 왼쪽으로 난 길로 꺾으면 금세 나타난다고 책에 쓰여 있기에 그 말만 믿고 그 길을 따라 한참을 걸었다.

'이 정도 걸었으면 나올 때가 지났는데?' 마음속에서 뭔지 모를 의구심이 몽글거리며 피어오를 때쯤, 걷던 발을 멈추고 다시 거꾸로 돌아 내려오기 시작했다. 여행에서 어떤 장소를 찾기 위해 갔던 길을 되돌아오는 것쯤이야 비일비재한 일이지만, 제일 아쉬운 건 힘들게 찾았는데 문이 닫혔거나 공사 중일 때이다, 바로 지금처럼 말이다.

오래된 것들로 가득 찬 유럽은—새것을 발견하기가 더 어려울 정도—심심하면 공사를 할 때가 허다해서 이런 일이 많다. 특히 고성들을 여행할 땐, 공사하지 않는 곳이 거의 없다고 해도 과언이 아닐 정도였는데, 그 근처에 사는 사람이야 별 상관이 없겠지만 이렇게 평생 한 번 갈까 말까 한 여행객에게는 꽤 큰 문제가 된다. 카페는 공사 중이라는 천막으로 가려진 채, 실내는 물론이고 간판조차도 볼 수 없었다. 이미 한번 고프기 시작한 배는 난리가 났고, '르 그랑 카페'를 찾느라 몇 번을 왔다 갔다 하는 통에 지칠 대로 지쳤다. 이제는 그럴듯한 레스토랑에 앉아 여유롭게 밥을 먹고 싶은 생각은 싹 사라지고 최대한 빠르고 신속한 게 관건. 때마침 길 건너에 '[150] 스타벅스(starbucks)'의 초록색 여신이 웃고 있다.

'저기서 일단 가볍게 샌드위치라도 먹어서 고픈 배를 안심시켜야겠어.'

낯설고 두근거리는 기분을 느끼고자 여행을 하면서도 때로는 이렇게 익숙하고 낯익은 풍경을 볼 때 안도감이 몰려온다. 젊은 사람들과 여행객들로 붐비는 매장에 들어서자 불과 몇십 분 전에 구경했던 오페라 가르니에가 한층 더 비현실적으로 느껴졌다. 그만큼 여

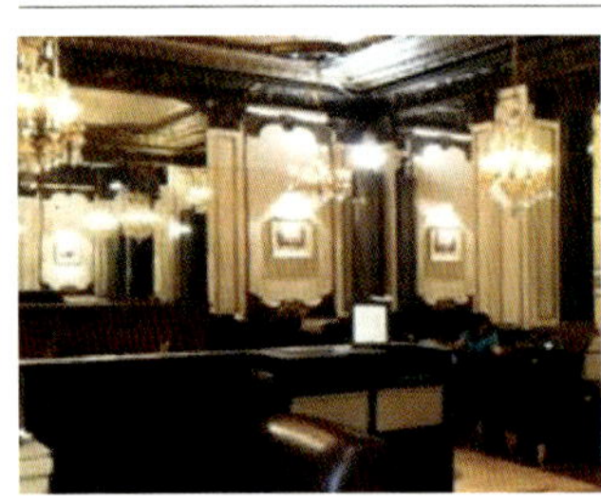

150) 스타벅스(starbucks)
add 3 Boulevard des Capucines 75002 Paris
tel 01-42-68-11-20
open 월~일 07:00~23:00
metro M3 · 7 · 8 Opéra
url www.starbucks.fr

기는 현실적이고 생동감이 있었다. 햄과 치즈가 들어간 샌드위치 하나와 라테를 받아 들고 빈자리를 찾아 앉고는 무심결에 천장을 보는 순간, 깜짝 놀라 의자에 앉은 채 뒤로 넘어갈 뻔했다. 다른 매장에서는 한 번도 보지 못했던 휘황찬란한 샹들리에가 천장에 떡하니 달려 있는 게 아닌가. 아무리 세계 곳곳에 발을 넓히고 있는 스타벅스라지만, 이렇게 큰 샹들리에가 달린 매장은 분명 여기 한 곳뿐이리라. 고풍스러운 멋을 바라고 찾아간 '르 그랑 카페'는 구경도 못했는데 아무 정보도 없이 찾은 여기에서 오페라 가르니에 못지않은 아름다움을 만났다. 예상도 못했던 일이다. 난 배가 고픈 것도 잊고 한참 동안 고개를 젖히고 샹들리에를 바라봤다. 피곤했던 기분이 조금씩 옅어진다. 그리고 언제 그랬느냐는 듯 기분이 좋아졌다.

불현듯 기억이 났다. 예전의 내 모습이 기억났다. 난 이렇게 작은 일에 금방 풀이 죽었다가도 또 작은 일에 금세 기분이 좋아지는 아주 단순하고 명쾌한 성격이었다. 하나의 기분이 오래가지 못하는 변덕쟁이기도 했었다. 내내 우울해 있다거나 내내 웃는다거나 하는 건, 누가 시켜도 하지 못했었는데, 여행을 오기 전까지는 어떻게 그렇게 내내 우울한 상태였을까?

웃을 일이 없었다는 건 서짓말이다. 하나밖에 없는 딸이 시시때때로 엉덩이를 실룩대며 TV에 나오는 가수들의 춤을 따라 하기도 하고, 기념일이면 남편은 어김없이 작은 선물이라도 빼먹지 않고 챙겼다. 남이 보면, 부족할 것 없는 가정이다. 문제는 아마 내 속에 있었으리라. 현재 나에게 주어진 상황에 만족하고 거기에 안주하며 행복하다고 스스로 세뇌하느냐, 아니면 계속해서 새로운 행복을 추구

151) 쁘렝땅 백화점(Printemps)
add 64 Boulevard Haussmann 75009 Paris
tel 01-42-82-50-00
open 월~토 09:35~20:00, 목 ~22:00, 일요일 휴무
metro M9 Havre Caumartin
url www.printemps.com

하며 그에 따르는 희생과 고통을 인내하느냐는 순전히 나의 결정에 달렸다. 몸이 피곤한 것 따위, 충분히 이겨낼 수 있다고 지금 당장은 생각할 수 있지만, 하루 이틀 진짜 몸이 피곤할 정도로 달려가면 금세 지치고 만다. 그래도 정말 안 될 때까지 내 자신의 한계를 한 번쯤은 겪어 보는 게 좋을 뻔했다. 그럼 도리어 이렇게 우울하고 축 처진 기분은 느끼지 않았을지도 모른다. 내 나이 이제 마흔. 이제 겨우 인생의 반을 지냈으니, 어쩌면 지금도 늦지 않았다. 매일 집에서 딸을 기다리고, 남편을 기다리는 것보다 더 신나는 일이, 인생이 내 앞에 펼쳐질 수도 있다. 이런 생각이 들자, 자리에 가만히 앉아 있을 수가 없어 무작정 밖으로 나왔다.

오페라는 대표적인 관광지. 사람들은 특별한 목적도 없으면서 다들 빼먹지 않고 '151) 쁘렝땅 백화점(Printemps)'과 '152) 라파예트 백화점(Galeries Lafayette)'으로 향한다. 백화점 가는 길에는 ZARA나 MANGO 같은 SPA 브랜드들도 다닥다닥 붙어 있어서 아무 생각 없이 하나씩 다 들르게 된다. 그래서 그런지 백화점에 가도 관광객이 대부분. 진정 제대로 된 명품 부티크를 체험하고 싶다면, '153) 방돔 광장(place Vendôme)'으로 가는 게 좋다.

탁 트인 광장 한가운데 40m가 넘는 기념탑 - 나폴레옹이 아우스테를리츠(Austerlitz) 전투에서 승리하고 그 기념으로 로마의 트라야누스 기념탑(Trajan's Column)를 본떠 만들었다. 아우스테를리츠에서 획득한 133개의 대포를 포함, 유럽 연합군에서 빼앗은 대포를 녹여 만든 걸로 유명하다 - 이 있고, 샤넬 본점을 비롯한 명품 부티크와 유명 호텔들이 광장을 에워싸고 있다. 특히 코코샤넬과 쇼팽이 생을 마감한 - 코코샤넬은 이곳에서 30년을 살았다 - 리츠 호텔도 방돔 광장을 장식하고 있는데, 교통사고를 당하기 전에 영국의 다이애나비가 연인과 함께 머문 곳도 바로 여기였다니, 여러모로 로맨틱한 호텔임에 틀림없다. 한 번쯤은 이런 곳에서 묵으면 좋겠다는 로망은 여자라면 누구나 갖겠지만, 아마 파리에 수시로 들를 정도로

넉넉하거나 허니문이 아닌 이상 쉽게 묵지는 못할 곳이라, 나도 그 앞을 지나치는 것으로 만족하기로 했다.

비록 제대로 갖춰 입지 못한 상태라도, 여행자라는 신분을 핑계로 방돔 광장의 명품 부티크 문을 자신 있게 열고 신중하게 관람한다. 갖지 못할 것을 알고 하는 쇼핑이니 구경이라기보다 관람하는 태도가 더 정확하다. 사지 않더라도 예쁘고 좋은 것을 보는 건 중요한 일이다. 여자는 그 자체에서 행복을 느낀다. 보고 난 후, '예쁜 것들을 잔뜩 봐서 기분이 좋다.'에서 감상을 마치는 게 정신건강에 좋은데, 괜히 '난 저런 것도 마음대로 사지 못하니까 불행해.' 하고 생각하는 건 정말 어리석은 일이다. 그런 것들을 매일 아무렇지 않게 사는 사람은 결코 그 행위에서 행복을 느끼지 못할 테니까 어떻게 보면 삶은 꽤 공평한 건지도 모르겠다.

16.
베르사유 정원에서 피크닉을

이제 여행이 며칠 남지 않아, 지난번부터 봐 두었던 남편의 선물을 사러 생 토로네 거리의 휴고보스 매장을 찾았다. 다른 것은 보지 않고 벨트 앞으로 직행, 광이 나지 않는 체인에 적당한 브라운 컬러를 골라내 손에 들고 점원을 불렀다.

"사이즈가 어떻게 되세요?"

"벨트에도 사이즈가 있나요?"

난 반문하며 깜짝 놀랐다. 벨트에도 사이즈가 있다니, 지금껏 결혼하고 한 번도 남편의 벨트를 골라본 적이 없는 나로서는 놀랄 일이다.

"아마 31in 아니면 32in 정도일 거예요."

점원은 벨트 코너에 있는 벨트를 하나씩 보며 사이즈를 체크하더니, 카운터로 가서 컴퓨터로 다시 체크를 한다. 아마도 그 사이즈가 없는 모양이다. 여행 온 지 며칠 되지 않았을 때부터 남편 선물은 이것으로 정해둔 터라, 지금에 와서 물건이 없으면 다시 선물을 고민해야 한다. 다른 남편들은 와이프가 사주는 대로 척척 입고 다니는 것 같던데, 우리 남편은 자신만의 취향이 확실해서 내가 사준다고 무조건 마음에 들어 하지는 않는다. 그래서 선물을 살 때는 아주 고심해야 하고, 이왕이면 보여 주고 확실히 인증을 받는 편이 마음 편하다. 결혼 초기에는 그런 것도 모르고 지나가다 예쁜 것이 눈에 보이면 깜짝 선물로 몇 번이나 사왔다가 남편의 시원찮은 반응에 상처받은 적이 있었다. 말로는 고맙다고 하면서도 옷장에서 한 번도 꺼내 입지 않는 일이 반복되자 난 나대로 섭섭하고 남편은 또 남편대로 답답해하다가 결혼하고 2년쯤 지난 후에야 남편은 자기 마음에 들지 않는 건 전혀 손이 가지 않는다고 실토했다. 그때부터는 꼭 남편과 함께 선물을 사러 간다. 그래놓고 남편은 막상 내 취향을 고려하지 않은 선물을 계속하고 있다. 작년에 보러 갔던 <오페라의 유령>도 마찬가지. 그런데 막상 내가 기뻐하지 않으면 화를 낸다.

어쨌거나 그 이후로 난 깜짝 선물 같은 건 일찌감치 포기하고 항상 뭘 살지 미리 알려준다. 남편은 나에게 서프라이즈 선물은 기대할 수 없게 되었지만 100% 마음에 드는 선물을 받는 데는 성공했다. 하나를 얻으려면 하나를 포기해야 하는 법. 남편의 이런 성격 탓에, 이 벨트를 사지 못하면 나는 다시 큰 문제를 떠안아야 하는 위기에 봉착했다. 서서히 굳어가는 얼굴로 카운터 앞에 서 있는 나를 본 점원은 친절하게 다른 매장에 물건이 있는지 알아봐 주겠다며 경쾌한 손놀림으로 키보드를 몇 번 톡톡 두드리더니 샹젤리제에 있는 매장에 3개가 남아 있다며 천사 같은 목소리로 말했다.

"샹젤리제 어디에 있나요?"

나는 마치 내가 샹젤리제는 훤히 꿰고 있다는 말투로 물었다.

"샹젤리제 거리에 루이비통 매장이 있는데 바로 그 옆에 있어요."

"d'accord!"

난 내가 아는 몇 안 되는 단어 중 하나인 "d'accord(OK)"라고 대답한다.

이런 때, 나는 아주 예전부터 파리에 살던 사람처럼 느껴진다. 아주 순간적으로 말이다. 기분이 아주 좋아지면서, 난 전혀 다른 삶을 살았던 사람인 척한다. 가식적이고 허영이지만 스릴 있고 재미있다. 물론 내가 그 단어를 하나 내뱉는다고 해서 점원이 나를 파리지앵이라고 여기지 않겠지만 스스로 그렇게 생각한다고 해서 문제될 건 아무것도 없다. 여행을 좋아해서 일 년 중 반은 세계 여기저기를 떠돌며 사는 친구는 때때로 이런 연기를 한다고 한다. 가는 곳마다 어느 나라 사람이냐고 묻는 통에 지겨워질 때면 한순간에 싱가포르 사람이 되었다가 그다음엔 또 홍콩 사람이 된다. 진정성이 없다고 하면 할 말이 없지만 그런 사소한 재미쯤은 누구에게나 허락된 즐거움이다.

샹젤리제까지 간 김에 '[154] 루이비통 본점(louisvuitton)'도 들

154) 루이비통 본점(louisvuitton)
add 101 Avenue des Champs Élysées 75008 Paris
tel 01-53-57-52-00
open 월~일 10:00~20:00
metro M1 George V
url www.louisvuitton.fr

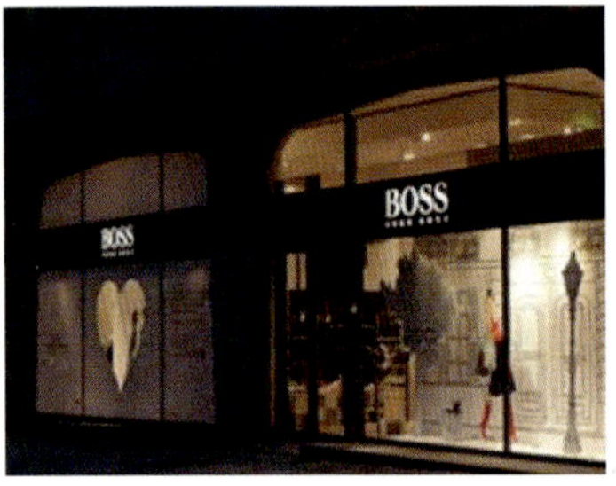

155) 휴고보스(HUGO BOSS)
add 115 Avenue des Champs
     Elysées 75008 paris
tel 01-53-57-35-40
open 월~토 10:30~20:00,
     일 11:00~18:30
metro M1 George V
url www.hugoboss.com

러 보기로 했다. 파리에서도 가장 규모가 큰 본점이니만큼 직원들의 수도 엄청나다. 물론 그보다 더 엄청난 수의 손님들 때문에 직원들은 정신이 하나도 없어 보이지만.

슬쩍 들어갔다가 슥 둘러보고 나와, 바로 옆의 '155) 휴고보스(HUGO BOSS)' 매장으로 들어갔다. 루이비통 매장과는 전혀 다르게 한적하고 손님도 별로 없다. 생 토로네 매장에서 가져온 모델번호가 적힌 명함을 내밀자, 조금만 기다리라는 손짓을 하고는 물건을 찾으러 가는 점원.

벨트의 사이즈를 나에게 확인시키고 포장을 하는 손놀림이 한 치의 군더더기 없이 재빠르고 유연하다. 계산을 마치고 나오자, 쏟아지는 햇볕에 목이 마르다. 한낮에는 이제 슬슬 여름의 기운이 조금씩 느껴져서 반팔을 입은 사람도 간혹 보인다. 시원한 아이스 아메리카노를 한 번도 쉬지 않고 한입에 털어 넣는 상상을 한다. 하지만 알다시피, 파리에서는 그렇게 시원한 커피를 마실 수 있는 곳이 거의 없다. 결국 어제에 이어 '156) 스타벅스(starbucks)'에 의지할 수밖에 없는 신세. 샹젤리제에서 스타벅스라니, 아무리 생각해도 이건

156) 스타벅스(starbucks)
add 76-78 Avenue des Champs-Elysées
     75008 Paris
tel 01-49-12-90-64
open 월~일 08:00~23:00
metro M1 George V
url www.starbucks.fr

좀 그렇다. 그런 나의 생각과는 무관하게 매장 안에는 시원한 음료를 찾는 관광객들로 붐볐다. 긴 줄을 이겨낸 끝에 드디어 손에 든 아이스커피는 달지 않아도 꿀맛이다.

오후엔 집주인인 유학생 커플을 만나 함께 '베르사유'에 가기로 했다. 교외에 있는 데다가 혼자 가기엔 좀 심심할 것 같아 갈까 말까 망설였는데, 날씨도 좋고 하니 소풍 가는 기분으로 함께 가자고 말한 건 그들이었다. 소풍에는 김밥이 필수지만 여기서는 어쩔 수 없으니, 대신 사랑스러운 마카롱이라도 사야겠다.

아까 보니, 때마침 샹젤리제 거리에도 '157) 라 뒤레(La Durée)' 매장이 있었다. 파스텔 톤의 물감을 풀어 하나씩 칠한 것처럼 고운 색의 마카롱. 라뒤레의 에메랄드 빛 케이스를 보기만 해도 가슴이

157) 라 뒤레(La Durée)
add 75 Avenue des Champs Elysées
    75008 paris
tel 01-40-75-08-75
metro M1 George V
url www.laduree.com

두근거린다. 그리고 입에 넣기 전, 그 맛을 상상하면 또 가슴이 콩닥콩닥. 난 장난감 가게에 들어선 아이처럼 이것도 사고 싶고, 저것도 사고 싶은 마음을 주체하지 못해 일단 연한 노란색의 레몬 맛 마카롱을 사서 입에 넣었다. 그제야 조금 진정된 마음으로 베르사유에 데리고 갈 것들을 고른다. 눈에 보이는 색에서 쉽게 그 맛을 추리할 수 있다니, 자연과 아주 가까운 음식이다. 마카롱은 한 입 베어 먹었을 때 바스락거리면서 살짝 부서지는 정도로 그 수준을 가늠할 수 있는데, 좋지 않은 마카롱은 한 입 먹으면 전체가 다 으스러지거나 반대로 딱딱해서 제대로 베어 먹을 수가 없다. 라 뒤레는 그런 면에서 꽤 완벽했다. 딱 베어 먹은 곳만 부서지고 나머지는 원래 모습을 유지하며 속에 든 크림과 겉이 적당히 섞여 부드러운 맛을 낸다.

신이 난 나는 초콜릿과 캐러멜, 라즈베리 맛을 고르고 '피스타치오를 빼 먹을 수는 없지!' 하며 피스타치오 맛 두 개를 더 골랐다. 이런 인기에 힘입어 요즘에는 비누나 향수 같은 뷰티 제품들도 나온다. 마카롱에서 비누로 뛰어넘는 대담함, 대단하다. 대담하지 않고서야 그런 시도는 애초에 할 수 없다.

'158) 베르사유(Versailles)'는 RER C를 타고 가야 해서 유학생 커플과 Invalides 역에서 만나기로 했다. RER C만 탄다고 모든 열차가 베르사유에 가는 건 아니기 때문에, 타기 전에 꼭 확인을 해야 한다. 아니면 나도 모르는 사이에 어디론가 전혀 알 수 없는 곳으로 갈지도 모른다. 집에서만 볼 때는 잘 몰랐는데 이렇게 밖에서 만나니 더욱 반가운 유학생 커플. 귀엽게도 그들의 손에는 유부초밥이 가득 든 도시락이 들려 있었다. 낡은 RER의 2층에 마주보고 앉아

창밖을 보며 유부초밥을 꺼내 먹는다. 기차에서 이렇게 냄새가 나는 음식을 먹는 건 무식한 행동이지만, 평일 오후라 그런지 2층엔 우리밖에 없으니까 괜찮다며 서로를 안심시켰다.

기차가 조금씩 시내에서 벗어날수록 시간이 멈춘 듯한 파리 시내의 건물들은 멀어지고 현실감 있는 풍경들이 나타난다. 우리나라만큼 고층은 아니지만 아파트라고 부를 수 있는 것들과 네모난 현대식 건물들. 그리고 건물들 옆을 지나는 사람들의 모습에서 어쩌면 내가 지금까지 보는 파리는 허구가 아니었나 싶은 생각이 든다. 관광객이 진혀 없는 진짜 동네.

RER C5의 종점인 Versailles Rive Gauche에 내려 10분 정도 걷자, 궁전이 보인다. 이미 다 구경하고 나오는 사람들이 너무 많아 주변을 둘러보자, 지금 입장하는 사람들은 거의 없다. 사람들을 비집고 매표소로 가서야 그 이유를 알았다. 방금 막 입장하는 시간이 끝났단다. 6시 반 정도까지 하긴 하지만, 5시 반 정도에 이미 입장

티켓은 마감된다.

"미안해요. 기껏 여기까지 왔는데, 궁도 못 보고 어떡해요."

유학생 커플은 자신들의 잘못도 아닌데, 괜히 미안해한다.

"괜찮아, 어차피 난 거울의 방 같은 건 별로 관심도 없었어. 대신 정원 산책이나 실컷 하자."

나쁜 일이 있으면 또 좋은 일도 있다. 시간이 늦어 베르사유 궁은 보지 못했지만 정원은 조금만 기다리면 무료입장. 분수에서 물이 뿜어 나오는 장면만 포기하면 정원은 발이 닿는 곳까지 마음껏 구경할 수 있다. 우리와 같은 처지인지, 아니면 일부러 알고 온 것인지 공원에 들어가는 입구에는 무료입장이 시작되기를 기다리는 사람들이 많았다. 드디어 입구가 열리고 사람들은 우르르 앞다투어 정원으로 들어간다. 어차피 너무 넓어서 조금 늦게 들어가도 아무 문제없이 넉넉하게 볼 수 있는데도 사람들은 조금이라도 먼저 들어가려고 난리.

우리는 줄이 끝나기를 기다려 제일 마지막에 들어갔다. 들어서자마자 가만히 서서 정원을 바라보니 정말 감탄밖에 나오지 않는다. 얼마나 큰지, 정원의 끝은 보이지도 않고 만약 눈에 보이는 곳이 끝이라면 하늘과 아주 맞닿아 보일 정도로 크다.

"이런 정원을 관리하는 데 대체 얼마나 많은 사람이 필요했을까?"

동행이 있어 좋은 점이라면, 혼자 속으로 생각하지 않고 말로 할 수 있다는 것. 그리고 평을 나눌 수 있다는 것. 세모나 네모 모양으로 깎아 놓은 나무들과 곳곳에 세워 놓은 예술적 풍미가 물씬 풍기는 조각상들. 이 조각상은 어떤 의미인 것 같다느니, 이 앞에서는

꼭 사진을 찍어야 한다느니 등의 말을 나누며 걷다 보니, 작은 호수
가 나타났다. 주변에는 이미 많은 사람들이 앉아서 쉬고 있어서 우
리도 덩달아 옆에 앉아 남은 유부초밥과 내가 포장해서 가져간 마카
롱을 먹었다. 입구에서부터 여기까지 벌써 꽤 많이 걸어온 탓에 쉽
게 일어설 마음이 생기지 않는다. 해도 길고 날도 좋으니 좀 앉아서
쉬는 것도 나쁘지 않다. 소풍이라고 생각하면 더더욱. 소풍의 목적
이 바로 이렇게 앉아서 쉬고 먹는 것 아니겠는가?

정원에는 가벼운 트레이닝복을 입고 조깅을 즐기는 사람들도
여럿 보인다.

"전 세계 사람들이 다 아는 베르사유 정원에서 매일 조깅을 하
는 사람들의 기분은 어떨까?"

"우리가 동네에 있는 학교 운동장을 뛰는 기분이나 비슷하지
않을까요?"

맞는 말이다. 제아무리 그럴싸하고 화려한 거라도 매일 보면 그
익숙함에 빠져 별것 아닌 것처럼 느껴지기가 쉽다. 그래도 이렇게
베르사유에서 뛸 수 있다면, 헬스장 러닝머신 위에 달린 조그만 TV
를 보며 뛰는 것보다는 백배쯤 동기부여가 될 것 같다.

무거운 엉덩이를 겨우 들고 다시 처음에 들어온 입구까지 가는
건 힘들 것 같아 가까운 출구를 찾았다. 어느덧 해는 기웃기웃하고
아까 먹은 유부초밥은 소화되어 없어진 지 오래.

다시 RER을 타고, 집과 가까운 Lyon 역으로 돌아왔을 때 이미
늦은 시간이라 문을 연 가게도 별로 없었다. 그나마 역 주변이라 몇
몇 카페들은 불이 켜져 있었지만 배불리 음식을 먹고 싶은 사람에게

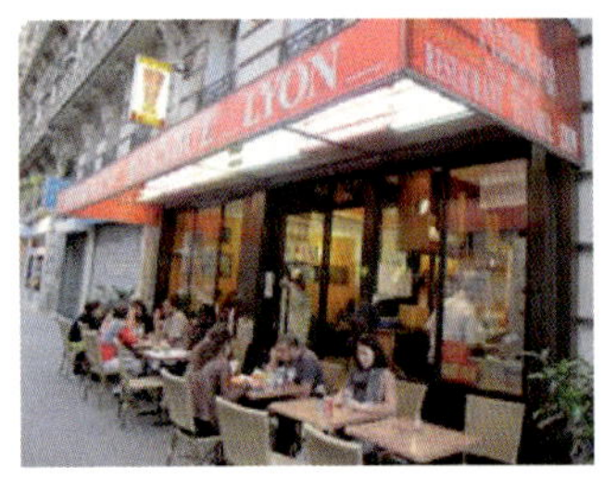

159) 이스탄불 케밥(Istanbul kebab)
add 4 rue Michel Chasles 75012 paris
tel 01-43-45-88-87
metro M1 · 14 · RER A · D Gare de Lyon

는 별 도움이 안 되는 곳뿐. 마트에 들르기에도 아슬아슬하고, 집 앞 아랍 슈퍼에서는 먹을 만한 걸 찾기도 힘들어 어떻게 할지 고민하는 게 얼굴에 고스란히 나타났는지, 그들은 내 손을 이끌고 어디론가 데리고 간다.

역에서 얼마 떨어지지 않은 곳에 '159) 이스탄불 케밥(Istanbul kebab)' 가게가 있었다. 가끔 집에 올 때 지나가던 길인데 한 번도 보지 못했다. 관심이 없으면 절대 보지 않는 게 또 나의 습관. 늦은 시각인데도 가게는 사람들로 북적거린다.

"케밥은 이렇게 사람이 많은 곳에서 먹어야 해요. 그래야 케밥에 들어가는 고기도 신선한데, 사람이 별로 없는 곳은 아무래도 오래된 고기를 넣을 수밖에 없거든요."

남학생이 자신 있게 말한다.

보통 케밥 가게에는 밖에서도 볼 수 있는 곳에서 고기를 익히는데 기다란 꼬챙이에 고깃덩어리를 끼운 다음 익혀, 주문이 들어올 때마다 그 자리에서 썰어준다. 당연히 장사가 잘 되는 곳은 한 번 끼운 고기가 금세 없어져 버릴 테지만, 장사가 시원찮은 곳은 한 번 구운 고기가 먼지가 쌓일 때까지 다 팔리지 않으니 위생적으로 깨끗하지도 않고 맛도 없다.

　음료와 포테이토가 함께 나오는 세트 메뉴를 주문하자, 패스트 푸드점에서나 봄직한 트레이 위에 커다란 케밥과 포테이토, 그리고 캔에 든 콜라가 함께 나왔다. 포테이토는 케첩에 찍어 먹어도 맛있지만 마요네즈에 찍어 먹어도 그 맛이 훌륭하다. 그런 나의 취향을 아는지, 가게에는 마요네즈도 함께 준비되어 있었다. 빵도 쫄깃하고 포테이토도 바삭. 반나절 동안 고난-기껏 찾아갔는데 입장시간이 끝나 버린 베르사유-과 행복-기분 좋은 정원과 만족스러운 케밥-을 함께 나누는 사이, 우린 더욱 스스럼없이 편한 관계가 되었다. 시간을 나눈다는 건 이래서 좋다. 억지스러운 이야기를 꺼내지 않아도 자연스럽게 할 말이 생긴다. 우린 별로 특별할 것도 없는 이야기를 하면서도 깔깔대고 웃으며 나란히 집으로 돌아왔다.

17.
파리의 플라워 숍 투어

하루를 온전히 파리에서 보낼 수 있는 날도 이제 오늘이 마지막이다. 내일 저녁 땐 공항에 도착해야 하니까 어찌 보면 오늘이 여행의 마지막 날인 셈. 아직 가 보고 싶은 곳이 많이 남았다면 끝도 없고, 이제 웬만한 곳은 대충 다 봤다면 더 가볼 곳이 없다. 마지막 날이니만큼 제일 좋았던 곳을 다시 한번 가볼까, 아니면 새로운 어딘가를 가볼까 고민하는 동안, 손가락은 파자마 주머니에 넣어둔 종이를 만지작거리고 있었다. 며칠 전 가전제품 매장에서 영문도 모른 채 건네받은 그 종이쪽지다. 메모를 적어준 사람은 나에게 종이를 주면서 간단하게 Flower Shop이라는 설명만 덧붙였다. 아마 내가 입구에 장식된 꽃을 한참 동안 보고 있어서 알려준 것 같은데, 알지도 못하는 나에게 꽃집 주소를 적어준 것보다도 꽃집 주소를 수첩에 메모해 다닌다는 사실 자체가 더 놀라웠다.

파리에는 가는 곳마다 길에 있는 건물 벽에 그 거리의 이름이 붙어 있고, 번지도 알아보기 쉽게 정리되어 있어서 주소만 보고 장소를 찾기가 별로 어렵지 않지만, 문제는 굳이 그렇게까지 해서 꽃집을 찾을 필요가 있느냐는 것이다. 꽃을 살 것도 아니고, 시장처럼 오픈된 장소가 아닌데 구경만 하고 나올 수도 없는 노릇이라 애매하기만 할 것 같다. 그렇다고 가보지 않으면 돌아가서 또 후회할지도 모른다. 돌이켜보면 난 언제나 하지 않을 이유를 찾는데 열심이었던 것 같다, 지금처럼 말이다. 조금 해보고 싶은 일이 생기더라도 언제나 그 일을 했을 때 발생하는 문제부터 생각했고, 그 문제를 핑계 삼아 귀찮은 일과 불편한 일 – 하지만 흥미로운 일 – 을 모두 시작조차 하지 않았었다. 그런 상황들이 쌓여 지금까지 왔다. 결국 남은 건 아무것도 없다. 예상되는 번거로움을 감수하고서라도 시작이라도 해봤더라면 지금보다는 후회가 적었을까. 아마 그랬으리라. 어차피 후회할 거라면 미련이라도 없도록 시작은 해보는 편이 좋았다고 지금은 생각한다.

'단순하게 한번 가보는 건 별일 아니야. 가게 앞에서 슬쩍 보기만 하고 오면 되지. 그리고 마지막으로 에펠탑이나 한 번 더 보러 가야지.'

그렇게 결정하자 갑자기 마음이 급해졌다. 아직 오전인데도 왠지 하루가 짧게 느껴져서 꾸물거릴 틈도 없이 후딱 씻고 나왔다.

첫 번째로 적힌 이름은 '[160] 카트린 뮐러(Catherine Muller)'. 주소는 인터넷으로 미리 찾아보니 튈르리 역 근처, **Rue de Rivoli**와 **Rue saint-honore**의 중간쯤이다. 요즘은 정말 모든 것이 예전에 비해 쉽고 간결해졌다. 위치를 메모하는 것보다 사진으로 한 장 찍는 게 훨씬 편하고 정확하다. 종이에 적힌 3군데의 위치를 모두 확인하

160) 카트린 뮐러(Catherine Muller)
add 87 rue Boileau Paris 75016 paris
tel 08-75-22-41-35
metro M9 Exelmans
url www.catherine-muller.fr

고 서둘러 집을 나와 첫 번째 장소로 향했다.

찾는 건 어렵지 않았다. 지도를 보고 곧장 갔더니 놀랍게 딱 그 자리에 있다. 어쩌면 당연한 일일지도 모르지만 내가 이렇게 헤매지 않고 한 번에 찾아낸 건 드문 일이라 그 자체만으로도 기분이 좋아진다. 간판의 이름을 확인하고, 일단 밖에 서서 꽃집을 관찰했다. 내 눈에는 별 특이할 것도 없다. 가게 밖에는 초록색 풀들이 담긴 작은 화분들과 하얀색의 꽃들이 심어진 크고 작은 크기의 화분들이 진열되어 있었다. 꽃의 색을 더욱 돋보이게 하기 위함인지 화분도 가게도 모두 검은색으로 칠해진 게 그나마 조금 독특한 점이랄까.

안으로 들어가자 조금 더 색이 더해진 꽃들이 꽂혀 있다. 잘 알지 못하는 내가 보기에도 스타일이 제각각. 꽉 막힌 실내가 아닌 정원에 있는 게 당연하게 느껴지는 야생적이고 강렬한 조합의 디자인과 수줍은 소녀가 고개를 숙인 채 손에 살포시 들었음 직한 파스텔톤의 부케. 작은 공간이 살아 있는 꽃과 나무들로 펄떡이는 것 같다. 그제야 이곳의 파워풀한 힘이 느껴진다. 구석에 나선형 계단이 보여,

"저기 구석에 아래로 연결되는 계단은 뭐예요?" 하고 옆에서

꽃 손질에 여념이 없는 점원에게 물었다.

"지하는 수업이 진행되는 곳이에요. 한번 내려가 보시겠어요?"

간혹 유럽 사람들이 불친절하다고 말하는 사람도 있는데, 내가 만난 파리 사람들은 다들 하나같이 친절하고 상냥하다.

계단 몇 개를 내려가자 누군가 말하는 소리가 들린다. 비어 있는 줄 알았는데, 허리를 숙여 아래를 보자 머리색이 다른 몇몇의 사람들이 섞여 한 목소리에 귀를 기울이고 있다.

'지금이 수업 중이라는 얘기는 왜 안 해 준 거야?'

방금 전까지 친절하다고 믿어 의심치 않았던 점원을 원망하며 더 이상 내려가지 않고 그 자리에 서서 진행되고 있는 수업을 구경했다. 다들 완전히 집중하고 몰입한 분위기다. 얼굴을 보면 별 표정이 없어 보이지만 눈빛만은 광선이 나올 듯 진지해서 그 모습을 지켜보는 나까지 집중하지 않고서는 안 될 것 같은 분위기. 말은 하나도 알아듣지 못해도 손으로 하는 모습을 가만히 지켜보면 대강 이해할 수 있을 것 같다. 이윽고, 어느 정도의 시간이 지나자 하나의 커리큘럼이 끝났는지 다들 얼굴에 표정이 돌아오고 말소리가 들린다.

난 혹여나 누구의 눈에 띌까 무서워 얼른 다시 계단을 올라왔다. 안내해준 점원은 괜찮냐는 듯 온화한 표정을 지었지만 난 전혀 괜찮지 않다. 조금 빨개진 두 뺨에 스스로 깜짝 놀랐다. 나도 모르게 심장이 두근두근.

"혹시, 한국인이세요?"

대뜸 점원이 물어본다.

"네, 맞아요."

"이 수업은 한국에서도 들을 수 있어요."

갑자기 이게 무슨 소리인가 싶어 나는 눈을 동그랗게 떴다.

알고 보니, 한국에서도 인기가 높은 플로리스트인 카트린 뮐러가 이 플라워 숍의 주인.

'그럼 아까 강의하던 그 사람이 바로 카트린 뮐러?'

예전에 취미로 플라워 수업을 들을 때, 몇 권인가 관련된 책을 읽은 적이 있는데 그때 몇 번이고 반복되어 나오는 이름이 그녀였다. 그래서 일부러 기억한 것도 아닌데 내 머릿속에 확실하게 각인되어 있다. 그 카트린 뮐러의 수업이 한국에서도 똑같은 커리큘럼으로 진행되고 있다니, 물론 직접 와서 강의하는 건 아니지만, 그래도 같은 과정을 굳이 파리까지 오지 않고도 들을 수 있다는 사실은 꽤 매력적이다. 새롭게 알게 된 흥미로운 사실에, '돌아가면 꼭 찾아봐야지.' 하며 수첩에 간단히 메모.

여행이 여행에서 끝나지 않고, 다시 집으로 돌아간 후에도 영향을 미친다. 그게 건강한 여행이라고 생각한다. 그 영향이 이어지고 이어져서 삶 자체에도 영향을 주는 것. 그게 시간과 돈을 투자하여 새로운 곳을 탐험하는 이유가 아닐까? 고맙다는 인사를 하고 가게를 나와 종이에 적힌 두 번째 장소로 향한다. 첫 번째 장소에서 예상치 못한 즐거움을 느낀 덕분에 종이 한 장 달랑 들고 나온 오늘의 계획된 여정이 점점 더 재미있어지기 시작했다.

두 번째 가게는 5호선과 9호선이 만나는 Oberkampf 역 근처. 큰길가에 있어서 첫 번째만큼이나 쉽게 찾을 수 있었다. 특이하게도 보통 간판이 있는 자리를 넝쿨나무들로 가려 아래까지 쭉 늘어뜨려

놓았다. 게다가 유리창을 최대한 크게 만들어 가게 안에 있는 꽃이 많이 보이도록 한 덕분에 시내에 있는 인위적인 건물이 아닌, 자연 속의 정원으로 들어가는 문을 연상시킨다. 간판이 없으니, 쉽게 찾지 못할 거라고 걱정할 수 있지만, 도리어 더 확실하게 '나는 꽃집이에요!'라는 분위기라 그런 걱정은 할 필요가 없다. 밖에는 아기자기한 작은 화분들이 다소곳하게 진열되어 있어 조용하고 간결한데 안으로 들어서면 180도 다른 분위기로 변신. 짙은 농도의 보라색과 핑크 계열의 꽃들이 큰 유리병을 꽉 채워 들어 있고 드문드문 하얀색 꽃들도 보인다. 강렬한 색을 발하는 꽃들에 눌려 하얀색은 존재감이 없을 거라고 생각할지도 모르겠지만 실제로 보면 도리어 그 숭고한 하얀색이 당당하면서도 아름다운 여신처럼 돋보인다.

간판 대신 투명한 유리창에 써 놓은 '161) 크리스티앙 모렐(Christian Morel)'이 가게 이름의 전부. 굳이 이름을 알리지 않아도 꽃을 통해 자신의 존재감을 확실히 드러낼 수 있다는 자신감이 대단하다. 내가 이리저리 구경하는 동안, 몇몇 플로리스트들이 부지런히 손을 움직이며 작업 중이었다. 꽃을 구경하는 것만큼이나 그들의 손에서 새로운 모습으로 탄생하는 과정을 지켜보는 것도 흥미진진한 일. 보통

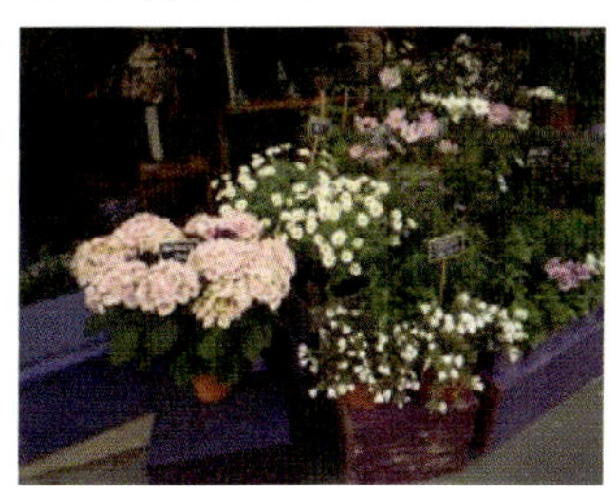

161) 크리스티앙 모렐(Christian Morel)
add 44 Rue Oberkampf 75011 Paris
tel 01-49-23-94-33
open 11:00~2:00
metro M3 Parmentier
url www.christianmorel.com

꽃과 다양한 장식품들이 적절하게 믹스된 작품들을 본 적이 많았는데 여기서는 그런 것들은 최대한 배제하고 꽃 자체만으로 꽃이 가진 아름다움을 끌어낸다. 언뜻 봐도 처음 본 곳과는 스타일이 전혀 다르다는 사실이 놀랍고 또 신선하게 다가왔다. 누가 만드나 다 비슷한 모양이 아닌 자신만의 독창적인 스타일을 만들어내는 것이 바로 프로와 아마추어의 차이.

꽃을 보는 내내 마음이 고요하고 조용하게 물결친다. 작지만 확실한 마음의 움직임. 알 수 없는 막연함에서 오는 불안함과는 다른, 두렵지만 설레는 감정에 가깝다. 이제는 세 번째 장소가 궁금해지고, 가전제품 매장에서 만난 사람에게 다른 곳들도 더 적어 달라고 말하고 싶은 심정이 되었다.

난 "Au revoir(안녕히 계세요)" 대신 "Merci beaucoup(정말 고맙습니다)"로 인사하고 가게를 나왔다. 얼른 다음 장소로 가고 싶은 마음에 바빠진 내 발걸음과는 전혀 무관하게, 마지막 장소는 여기에서 가기가 꽤 까다로운 곳이었다. 14개의 선이 복잡하게 얽혀 있는 파리 지하철 노선표를 한참 들여다보고 나서야 겨우 올라 탄 지하철. 일단 아까 내린 Oberkampf 역으로 돌아와 두 번이나 갈아탄 후에야 2호선 Courcelles 역에 도착할 수 있었다. 2호선은 파리 시내를 관통하지 않고 살짝 외곽으로 파리를 감싸고 있어서 몽마르트에 갈 때가 아니면 별로 이용할 일이 없다. 역까지 가는 길이 조금 험난해서 그렇지, 내려서는 아주 쉽게 찾을 수 있는 세 번째 장소, '162) 파스칼 뮈텔(pascal mutel)'의 숍 겸 작업실. 앞에서 봤던 두 곳에 비해 크고 현대적인 모습이다. 현대적이란 말은 부티크의 전체적인 감상이기도

162) 파스칼 뮈텔(pascal mutel)
add 95 Rue de Courcelles 75017 Paris
tel 01-47-63-40-78
metro M2 Courcelles
url www.pascalmutel.com

한 동시에, 전시된 작품 하나하나를 지칭하는 말이기도 한데, 무엇보다 디자인적인 요소들을 놓칠 수 없었다. 화병 하나도 섬세하게 고른 흔적이 남아 있고 꽃 자체의 아름다움을 나타내기도 하지만, 그보다 꽃을 디자인의 한 도구로 사용한다는 느낌.

넓은 공간에는 이미 몇몇 여자들이 꽃을 고르고 있었다. 나도 그 틈에 끼여 꽃을 구경한다. 빨강이나 파랑, 초록, 노랑이라는 단순한 단어로는 표현하지 못할 오묘한 색들. 그것만으로도 감동을 준다. 보기만 해도 기쁨과 행복을 주는 몇 안 되는 것 중 하나인 꽃. 매일 꽃을 만지고 살면 매순간 그 기쁨을 느낄 수 있을까?

어느새 내 머릿속은 눈앞에 보이는 꽃에서 벗어나 다른 주제로 옮겨 타기 시작했다. 난 종종 이렇게 이 생각에서 저 생각으로 아무렇지 않게 건너뛰는 바람에 나와 대화를 나누는 사람들은 당황할 때가 많다. 그 사람을 무시하거나 대화가 지루해서 그런 건 절대 아닌데 잘 모르는 사람들은 오해할 때도 있어서 가깝지 않은 사람과 대화를 나눌 때면 이런 상황이 벌어지지 않도록 온 정신을 대화에 집중해야 한다. 지금은 혼자 있으니 그럴 걱정은 할 필요가 없지만 말이다. 눈은 꽃에 고정되어 있으면서 이미 생각은 달나라를 여행하는 나에게 갑자기 누군가 말을 걸어왔다.

"오셨네요!"

다시 현실로 돌아온 나는 몸을 움찔하며 뒤를 돌아보니, 거기엔 처음 나에게 주소를 적어준 남자가 서 있었다. 속으로 '가전제품 매장에서 일하는 사람이 이 시간에 여긴 무슨 일이야?' 하고 생각했는데 내 생각이 표정으로 고스란히 나타났는지 그는 자신을 소개하기 시작했다. 가전매장에서 일한다고 생각했던 건 순전한 나의 오해로 알고 보니 여기서 일하는 사람이었다. 그날은 꽃 배달을 갔을 뿐이었는데 내가 멋대로 거기서 일한다고 생각했던 것.

"무슨 꽃배달을 정장을 입고 해요?"

난 조금 무례인 걸 알면서도 궁금증을 참지 못해 물었다.

"작업할 때는 앞치마를 두르고 편한 복장이지만, 배달할 때만은 꽃에 대한 예의라고 생각해서 갖춰 입어요!"

명쾌한 그의 답변에서 그가 꽃을 얼마나 사랑하는지 단번에 알 수 있었다. 그게 꽃이든 다른 무엇이든 간에 어떤 하나에 빠져 있는 사람은 정말 아름답다. 이제야 정확히 알았다, 내가 원하는, 또 바라는 얼굴은 이런 거라는 사실을. 다른 말이나 소리는 귀에 들리지 않고 온전히 하나에 집중한 얼굴. 첫 번째 꽃집에서 훔쳐봤던 꽃을 배우는 사람들의 얼굴과 두 번째에서 만난 꽃을 만들던 사람들의 얼굴, 그리고 지금 바로 이 남자의 얼굴에서 공통적으로 발견한 그 무엇. 하나에 몰두하고 집중한 얼굴은 이런 것이리라. 세상 어떤 보석보다, 또 어떤 명품보다도 근사하고 값지다.

난 마음이 꽉 차서 그곳을 나왔다. 지금까지 오랫동안 나를 괴롭히던 눈에 보이지 않는 무거운 짐이 홀연히 사라진 기분이다. 문제가 뭔지 알지 못하니 답을 찾을 수도 없었다. 그런데 방금 눈앞에서 모든 것이 명확하게 밝혀졌다. 나는 저런 얼굴을 갖고 싶었다. 문제를 찾은 것만도 다행스러운데 그 해답까지 알게 되다니, 여행이 헛되지 않았다.

목표가 없는 삶은 그토록 길고 빛이 들어오지 않는 터널이었다. 내일을 위한 오늘이 아니라, 단지 시간을 채우기 위한 하루였다. 거기서 손톱만큼의 행복한 기분도, 만족스러운 성취감도 느낄 수 없었던 건 당연한 일. 우울했던 모든 원인이 살아가는 데 목표가 없다는 단순한 이유였다는 사실이 웃음이 날 정도로 어이가 없다.

만약 내가 남편과 딸에게 맛있는 음식을 먹이고 집 안을 청결하게 유지하는 일 자체를 목표로 가졌었다면 그런 우울한 기분은 느끼지 않았을지도 모른다. 문제는 내가 거기서 만족할 수 없었기 때문이다. 내가 원하는 게 뭔지 정확히 알지도 못하면서 내내 답답해했다. 저런 얼굴을 한 사람을 보면 나도 모르게 마음속이 부글부글하면서 화가 났었다. 내가 갖지 못한 걸 가진 사람에 대한 질투심과 시기. 그렇게 되기 위해 얼마나 많은 희생과 노력을 했는지는 전혀 생각하지 않고 그 결과만 내 것이 되있으면 하고 바랐었다. 말도 되지 않는 욕심이지만 네모난 거실에 갇혀 TV 속에 등장하는 삶만 보다 보면 그렇게 될 수밖에 없다. TV에서는 항상 하이라이트만 보여 주니까, 과정에서 겪는 무참한 현실과 힘든 부분은 가위로 싹둑 잘라내고 화려하고 부러울 것 없는 결과만 보여 준다. 과정이 있을 거라는 사실은 쉽게 예상할 수 있지만 내가 상상하는 과정은 항상 힘

들고 고난의 연속이었다. 오늘 만난 사람들에게서 느껴지는 과정의
즐거움은 전혀 알지 못했다. 끝이 행복하려면 그 과정도 마찬가지로
행복하게 즐겨야 한다. 그래야 행복한 결말을 맞이할 수 있다. 과정
이 100% 힘들기만 하다면 아무도 그 끝에 도달할 수 없으리라. 만
약 도달한다고 해도 행복할 수는 없다. 과정이 즐거워야만 끝도 즐
거울 수 있다.

'오늘 꽃집 투어를 하지 않았으면 어떻게 됐을까?'

아찔하다. 여행에서 꼭 큰 깨달음을 얻을 의무는 없지만 만약
아무것도 알지 못한 채 돌아간다면 여행을 오기 전과 다를 바 없는
삶을 살아야 하는데, 그건 너무 끔찍한 일이다. 이런 기분과 이런 상
태라면 정말 뭐든지 할 수 있을 것 같다. 이 기분이 사라지기 전에
어서 집으로 돌아가야지. 다행히도, 내일이면 비행기를 탄다.

18.
마지막 산책

　드디어 여행의 마지막 날. 보통 여행의 마지막 날에는 '아쉽게도'나 '벌써'라는 수식어가 붙기 마련인데, 난 '드디어'이다. 한 달이라는 짧지 않은 시간 동안 파리에 머물기도 했고, 어제의 감흥이 사라지기 전에 얼른 돌아가서 뭐라도 시작하고 싶은 마음이 크기 때문이기도 하다. 아침에 일어나 짐을 싸는데─돌아갈 짐을 챙기는 건 여행을 떠날 때와는 또 다른 흥분이 있다─어린 친구들─집주인 커플, 언젠가부터 나는 그들이 어린아이들이 아닌 친구가 된 느낌이다─이 조금 시무룩한 얼굴로 내가 짐 싸는 모습을 지켜본다. 이렇게 방을 빌려 주는 일이 많았지만 나처럼 오래 머문 사람은 처음이란다. 그동안 알게 모르게 정이 듬뿍 들었는지 헤어지는 게 아쉽기는 나도 마찬가지.

　나중에 한국에 오면 꼭 손맛이 담뿍 느껴지는 밥을 해주겠다는 약속으로 아쉬운 마음을 조금이나마 달랜다. 여행가기 전, 짐을 꾸릴 때는 뭘 챙겨 가야 할지 고민하면서 트렁크에 짐을 넣었다 뺐다

하느라 오래 걸리지만, 돌아갈 때는 그럴 필요 없이 담기만 하면 된
다. 문제는 어떻게 하면 빈 공간 없이 가장 효율적으로 집어넣느냐는
것 정도. 올 때는 일부러 트렁크를 가볍게 해서 들고 왔는데, 한 달
동안 잡다하게 산 것들이 많아 트렁크에 다 넣어지지도 않는다. 결국
작은 가방 하나를 등에 짊어질 각오를 하고, 이렇게 된 바에 얼마 전
에 짐 때문에 고민하느라 사지 못했던 쿠스미 티를 사러 가기로 했
다. 어차피 늦은 오후쯤엔 공항으로 가는 버스를 타야 해서 멀리 가
지고 못하니까 가까운 마레에서 마지막 산책을 즐기기로 결정.

마레는 여행의 마지막을 장식하기에 더할 나위 없는 곳이다. 워
낙 관광지로 유명해서 사람들로 북적이기는 하지만, 그래도 조금만
더 깊숙이 들어가면 인적이 드문 조용한 동네가 나타난다. 아침 시
간인데도 부지런한 미국 할머니 부대는 손에 샌드위치 하나씩을 들
고 공원에서 식사 중. 나도 벤치 하나를 나눠 앉아 햄과 치즈만 들
어 있는 깔끔한 샌드위치 하나로 아침 겸 점심을 대신한다. 햇볕 아
래 서면 따뜻해지고 그늘에 오면 시원하게 느껴지는 적당한 온도의
공기. 시내인데도 불구하고 탁한 매연은 전혀 느낄 수 없고 그 자리
에 큰 나무들이 내뿜는 청량한 산소만이 존재한다. 근처에 살면서
매일 이 벤치에 앉아 점심으로 샌드위치를 먹는 상상을 한다. 의외
로 아주 심플하고 자연스러운 풍경이다. 도리어 돌아가면 벗어나지
못할 빽빽한 아파트 속에 사는 모습이 더 위화감이 생길 정도.

그렇게만 생각하면 돌아가서의 생활이 막막하기만 할 테지만
지금의 나는 엄청난 기운으로 가득 차 있으니까 그런 일쯤은 아무것
도 아니다. 반쪽짜리 바게트 샌드위치를 입 안에 깨끗하게 털어 넣

163) 쿠스미 티(kusmi tea)
add 56 rue des Rosiers 75004 paris
tel 01-42-74-81-90
open 11:00~20:00
metro M1 Saint Paul
url www.kusmitea.com

은 다음, 난 가볍게 엉덩이를 털며 자리에서 일어났다.

팔라펠 가게들이 사이좋게 모여 있고, 울퉁불퉁하게 솟아오른 바닥의 돌들이 마치 중세거리에 서 있는 듯한 착각에 빠지게 하는 마레의 한 작은 광장에 '163) 쿠스미 티(kusmi tea)'만 전문적으로 파는 가게가 있다. 차 한 잔에 무슨 의학적인 효과가 그렇게 있겠느냐마는 그러면 적어도 몸에 나쁘지는 않겠지 하는 생각이 들게 하는 쿠스미 티. 몸의 독소를 빼주는 디톡스 작용이 있다고 가게의 유리창에도 커다랗게 'DETOX'라고 적어놓았다. 작은 가게 안은 마치 약국에 온 듯 벽을 빼곡하게 둘러싸고 티가 든 케이스를 진열해놓았는데 종류가 너무 많아서 뭘 사야 할지 결정하는 게 쉽지 않다. 일반 마트에서도 살 수 있지만 굳이 여기까지 와서 사기로 한 이유가 비로 이것. 뭘 사야 할지 모를 때에는 직원의 추천을 받는 게 가장 간단하고 안전한 방법이다. 입구에 자리를 지키고 있던 갈색머리 여자직원의 상냥하고도 친절한 - 그녀도 나도 영어가 완벽하지 않아 설명을 듣는 데 꽤 오랜 시간이 걸렸다 - 안내를 받았음에도 나는 선뜻 결정하기가 어려웠다.

"도저히 못 고르겠어요. 뭐가 제일 많이 팔리죠?"

이럴 땐 판매 순위대로 사가는 수밖에 없다는 게 나의 오랜 쇼핑 노하우.

결국 요즘 한창 인기인 마테와 중국 녹차, 그리고 레몬이 골고루 섞인 'DETOX'를 큰 통에 담긴 걸로 하나 고르고, 나머지는 선물하기 좋게, 작은 사이즈의 틴 케이스에 각기 다른 종류를 담아 하나로 모아놓은 걸로 정했다. Tea의 종류만 해도 수십 가지인데 이렇게 케이스의 종류까지 다양해서 보는 내내 정신이 뱅글뱅글. 각 종류마다 케이스의 컬러와 그려진 무늬도 모두 다른데, 어느 것 하나 못난 게 없어서 Tea의 맛이나 효과는 차치하고서라도 무조건 갖고 싶어진다. 이게 바로 Packaging의 힘.

포장된 종이가방을 손에 쥐고 뿌듯한 마음으로 시계를 보니 어느새 1시간이나 지나 있었다. '작은 가게 안에서 1시간이나 보내다니, 차를 고르는 데 어지간히 애썼군.'

조금 전에 먹은 샌드위치가 어느새 다 소화된 것처럼 허기가 진다. 쇼핑도 이처럼 큰 에너지가 소모되는 일. 나는 한동안 매일 한 개씩은 꼭 사먹던 'Amorino' 아이스크림을 마지막으로 다시 먹고 싶은 마음에 그쪽으로 발길을 돌렸다. 이제 아이스크림 가게가 어디 있는지, 팔라펠 가게는 어디 있는지 지도를 보지 않고도 알아서 척척.

날이 더워 아이스크림 집은 언제나처럼 만원이다. 줄을 서서 기다리는데 한눈에도 허니문을 왔다는 걸 알 수 있는 한국인 커플들이 눈에 띈다. 좋을 때라고 생각하며 흐뭇한 기분으로 바라봤다. 허니문은 단순히 며칠을 함께 여행하는 것 이상으로 부부에게는 중요한 일이다. 살면서 우울해지거나 다퉜을 때, 그래도 허니문을 생각하며 어느 정도는 다시 회복할 수 있다. 어쩌면 긴 인생의 축소판일지도 모를 허니문. 여행하면서 만나게 되는 뜻밖의 상황들을 처음으로 함께 헤쳐 나가고 그 후에 오는 기쁨도 함께한다.

'10년 전, 나도 저런 모습이었을까?'

한동안 잊고 있었던 기억. 결혼 10주년이 되면 꼭 다시 함께 여행하자고 약속했었는데 아마 그런 약속은 허니문을 간 사람이라면 누구나 했을 것 같다. 하지만 살면서 그 약속을 지키는 부부가 몇이나 될까?

"무슨 맛으로 드릴까요?"

아이스크림 하나로 별별 생각까지 또 멀리 가 버린 나는 겨우 다시 정신을 돌리고 2가지 맛을 골랐다. 뜨거운 햇볕에 혹시라도 아이스크림이 녹아 버릴까 걱정하며 그늘로만 골라 걸으며 바스티유의 집으로 돌아오는 길, 여행이 끝나간다.

epilogue

바스티유 근처, 한 달간 묵었던 숙소로 돌아오자 착한 주인 커플이 날 배웅하겠다며 학교에서 돌아와 있었다. 그 마음이 예쁘고 고와서 조금 전에 산 쿠스미 티 중에 'Sweet Love'라는 이름이 달린 핑크색 케이스 하나를 테이블 위에 내려뒀다. 마음은 이렇게 주고받는 것이다. 남학생은 무거운 내 트렁크를 끌고, 여학생과 나는 손을 맞잡고 버스정류장까지 함께 걸었다. 15분마다 한 대씩 올까 말까 한 버스가, 오늘따라 정류장에 도착하자마자 금세 온다. 급하게 버스에 트렁크를 싣고 가볍게 포옹을 했다. 버스가 떠날 때까지 그들은 내내 손을 흔들어 주었다. 이제야 정말 파리를 떠난다는 실감이 난다.

처음 파리에 와서 놀란 건, 만삭의 몸을 한 여자들이 용감무쌍한 모습으로 거리를 활보하는 것과 커다란 배낭을 짊어진 젊은 커플이 아기를 유모차에 태우고 배낭여행을 하는 모습. 우리나라에서는 흔히 볼 수 없는 그런 모습들에 적잖은 충격을 받았었다. 만삭이었을 때 내 모습을 기억하면, 항상 조심해야 한다는 생각으로 집 밖으로 나간 적이 거의 없었다. 특별히 위험하거나 몸이 아프지도 않았었는데 아마 '도전'보다는 '안전'을 더 중요하게 여겼기 때문이 아닐까 싶다. 그 가치관이 내 삶에도 쭉 영향을 미쳐서 난 내내 안전하게 사는 쪽으로만 몰두했다. 다른 방향 같은 건 애당초 거들떠보지도 않고 오로지 안전한 길만 택했다. 덕분에 많이 힘든 일도 없지만 많이 기쁜 일도 없는, 안일하고 현실에 안주하는 마흔 살의 여자가 되어 버렸다. 스스로 생각해도 매력적인 부분이라고는 찾아볼 수 없는 모습이다. 배가 터질 듯 무거운 몸으로 바쁘게 걸어다니는 여자와 유모차에 아기를 태워 버스를 타고 여행하는 커플에게서 내가 발견한 건 무모할 정도로 무서운 에너지였다. 보는 것만으로도 힘이 솟는 기분.

남편과 딸만 바라보며 살기에 나는 아직 너무 젊고 건강하다. 게으른 삶의 핑곗거리로 삼던 딸도 이젠 훌연히 커 버렸고 남편 또한 내가 우울한 얼굴로 집에서 머무르기를 바라지 않는다. 스스로 행복해야, 그들에게 제대로 된 사랑을 줄 수 있다. 돌아가면, 취미로 배웠던 꽃을 다시 한번 제대로 배워볼 계획이다. 하다가 지쳐 그만두더라도 시작조자 하시 않는 것보나는 훨씬 낫다는 사실을 이제는 안다. 안 된다는 생각보다 하면 된다는 생각을 가진 순간, 없던 힘도 철철 넘친다.

비행기가 시동을 걸며 이륙할 준비를 한다. 내 인생도 이렇게 다시 시동을 걸면 날아오를 수 있다. 공항에 도착하면, 그럴 필요가 없다는데도 굳이 마중을 나오겠다는 남편과 딸이 다정히 서서 나를

기다리고 있을 테지. 때로는 가족과 조금 멀리 떨어져 지내보는 것
도 나쁘지 않다. 가까이서 잘 모르고 있던 사실들이, 한발짝 물러나
서 보면 확연하게 눈에 들어온다. 그러니 도무지 문제가 무엇인지
알 수 없는 일들이 내 발목을 휘감고 몸을 타고 올라와 목을 조일
때는, 이렇게 훌쩍 떠나 보면 그 답을 찾을 수도 있다. 돌아가면 이
충만한 에너지를 그들에게도 듬뿍듬뿍 나누어줘야겠다. 우리 가족
이 더 행복해질 수 있도록 말이다.

동네별로 찾기

생 제르맹 데 프레

생 토로네

에펠탑

기타

목적별로 찾기

이현지

본업은 방송작가. 기계공학과 신문방송학이라는 어울리지 않는 두 개의 전공을 공부하고 잠시 엔지니어의 길을 걷다가 방송작가로 전업. 항상 여행을 계획하며 자유롭게 살기를 희망하나 현실적으로 힘들 때는 여행책을 읽으며 그 아쉬움을 달랜다. 덕분에 여행도서와 관련된 논문으로 석사학위를 받았으며 이 책을 바탕으로 앞으로 여행도서 작가로 또 다른 인생을 맛보길 기대한다.

PARIS IN 솔로, 혹은 홀로

초 판 인 쇄 | 2012년 7월 20일
초 판 발 행 | 2012년 7월 20일

지 은 이 | 이현지
펴 낸 이 | 채종준
펴 낸 곳 | 한국학술정보㈜
주　　　소 | 경기도 파주시 문발동 파주출판문화정보산업단지 513-5
전　　　화 | 031) 908 3181(대표)
팩　　　스 | 031) 908-3189
홈 페 이 지 | http://ebook.kstudy.com
E - m a i l | 출판사업부　publish@kstudy.com
등　　　록 | 제일산-115호(2000. 6. 19)

ISBN　　978-89-268-3536-4 03980 (Paper Book)
　　　　978-89-268-3537-1 08980 (e-Book)

어담 은 한국학술정보(주)의 지식실용서 브랜드입니다.

이 책은 한국학술정보(주)와 저작자의 지적 재산으로서 무단 전재와 복제를 금합니다.
책에 대한 더 나은 생각, 끊임없는 고민, 독자를 생각하는 마음으로 보다 좋은 책을 만들어갑니다.